中等职业教育机械专业改革规划教材

钳工工艺与技能训练

QIANGONG GONGYI
YU JINENG XUNLIAN

主　编　朱金仙　何　立
副主编　廖丰政　钱治钢　李庭斌
编　委　滕朝晖　吴　青　邹同合
潘丽红　易国华　梁莉萍
王春晖　姜毅平　嘉子顺
马　峰　任志跃

四川大学出版社
·成　都·

特约编辑:刘　严
责任编辑:李川娜
责任校对:段悟吾
封面设计:原谋设计工作室
责任印制:王　炜

图书在版编目(CIP)数据

钳工工艺与技能训练 / 朱金仙，何立主编. —成都：四川大学出版社，2011.7（2020.8 重印）
ISBN 978-7-5614-5360-5

Ⅰ.①钳…　Ⅱ.①朱…②何…　Ⅲ.①钳工-工艺-中等专业学校-教材　Ⅳ.①TG9

中国版本图书馆 CIP 数据核字（2011）第 137270 号

书名　**钳工工艺与技能训练**

主　编	朱金仙　何　立
出　版	四川大学出版社
地　址	成都市一环路南一段 24 号 (610065)
发　行	四川大学出版社
书　号	ISBN 978-7-5614-5360-5
印　刷	四川五洲彩印有限责任公司
成品尺寸	185 mm×260 mm
印　张	15.75
字　数	380 千字
版　次	2011 年 8 月第 1 版
印　次	2020 年 8 月第 3 次印刷
定　价	36.80 元

◆读者邮购本书,请与本社发行科联系。
电话:(028)85408408/(028)85401670/
(028)85408023　邮政编码:610065
◆本社图书如有印装质量问题,请
寄回出版社调换。
◆网址:http://press.scu.edu.cn

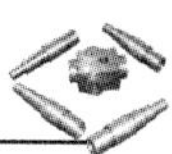

前言

本课程是中等职业学校机械类钳工专业的一门实用性较强的一体化课程。目前的同类教材，大部分仍偏重理论教学，缺乏技能的训练与指导。为适应培养21世纪技能性人才的需要，坚持以就业为导向，以能力为本位，根据中等职业学校的办学特色，满足各校机械类专业教学的需要，在教学过程中实施项目教学法，我们编写了这本教材。

在教材编写的过程中，我们始终坚持了以下几个原则：

1. 以学生就业为导向，以企业用人标准为依据。

2. 在专业知识的安排上，紧密联系培养目标的特征，坚持够用、实用的原则。

3. 在基本保证知识连贯的基础上，着眼于技能操作，力求浓缩精炼，突出针对性、典型性。

4. 进一步加强技能训练的力度，特别是加强基本技能与核心技能的训练。

5. 在结构安排和表达方式上，强调由浅入深，循序渐进，通过大量生产中的案例和图文并茂的表现形式，使学生能够比较轻松地学习。

6. 本教材将教学内容与国家职业技能鉴定标准和要求紧密对接，教学项目紧扣技能知识点，使学生在校学习的同时，能顺利地获得专业资格证书，为学生就业奠定基础。

本书适用于中等职业学校机械类钳工专业学生，也可作为高职、高专、技工学校以及机械行业岗位培训教材。本书由浙江信息工程学校朱金仙、何立老师编写，在编写的过程中，参阅了大量的有关教材和相关文献，并得到了浙江信息工程学校校领导、教科室、教务处，以及机电部各位老师的大力支持和帮助，特别是张良华、李真和胡其谦三位老师提出了许多宝贵意见，在此一并表示谢意。

由于编者水平有限，错误之处在所难免，恳请各位同行和读者批评指正。

编 者

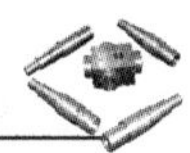

目录

钳工工艺与技能训练基础

钳工实训与技能考核

初级工考核练习件

中级工考核练习件

高级工考核练习件

技师考核练习件

钳工工艺与技能训练基础

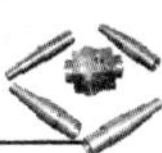

课题一 钳工入门知识与金属切削

钳工入门知识

一、教学要求

（1）了解钳工在机械制造和设备维修中的地位与重要性；

（2）了解钳工的主要任务；

（3）了解钳工常用设备的操作和保养；

（4）熟悉实习场地的规章制度和安全文明生产要求。

二、钳工概述

钳工是机械制造中重要的工种之一，在机械生产过程中起着重要的作用。

在加工过程中钳工利用台虎钳、手锯、锉刀、钻床及各种手工工具去完成目前机械加工所不能完成的工作。钳工的工作特点是灵活、机动，不受进刀方向、位置的限制，即使现在各种先进设备出现，也离不开钳工。

钳工的工作范围主要有三个方面：

（1）加工机器所不能加工的表面，如机器内部不便机械加工的表面、精度较高的样板、模具等。

（2）除加工外，还可以进行机器的装配。

（3）对机器或设备进行调试和维修。

目前，我国《国家职业标准》将钳工划分为装配钳工、机修钳工和工具钳工三类。

1. 装配钳工

主要从事工件加工、机器设备的装配、调整工作。

2. 机修钳工

主要从事机器设备的安装、调试和维修。

3. 工具钳工

主要从事工具、夹具、量具、辅具、模具、刀具的制造和修理。

尽管分工不同，但无论哪类钳工，都应当掌握扎实的专业理论知识；具备精湛的操作技艺。如划线、錾削、锯削、锉削、钻孔、扩孔、铰孔、攻螺纹、套螺纹、矫正、弯形、铆接、刮削、研磨以及机器装配调试、设备维修、基本测量和简单的热处理等。

三、钳工的主要任务

钳工大多数是用手工工具在台虎钳上进行手工操作的一个工种。钳工的主要任务是：

1. 加工零件

一些不适宜采用机械加工或机械加工不能解决的加工，都可由钳工来完成。如零件加工过程中的划线、检验以及修配等。

2. 装配

把零件按机械设备的装配技术要求进行组件、部件装配和总装配，并通过调整、检验和试车等，使之成为合格的机械设备。

3. 设备维修

当机械设备在使用的过程中发生故障、出现损坏，或长期使用后精度降低，影响使用时，也要通过钳工进行维护和修理。

4. 工具的制造和修理

制造和修理各种工具、夹具、量具以及各种专业设备。

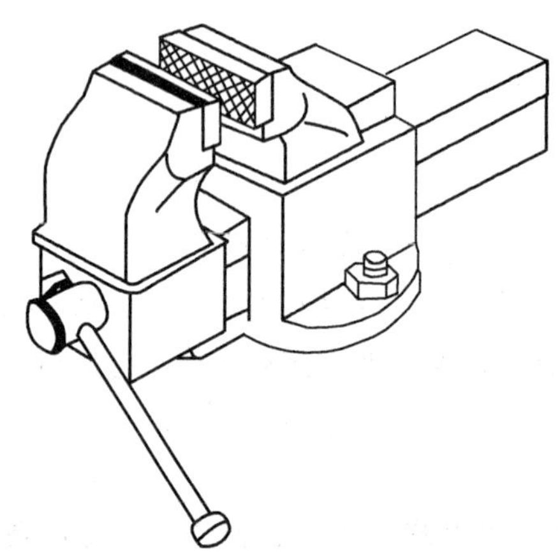

(a) 固定式台虎钳

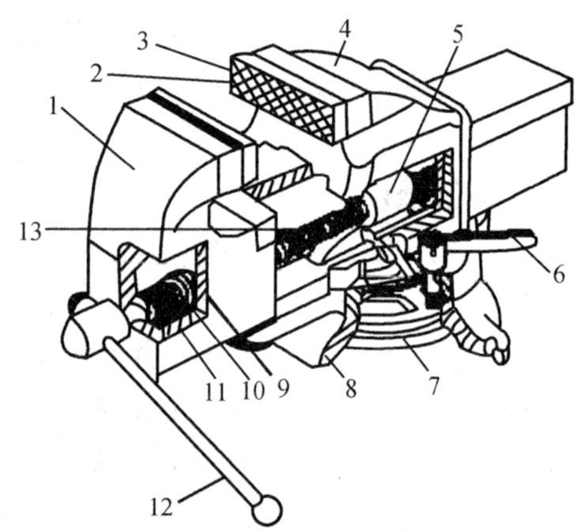

(b) 回转式台虎钳

图 1-1-1 台 钳

1—钳身 2—螺钉 3—钳口 4—固定钳身 5—螺母 6，12—手柄 7—夹紧盘 8—转座 9—销 10—挡圈 11—弹簧 13—丝杠

四、钳工常用设备及安全文明生产

1. 台虎钳

台虎钳是用来夹持工件的通用夹具，有固定式和回转式两种结构类型（如图 1-1-1 所示）。台虎钳的规格以钳口的宽度表示，有 100 mm、125 mm、150 mm 等。

台虎钳使用的安全要求：

(1) 夹紧工件时松紧要适当，只能用手扳紧手柄，不能借助其他工具加力。

(2) 强力作业时，应尽量使力朝向固定钳身。

(3) 不允许在活动钳身和光滑平面上敲击作业。

(4) 对丝杠、螺母等活动表面应经常清洗、润滑，以防

图 1-1-2 台虎钳的高度

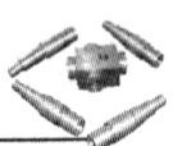

生锈。

(5) 在钳台上安装台虎钳时，钳口高度应以恰好齐人的手肘为宜（如图 1－1－2 所示）。

2. 钳工工作台（简称钳台）

钳工工作台用来安装台虎钳、放置工具和工件等。

钳工工作台的安全要求：

(1) 操作者站在钳工工作台的一面工作，对面不允许有人。大型工作台对面有人工作时，工作台必须设置密度适当的安全网。钳工工作台必须安装牢固，不得作铁砧用。

(2) 钳工工作台上使用的照明电压不得超过 36V。

(3) 工量具的摆放应按下列要求布置（如图 1－1－3 所示）：

①在钳台上工作时，为了取用方便，右手取用的工量具放在右边，左手取用的工量具放在左边，各自排列整齐，且不能让工量具伸出钳台边缘，以免其被碰落损坏或砸伤人脚。

②量具不能与工具或工件混放在一起，应放在量具盒内或专用格架上。

③常用的工量具，要放在工作位置附近。

④工量具收藏时要整齐地放入工具箱内，不应任意堆放，以防损坏或取用不便。

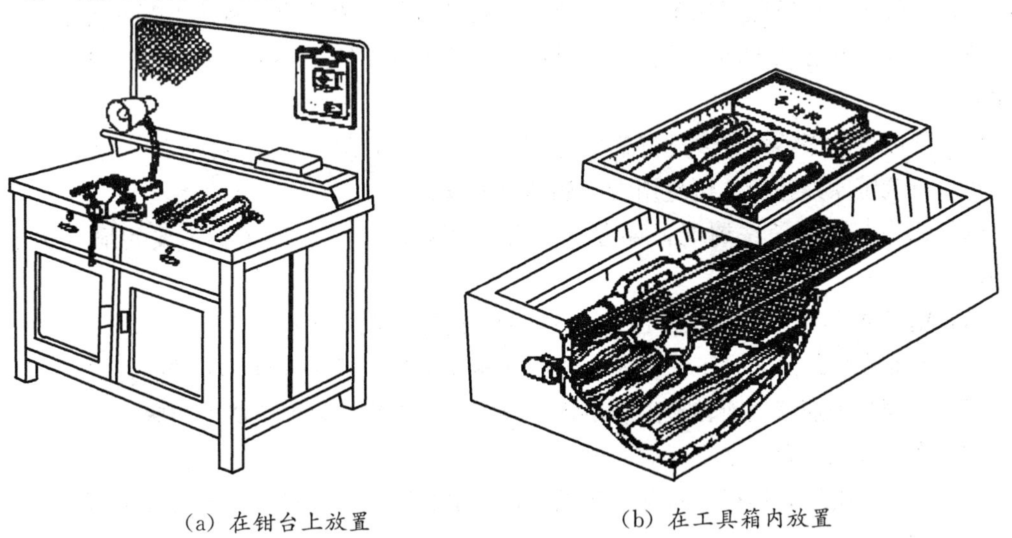

(a) 在钳台上放置　　(b) 在工具箱内放置

图 1－1－3　工量具的摆放

3. 钻　床

钳工常用的钻床有台式钻床（简称台钻）、立式钻床（简称立钻）、摇臂钻床三种，其中钳工实习场最常用的是台钻。台钻结构简单，操作方便，用于在小型零件上钻、扩 ϕ12 mm以下的孔。图 1－1－4 为台钻实体图和总体结构图。

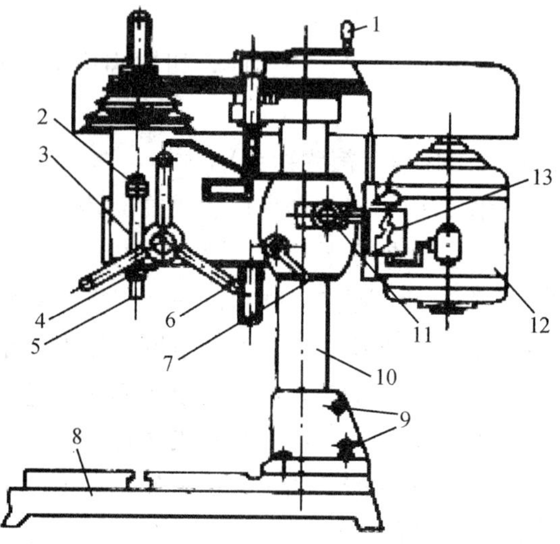

图 1—1—4　台　钻

1—摇把　2—挡块　3—机头　4—螺母　5—主轴　6—进给手柄　7—锁紧手柄　8—底座
9—螺栓　10—立柱　11—螺钉　12—电动机　13—转换开关

使用钻床时要遵守如下安全技术操作规程：

（1）工作前，对所用钻床和工具、夹具、量具进行全面检查，确认无误方可操作。

（2）工件装夹必须牢固可靠。钻小孔时，应用工具夹持，不允许用手拿，工作中严禁戴手套。

（3）使用自动进给时，要选好进给速度，调整好限位块。手动切深时，一般按照逐渐增压和逐渐减压原则进行，以免用力过猛造成事故。

（4）钻头上绕有长铁屑时，要停车清除，禁止用嘴吹、用手拉，要用刷子或铁钩清除。

（5）精绞深孔时，拔取测量工具时不可用力过猛，以免手撞到刀具上。

（6）不准在旋转的刀具下，翻转、卡压和测量工件。手不准触摸旋转的刀具。

（7）摇臂钻的横臂的回转范围内不准有障碍物。工作前，横臂必须夹紧。

（8）横臂和工作台不准有浮放物件。

（9）工作结束后，将横臂降低到最低位置，主轴箱靠近立柱，并且都要夹紧。

4. 砂轮机

砂轮机（如图 1—1—5 所示）主要是供一般工矿企业作为修磨刀刃具之用，也用作对普通小零件进行磨削、去毛刺及清理等工作。

图 1—1—5　台式砂轮机

砂轮机在使用的过程中，要注意如下安全要求：

（1）砂轮机启动后应运转平稳，若跳动明显应及时停机修理。

（2）砂轮机旋转方向要正确，磨屑只能向下飞离砂轮。

（3）砂轮机托架和砂轮之间距离应保持在 3 mm 以内，以防工件扎入造成事故。

（4）使用砂轮刃磨工件时，应待空转正常后，由轻而重，拿稳、拿妥，均匀使力。但压力不能过大或猛力磕碰，以免砂轮破裂伤人。

（5）刃磨工件时，操作者应站在砂轮机侧面，砂轮转动两侧不准站人，以免迸溅伤人。

（6）禁止随便启动砂轮或用其他物件敲打砂轮。换砂轮时，要检查砂轮有无裂纹，要垫平夹牢，不准用不合格的砂轮。砂轮完全停转后才能用刷子清理。

金属切削

一、教学要求

（1）掌握金属切削的基本概念；

（2）如何确定切削用量；

（3）掌握车刀几何角度及标注；

（4）掌握金属切削过程以及控制；

（5）了解切削液的作用。

二、金属切削的基本概念

金属切削是利用刀具切除工件上多余的金属材料，以获得符合要求的零件的加工方法。常见的金属切削方法如图 1－1－6 所示。

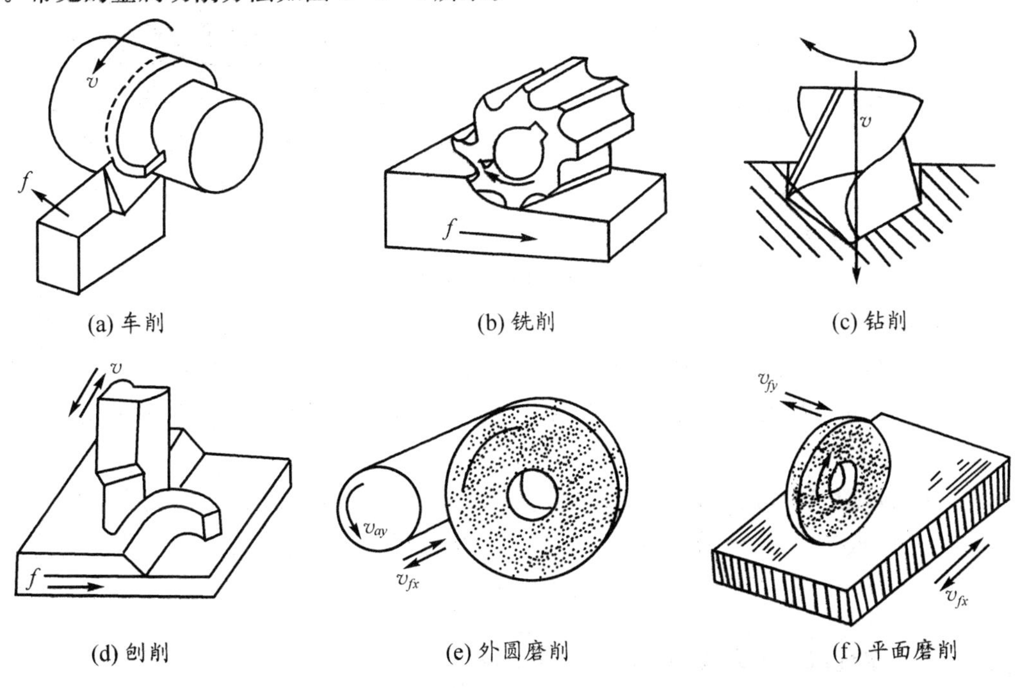

图 1－1－6　常见的金属切削方法

1. **切削运动**

切削时，刀具和工件的相对运动，称为切削运动。切削运动分为主运动和进给运动。

（1）主运动：直接切除工件上多余的金属层，使之转变为切屑运动，称为主运动。如车削时工件的旋转运动、钻削时钻头的旋转运动都是主运动。

（2）进给运动：使新的金属层不断投入切削运动，称为进给运动。如钻孔时，钻头的轴向运动就是进给运动。车削时的进给运动又分为纵向进给运动和横向进给运动两种。当车刀的运动方向与工件旋转轴线平行时，称为纵向进给方向；当车刀运动方向与工件旋转轴线垂直时，称为横向进给方向。

在切削运动中，主运动只有一个，它可以是旋转运动，也可以是直线运动。进给运动可由一个或多个运动组成，可以是连续的，也可以是间断的。

2. **切削时的工件表面**

在切削过程中，工件上通常形成三个不断变化的表面，如图 1－1－7 所示。

（1）待加工表面：工件上将被切去金属层的表面，称为待加工表面。

（2）已加工表面：工件上已被切去金属层的表面，称为已加工表面。

（3）过渡表面：刀具主切削刃正在切削的表面，即已加工表面和待加工表面的连接面，称为过渡表面。

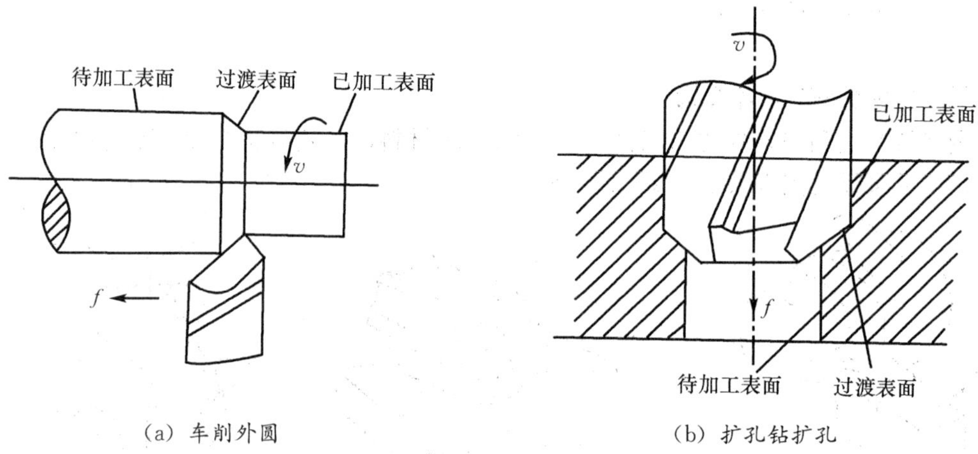

图 1－1－7　切削时构件上形成的表面

3. **切削用量**

切削用量是指切削过程中切削速度、进给量和背吃刀量三者的总称，也称为切削用量三要素。它是衡量切削运动大小的参数。图 1－1－8 所示为车削外圆时的切削用量。

1）切削速度 v_c

切削速度是指刀具切削刃上选定点相对于工件待加工表面在主运动方向上的瞬时速度（即主运动的线速度），单位为 m/min。车削时切削速度的计算公式为

$$v_c=\frac{\pi d_w n}{1000}\ \text{(m/min)}$$

式中：d_w——工件待加工表面直径，单位为 mm；

n——工件转速，单位为 r/min。

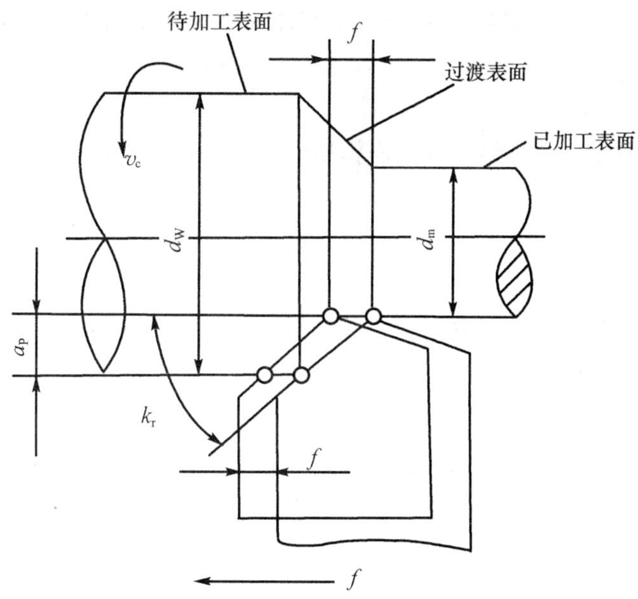

图 1－1－8　车削外圆时的切削用量

2）进给量 f

进给量 f 是指在主运动的一个工作循环（工件或刀具每转或往复一次或刀具每转过一齿）内，工件与刀具沿进给运动方向的相对位移量，单位为 mm/r。

如车削时的进给量为工件每转一转，车刀沿进给运动方向移动的距离。

3）背吃刀量 a_p

背吃刀量 a_p 是指工件上已加工表面和待加工表面间的垂直距离，单位为 mm。车削外圆时背吃刀量的计算公式为

$$a_p=\frac{1}{2}(d_w-d_m)$$

式中：d_w——工件待加工表面直径，单位为 mm；

d_m——工件已加工表面直径，单位为 mm。

切削用量直接影响工件的加工质量、刀具的磨损和寿命、机床的动力消耗及生产率，因此必须合理地选择切削用量。

4．切削用量的选择

选择切削用量就是要选择切削用量三要素的最佳组合，使 a_p、f 和 v_c 三者的乘积值最大，以充分发挥机床和刀具的效能，提高劳动生产率。

1）背吃刀量的选择

粗加工时，除留出的精加工余量外，剩余的加工余量尽可能一次切完。如果余量太大，可分几次切去，但第一次走刀应尽量将背吃刀量取大些。精加工时，背吃刀量要根据加工精度和表面粗糙度的要求来选择。

2）进给量的选择

在切削用量三要素中进给量的大小对表面粗糙度的影响最大。因此，粗加工时，进给

量可取大些；精加工时，进给量可取小些。各种切削加工的进给量可根据进给量表选择确定。

3）切削速度的选择

切削速度应根据工件尺寸精度、表面粗糙度、刀具寿命来选择，具体可通过计算、查表或根据经验加以确定。

三、刀具知识

金属切削刀具的种类很多，其中车刀比较简单、典型，其他机床刀具都可看作是以车刀为基本形态演变而成的。

1. 车刀的组成

车刀由刀头和刀杆（刀体）组成。刀头担任切削工作，又称为切削部分。刀杆一方面用来装夹或固定刀头，另一方面作为刀架上被夹持的部分。

车刀刀头部分的组成如图 1－1－9 所示。

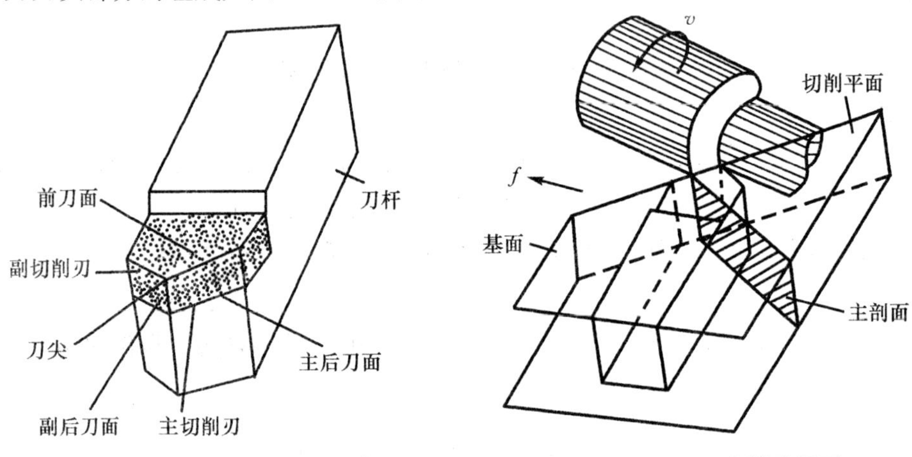

图 1－1－9　车刀刀头部分的组成　　图 1－1－10　三个辅助平面

（1）前刀面：切削时，切屑沿它排出的表面，称前刀面。

（2）主后刀面：刀具上与工件过渡表面相对的表面，称为主后刀面。

（3）副后刀面：刀具上与工件已加工表面相对的表面，称为副后刀面。

（4）主切削刃：前刀面与主后刀面连接的部分，称为主切削刃。主切削刃担负着主要的切削工作。

（5）副切削刃：前刀面与副后刀面连接的部分，称为副切削刃。副切削刃配合主切削刃完成少量的切削工作。

（6）刀尖：主切削刃和副切削刃连接的部分，称为刀尖。

2. 确定车刀角度的辅助平面

为确定和测量车刀的角度，引入了以下三个辅助平面，如图 1－1－10 所示。

（1）切削平面：通过主切削刃上某个选定点，并与工件过渡表面相切的平面，称为切削平面。

（2）基面：通过主切削刃上某个选定点，并垂直于该点切削速度方向的平面，称为

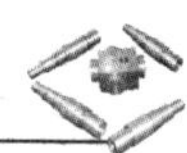

基面。

（3）主剖面：通过切削刃上某个选定点，同时垂直于切削平面和基面的平面，称为主剖面。

3．车刀几何角度及标注

车刀几何角度及标注如图1－1－11所示。

（1）在基面上测量的角度有：

主偏角（k_r）：主切削刃在基面内的投影与进给方向的夹角，称为主偏角。它主要影响刀头强度、刀头受力情况及散热情况。

副偏角（k_r'）：副切削刃在基面内的投影与背离进给方向的夹角，称为副偏角。它的主要作用是减小副切削刃和工件已加工表面的摩擦及影响工件的表面粗糙度。

刀尖角（ε_r）：主切削刃与副切削刃在基面上投影间的夹角，称为刀尖角。它主要作用是影响刀头强度及刀头散热情况。

由图1－11可知

$$k_r + k_r' + \varepsilon_r = 180°$$

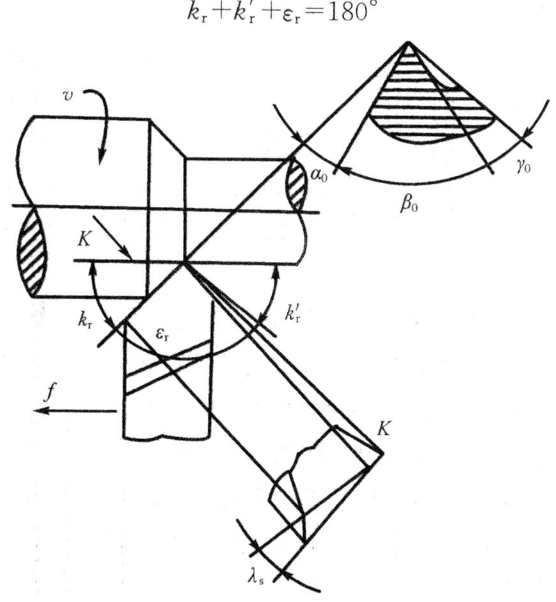

图1－1－11　车圆时车刀的主要角度

（2）在主剖面内测量的角度主要是刃倾角。

前角（γ_0）：前刀面与基面的夹角，称为前角。前角大小影响刀头强度、刀刃的锋利程度、切削力、切削变形和断屑等。

主后角（α_0）：主后刀面和切削平面的夹角，称为主后角。它的主要作用是减小主后刀面和过渡表面的摩擦。

楔角（β_0）：前刀面和后刀面的夹角，称为楔角。它主要影响刀头强度和刀头散热情况。

由图1－11可知

$$\gamma_0 + \alpha_0 + \beta_0 = 90°$$

（3）在切削平面内测量的角度有：

刃倾角（λ_s）：主切削刃和基面的夹角，称为刃倾角。它的主要作用是影响排屑排出的方向和刀尖的强度。

4．钳工常用刀具的要求和材料

1）对刀具切削部分的要求

切削过程中，刀具将受到切削力、切削热、摩擦、冲击及振动等作用，这就要求刀具切削部分的材料必须具备良好的性能。

（1）硬度高：常温下刀头硬度应在 60HRC 以上。

（2）耐磨性好：耐磨性指刀具抵抗工件磨损的性能。一般情况下刀具材料硬度越高，其耐磨性就越好。

（3）耐高温：高温下刀具还必须具备良好的切削性能。

（4）高强度：有足够的强度和韧性。

（5）良好的工艺性：工艺性指刀头要具备可焊接、锻造、热处理及磨削等性能。

2）钳工常用刀具材料

（1）碳素工具钢：碳素工具钢淬火后硬度较高（一般为 60HRC～64HRC），耐磨性较好，刃口锋利，但当温度超过 200℃时硬度明显下降。常用的牌号有 T10A、T12A 等，它可用来制作低速手用工具，如手用绞刀、锉刀和锯条等。

（2）合金工具钢：它与碳素工具钢相比有较好的韧性、耐磨性和耐热性，还具有热处理变形小、淬透性好等优点。可用来制作丝锥、板牙等形状复杂的工具。常用的牌号有 9SiCr 及 CrWMn 等。

（3）高速钢：高速钢耐热性好，当切削温度达到 540℃～620℃时仍能保持其切削性能，它的韧性和工艺性也好，常用来制造车刀、钻头、铣刀、拉刀和齿轮刀具等。常用的钨系高速钢牌号有 W18Cr4V，钼系高速钢 W6Mo5CrV2 等。

（4）硬质合金：硬质合金的硬度高、耐磨性好、耐高温，在切削温度达到 1000℃时还能保持良好的切削性能。它的缺点是韧性差，不能承受较大的冲击力。常用的硬质合金有钨钴类硬质合金（代号为 YG）、钨钛钴类硬质合金（代号为 YT）和钨钛钽（铌）钴类硬质合金（代号为 YW）等多种。

四、金属切削过程与控制

金属切削过程是指通过切削运动，刀具从工件表面上切下多余的金属层，从而形成切屑和已加工表面的过程。在各种切削过程中，一般都伴随有切屑的形成、切削力、切削热及刀具磨损等物理现象。它们对加工质量、生产率和生产成本等都有直接影响。

1．切屑的类型

（1）带状切屑：当选择较高的切削速度、较小的切削厚度切削材料时，易产生内表面光滑、外表面毛茸状的带状切屑，如图 1-1-12（a）所示。

（2）节状切屑：当选用较低切削速度、较大切削厚度切削塑性材料时，易产生内表面有裂纹、外表面呈齿状的节状切屑，如图 1-1-12（b）所示。

（3）粒状切屑：在节状切屑生成的过程中，若整个剪切面受到的切应力超过材料的破裂强度时，切屑就成为粒状的，如图 1—1—12（c）所示。

（4）崩碎切屑：切削铸铁、黄铜等脆性材料时，切削层来不及变形就已经崩碎，呈现不规则的粒状切屑，称为崩碎切屑，如图 1—1—12（d）所示。

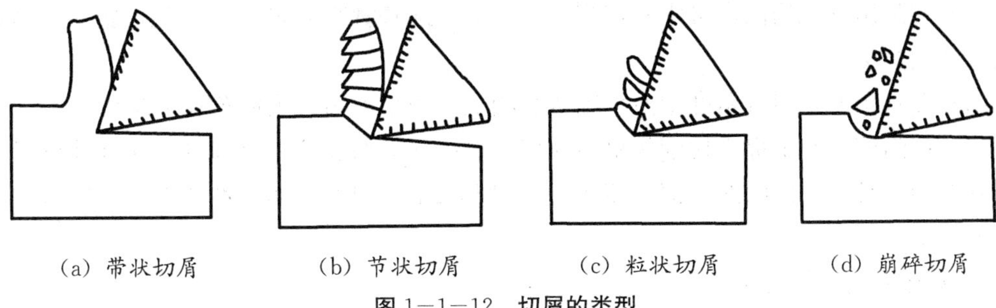

（a）带状切屑　（b）节状切屑　（c）粒状切屑　（d）崩碎切屑

图 1—1—12　切屑的类型

2. 切削力

切削时，刀具使工件材料变形成为切屑所需的力称为切削力。

1）切削力的分解

为了便于测量和分析切削力对工件、刀具和机床的影响，通常把切削力 F_r 分解为三个互相垂直的分力，如图 1—13 所示。

（1）主切削力（或切向力）F_z：作用于切削速度方向的分力。它是分力中最大的，占总切削力的 90% 左右，是计算切削所需功率、刀具强度和选择切削用量的主要依据。

（2）切深抗力（或径向力）F_y：作用于背吃刀量方向的分力。它使工件在水平方向产生弯曲，容易引起振动，因而影响工件精度。

（3）进给抗力（或轴向力）F_x：作用于进给方向的分力。它是计算机床进给机构强度的依据。

由图 1—1—13 可知，切削力 F_r 和分力之间的关系为

$$F_r=\sqrt{F_{xy}^2+F_z^2}=\sqrt{F_x^2+F_y^2+F_z^2}$$

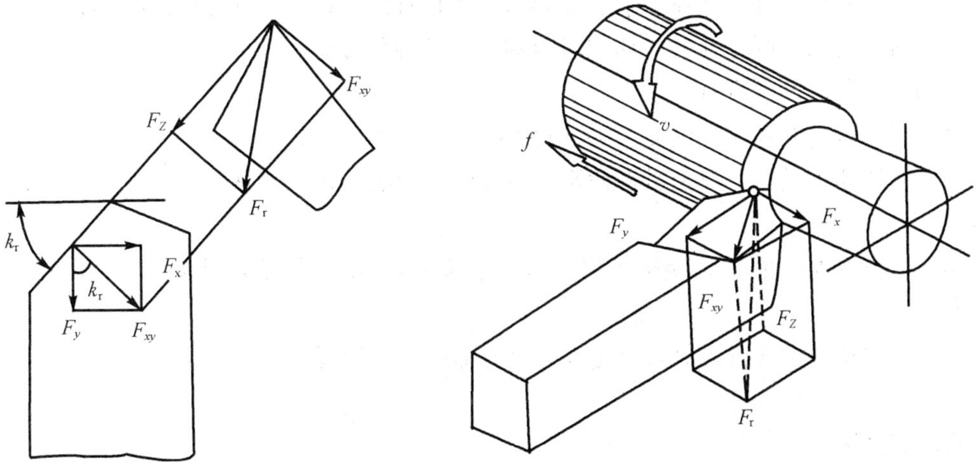

图 1—1—13　切削合力与分力

2）影响切削力的因素

凡影响变形和摩擦的因素都影响切削力，主要有以下几点：

（1）工件材料：工件材料的强度和硬度越高，切削力就越大。当两种材料强度相同时，塑性和韧性大的材料所需切削力大。

（2）切削用量：切削用量中对切削力影响最大的是背吃刀量，其次是进给量，影响最小的是切削速度。

（3）刀具角度：刀具角度中对切削力影响最大的是前角、主偏角和刃倾角。

（4）切削液：为了提高切削效果而使用的液体称为切削液。合理选用切削液可以减小塑性变形和刀具与工件间的摩擦，使所需切削力减小。切削液润滑性能越好，则所需切削力降低越明显。

3. 切削热与切削温度

切削热与切削温度是金属切削过程中的主要物理现象之一。切削热的来源及影响因素均和切削力基本相同，凡能使切削力增大的，均能使切削热增加。

切削温度指切削区域的平均温度，它与切削热有密切的关系，切削温度的高低与切削热的产生和传递两个因素有关，切削热通过切屑、工件、刀具和周围的介质传递出去。

研究切削过程中切削热与切削温度的目的就是要严格控制切削区的温度（切削温度过高，将影响刀具切削性能、加工精度及表面质量）。为防止切削温度升高，可采取以下措施：

（1）在刀具强度允许的条件下，应尽量增大刀具的前角。

（2）改善刀具的散热条件，在机床、工件、刀具系统刚性较好时，可尽量减小主偏角。

（3）粗加工时，应尽可能取较大的切削深度和较大的进给量，最后选取较小的切削速度。

（4）合理选用切削液。

4. 刀具寿命

刃磨后的刀具自开始切削，直到磨损量达到磨钝标准为止的纯切削时间称为刀具寿命。一把新刀用到报废之前的纯切削时间称为刀具的总寿命。

影响刀具寿命的因素有：

（1）工件材料的强度、硬度。塑性越大时，刀具的寿命越短。

（2）在切削用量中，对刀具寿命影响最大的是切削速度，其次是进给量，最小的是背吃刀量。

（3）适当增大前角 γ_0，减小主偏角 k_r、副偏角 k_r' 和增大刀尖圆弧半径 r_ε，均能延长刀具寿命。

（4）选用新型材料做刀具，是提高刀具寿命的有效途径。

五、切削液

切削过程中合理选择切削液，可减小切削过程中的切削热、机械摩擦和降低切削温度，减小工件热变形及表面粗糙度值，并能延长刀具寿命，提高加工质量和生产效率。

1. 切削液的作用

(1) 冷却作用：切削液可带走切削时产生的大量热量，改善切削条件，起到冷却工件和刀具的作用。

(2) 润滑作用：切削液可以渗透到工件表面与刀具后刀面之间及前刀面与切屑之间的微小间隙中，减小工件、切屑与刀具的摩擦。

(3) 清洗作用：切削液有一定的压力和流量，可把附着在工件和刀具上的细小切屑冲掉，防止拉毛工件，起到清洗作用。

(4) 防锈作用：切削液中加入防锈剂，可保护工件、刀具和机床免受腐蚀，起到防锈作用。

2. 切削液的种类

工厂中常用的切削液有乳化液和切削油两种。

(1) 乳化液：是由乳化油加 15～20 倍的水稀释而成的。它的特点是比热容大、黏度小和流动性好，可吸收切削区中的大量热量，主要起到冷却作用。

(2) 切削油：起润滑作用的切削油主要特点是比热容小、黏度大和流动性差。切削油的主要成分是矿物油，常用的有 10 号机油、20 号机油、煤油和柴油等。

在金属切削过程中，应根据工件材料、刀具材料、加工性质和工艺要求合理选择切削液。

思考与练习：

1. 钳工的工作范围包括哪几个方面？
2. 目前钳工分为哪几类？
3. 钳工的主要任务是什么？
4. 台虎钳在使用过程中安全要求有哪些？
5. 钻床有哪几种类型？
6. 什么是切削运动？它分为哪两种类型？
7. 什么是切削用量？选择切削用量的基本原则是什么？
8. 什么是基面、切削平面、主剖面？它们之间的关系如何？
9. 试述车刀的主要角度及作用。
10. 刀具切削部分的材料应具备哪些性能？钳工常用的刀具材料有哪几种？
11. 切屑有哪几种类型？比较它们的产生条件。
12. 切削力是怎样产生的？影响切削力的因素有哪些？
13. 切削热对切削过程有什么影响？如何控制切削温度的升高？
14. 什么是刀具寿命？影响刀具寿命的因素有哪些？
15. 试述切削液的作用及种类。如何合理地选用切削液？

课题二 钳工常用量具

一、教学要求

（1）熟悉钳工常用量具的刻线原理及读数方法；

（2）掌握应用量具进行测量的操作技能；

（2）熟悉常用量具的维护与保养。

二、量具的类型

零件和产品加工时，为了确保加工质量，就必须用量具来测量。用来测量、检验零件及产品形状和尺寸的工具叫做量具。量具的种类很多，根据其用途和特点，可分为三种类型：

（1）万能量具：这类量具一般都有刻度，在测量范围内可以测量零件和产品形状及尺寸的具体数值。如游标卡尺、千分尺、百分表和万能量角器等。

（2）专用量具：这类量具不能测量出实际尺寸，只能测定零件和产品的形状及尺寸是否合格。如塞尺等。

（3）标准量具：这类量具只能制成某一固定尺寸，通常用来校对和调整其他量具，也可以作为标准与被测量件进行比较。如量块等。

三、钳工常用量具的使用

1. 游标卡尺

游标卡尺是一种中等精度的量具，可以直接量出工件的外径、孔径、长度、宽度和孔距等。

1）游标卡尺的结构（如图 1−2−1 所示）

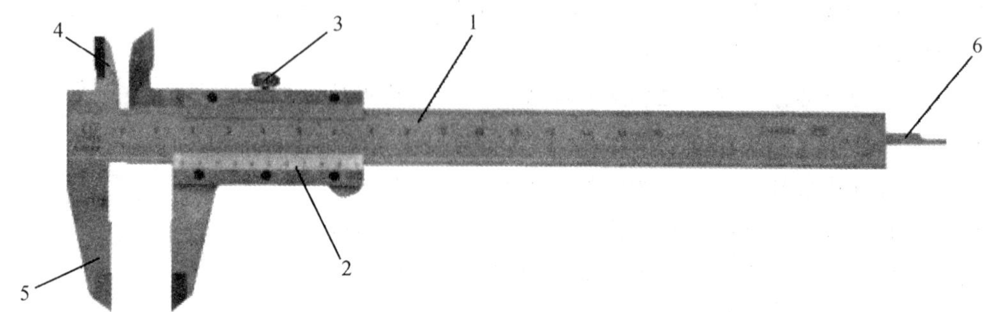

图 1−2−1 游标卡尺

1−尺身 2−游标 3−锁紧螺母 4，5−量爪 6−测微杆

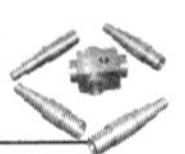

游标卡尺由尺身1和游标2组成。松开锁紧螺母3即可推动游标在尺身上移动，两个量爪4或5可测量尺寸。量爪4可测量孔径、孔距及槽宽，量爪5可测量外圆和长度等，还可用尺后的测深杆6测量内孔和沟槽深度。

2）游标卡尺的刻线原理

游标卡尺按其测量精度，有1/20 mm（0.05）和1/50 mm（0.02）两种。

（1）1/20 mm游标卡尺：

如图1-2-2（a）所示，尺身上每小格是1 mm，当两量爪合并时，游标上的20格刚好与尺身上的19 mm对正。因此，尺身与游标每格之差为：1-（19/20）=0.05 mm，此差值即为1/20 mm游标卡尺的测量精度。

（2）1/50 mm游标卡尺：

如图1-2-2（b）所示，尺身上每小格是1 mm，当两量爪合并时，游标上的50格刚好与尺身上的49 mm对正。因此，尺身与游标每格之差为：1-（49/50）=0.02 mm，此差值即为1/50 mm游标卡尺的测量精度。

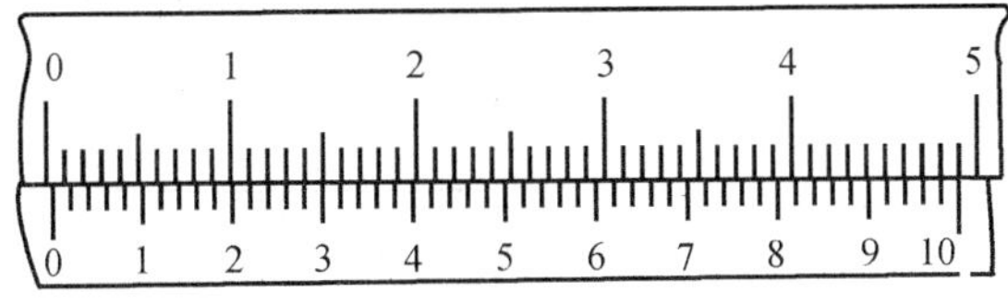

（a）0.02 mm的游标卡尺

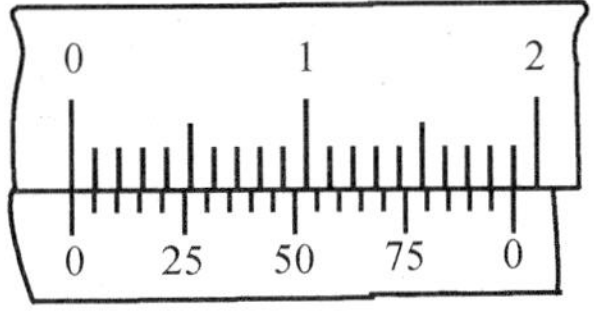

（b）0.05 mm的游标卡尺

图1-2-2　游标卡尺的刻线原理

3）游标卡尺测量方法和读法

（1）游标卡尺测量方法（如图1-2-3、图1-2-4所示）。

（2）游标卡尺读法：

用游标卡尺测量工件时，读法分为三个步骤：

①读出游标上零线左面尺身上的毫米整数；

②读出游标上哪一条刻线与尺身刻线对齐（第一条零线不算，第二条刻线开始算起）；

③把尺身和游标上的尺寸加起来即为测得尺寸。

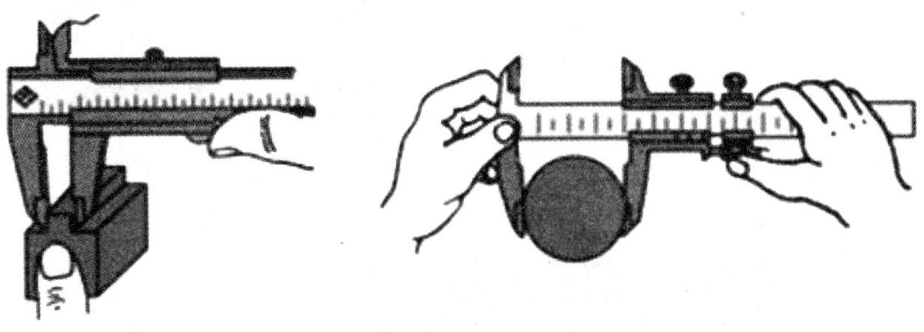

（a）测量工件宽度　　（b）测量工件外径

图1-2-3　游标卡尺测量方法一

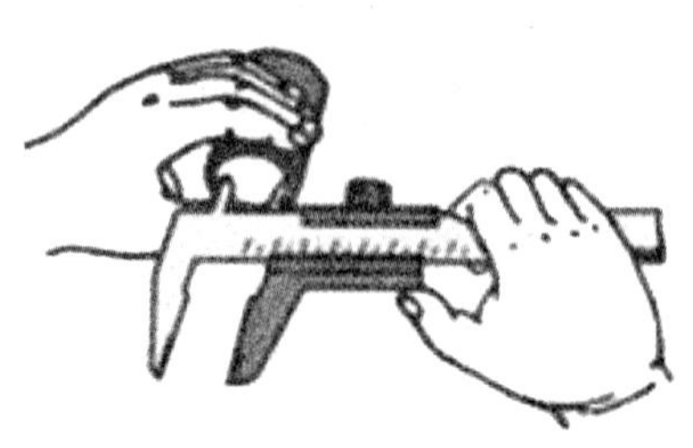

(a) 测量工件内径

(b) 测量工件深度

图 1－2－4　游标卡尺测量方法二

1/20 mm（0.05）和 1/50 mm（0.02）游标卡尺读数方法相同，分别见图 1－2－5 和图 1－2－6。

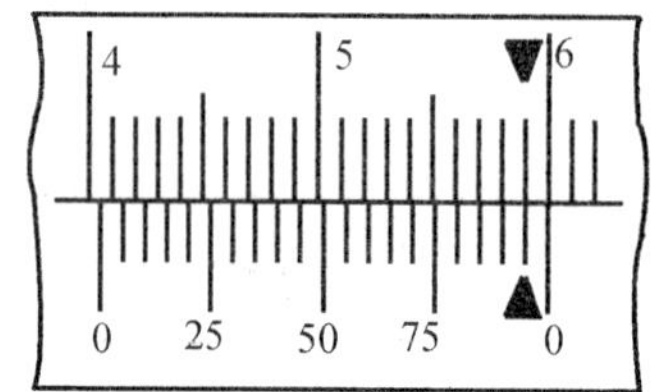

40＋0.95＝40.95

图 1－2－5　1/50 mm 游标卡尺的读数方法

60＋0.38＝60.38

图 1－2－6　1/20 mm 游标卡尺的读数方法

2. 千分尺

千分尺是一种精密量具，它的测量精度比游标卡尺高，而且比较灵敏。因此，对于加工精度要求较高的工件，要用千分尺来进行测量。

1）千分尺的结构

图 1－2－7 所示为千分尺的结构形状，它由尺架、固定测砧、测微螺杆、固定套筒、微分筒、测力装置和锁紧装置等组成。

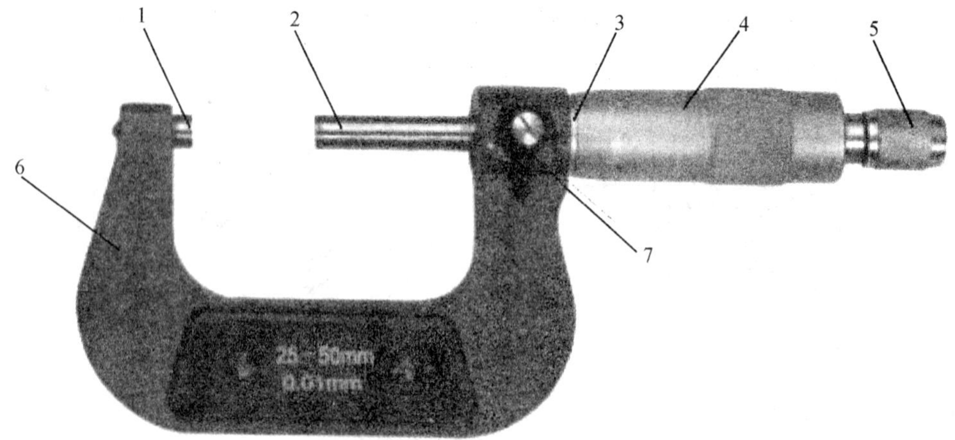

图 1－2－7　千分尺的结构

1—固定测砧　2—测微螺杆　3—固定套筒　4—微分筒　5—测力装置　6—尺架　7—锁紧手柄

2）千分尺的刻线原理

千分尺的固定套筒上刻有主尺刻线，每格 0.5 mm。测微螺杆右端螺纹的螺距为 0.5 mm，当微分筒转一周时，螺杆就移动 0.5 mm。微分筒圆锥面上共刻有 50 格，因此微分筒每转一格，螺杆就移动 0.5÷50=0.01（mm）。

3）千分尺的读法

用千分尺测量工件时，读法分为三个步骤：

（1）读出微分筒边缘在固定套筒主尺的毫米数和半毫米数；

（2）看微分筒上哪一格与固定套筒上基准线对齐，并读出不足半毫米的数；

（3）把固定套筒和微分筒上的尺寸加起来即为测得尺寸。

图 1－2－8 为千分尺的读数方法。

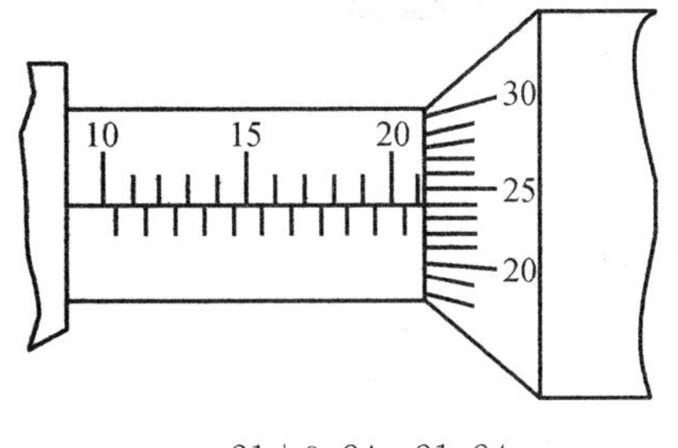

21+0.24=21.24

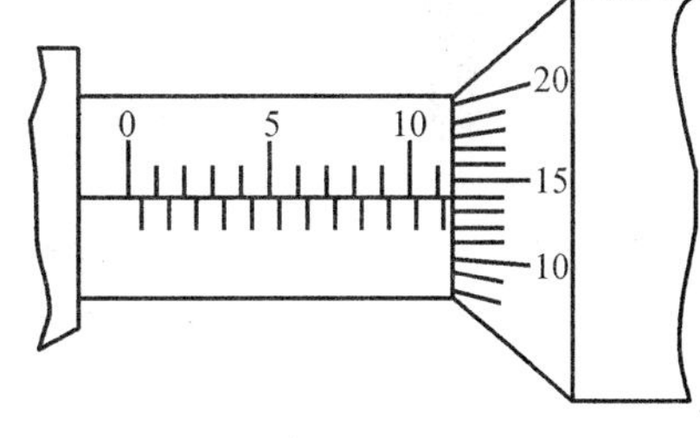

11.5+0.14=11.64

图 1－2－8　千分尺的读数方法

4）千分尺的测量范围和精度

千分尺的规格按测量范围分为：0～25 mm、25 mm～50 mm、50 mm～75 mm、75 mm～100 mm 等。使用时根据被测工件的尺寸合理选用。

千分尺的制造精度分为 0 级和 1 级两种，0 级精度最高，1 级精度稍差。

3. 百分表

百分表是一种精度较高的比较量具，它只能测出相对数值，不能测出绝对数值，主要用于测量形状和位置误差，也可用于机床上安装工件时的精密找正。百分表的读数准确度为 0.01 mm。

1）百分表的结构

百分表的结构如图 1－2－9 所示。图中 1 是淬硬的触头，用螺纹旋入齿杆 2 的下端。齿杆的上端有齿。当齿杆上升时，带动齿数为 16 的小齿轮 3。与小齿轮 3 同轴装有齿数为 100 的大齿轮 4，再由这个齿轮带动中间的齿数为 10 的小齿轮 10。与小齿轮 10 同轴装有长指针 7，因此长指针就随着小齿轮 10 一起转动。在小齿轮 10 的另一边装有大齿轮 9，在其轴下端装有游丝，用来消除齿轮间的间隙，以保证其精度。该轴的上端装有短指针 8，用来记录长指针的转数（长指针转一周时短指针转一格）。拉簧 11 的作用是使齿杆 2 能回到原位。在表盘 5 上刻有线条，共分 100 格。转动表圈 6，可调整表盘刻线与长指针的相对位置。

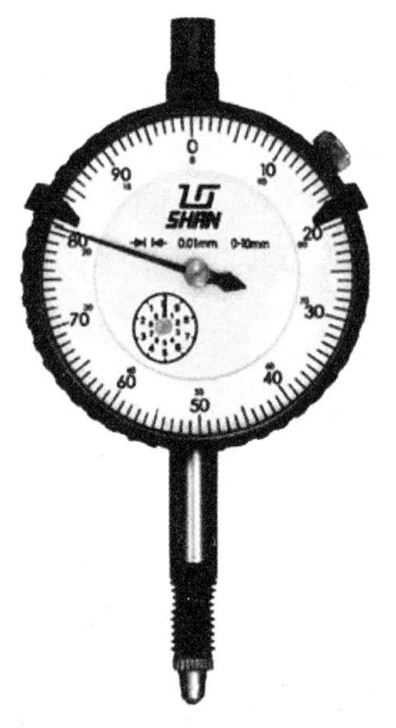
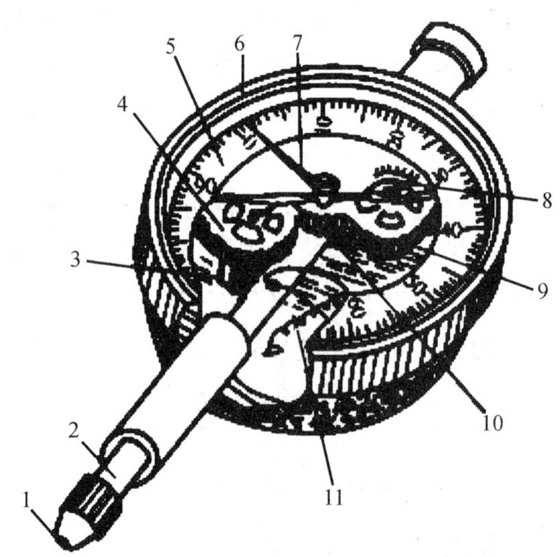

图 1—2—9　百分表的结构

1—测头　2—齿杆　3—小齿轮　4—大齿轮　5—表盘

6—表圈　7—长指针　8—短指针　9—大齿轮　10—小齿轮　11—拉簧

2）百分表的刻线原理

百分表内的齿杆和齿轮的周节是 0.625 mm。当齿杆上升 16 齿（即上升 0.625×16=10 mm）时，16 齿小齿轮转一周。同时齿数为 100 齿的大齿轮也转一周，从而带动齿数为 10 的小齿轮和长指针转 10 周，即齿杆移动 1 mm 时，长指针转一周。由于表盘上共刻 100 格，所以长指针每转一格表示齿杆移动 0.01 mm。

3）百分表的安装方法

用百分表测量工件的尺寸、形状和位置误差时，可把百分表安装在表座上，如图 1—2—10 所示。

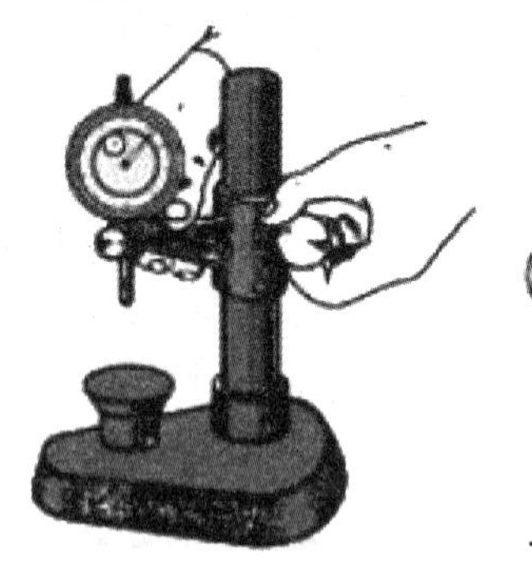

（a）安装在万能表架上

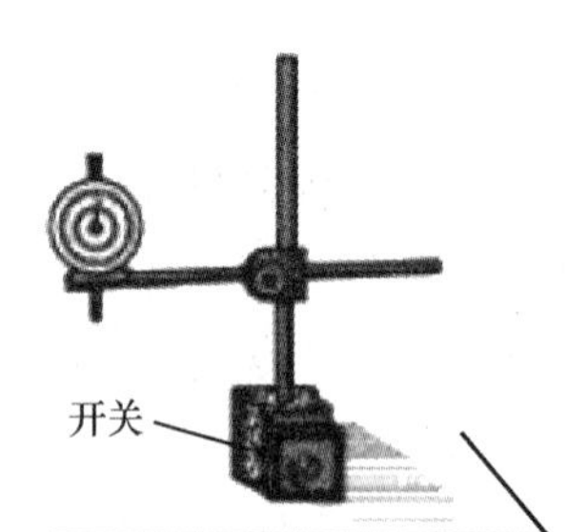

（b）安装在磁性表架上

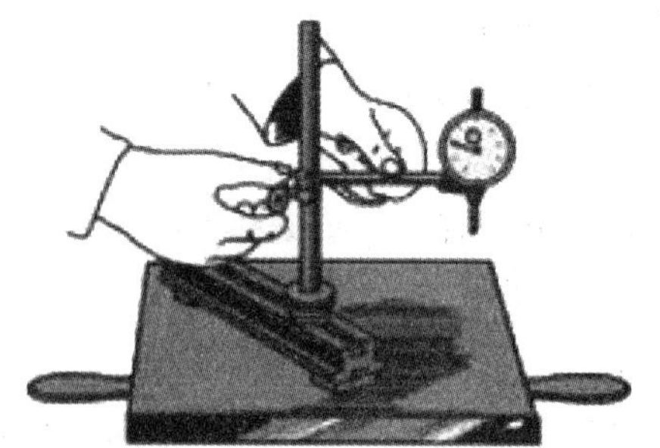

（c）安装在普通表架上

图 1—2—10　百分表的安装方法

4）百分表的测量方法

百分表可用来精确测量零件圆度、圆跳动、平面度、平行度和直线度等形位误差，也可用来找正工件，如图 1—2—11 所示。

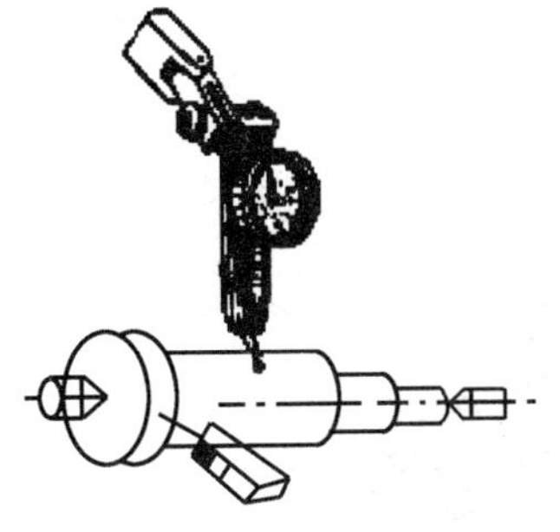

(a) 测量工件径向和端面圆跳动量

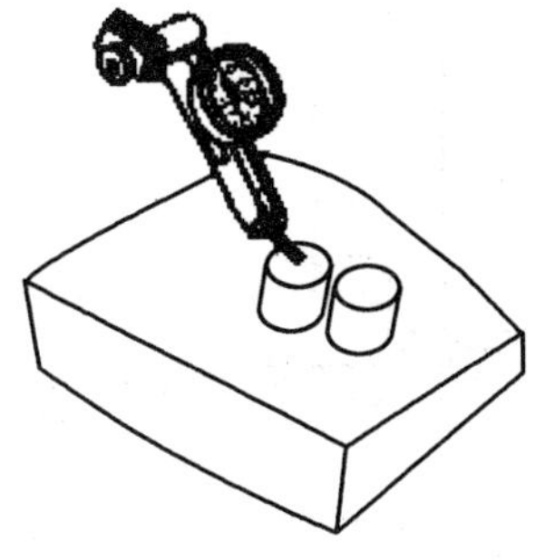

(b) 测量工件的高度

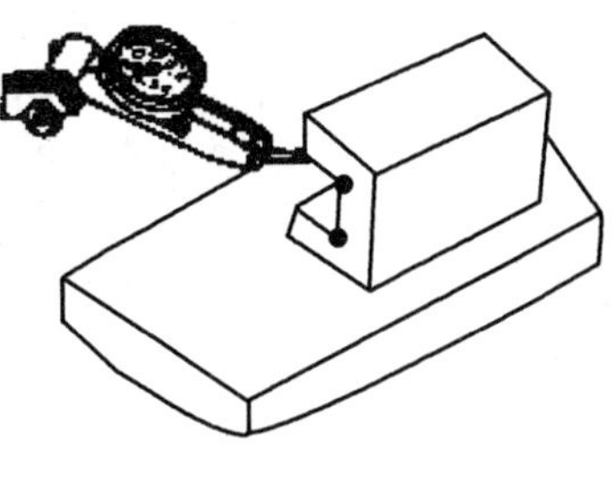

(c) 测量工件的反向平面

图 1－2－11　百分表的测量

5) 百分表的使用注意事项

(1) 使用前，应检查测量杆活动的灵活性。即轻轻推动测量杆时，测量杆在套筒内的移动要灵活，没有轧卡现象，每次手松开后，指针能回到原来的刻度位置。

(2) 使用时，必须把百分表固定在可靠的夹持架上。切不可贪图省事，随便夹在不稳固的地方，否则容易造成测量结果不准确，或把百分表摔坏的情况。

(3) 测量时，不要使测量杆的行程超过它的测量范围，不要使表头突然撞到工件上，也不要用百分表测量表面粗糙度很大或有显著凹凸不平的工件。

(4) 测量平面时，百分表的测量杆要与平面垂直，测量圆柱形工件时，测量杆要与工件的中心线垂直；否则，将使测量杆活动不灵或测量结果不准确。

(5) 为方便读数，在测量前一般都让大指针指到刻度盘的零位。

(6) 百分表不用时，应使测量杆处于自由状态，以免使表内弹簧失效。

4. 万能量角器

1) 万能量角器的结构

如图 1－2－12 所示，万能量角器由刻有角度刻线的尺身 1 和固定在扇形板 2 上的游标 3 组成。扇形板可以在尺身上回转移动，形成与游标卡尺相似的结构。直角尺 5 可用支架 4 固定在扇形板 2 上，直尺 6 用支架固定在直角尺 5 上，如果拆下直角尺 5，也可将直尺 6 固定在扇形板上。

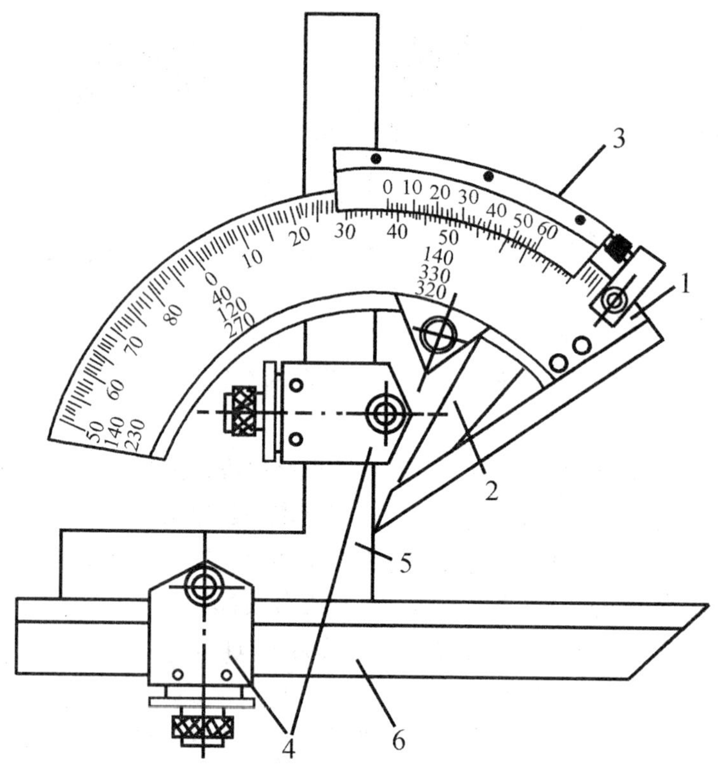

图 1-2-12　**万能游标量角器**

1—尺身　2—扇形板　3—游标　4—支架　5—直角尺　6—直尺

2）万能量角器的刻线原理

尺身刻线每格 1°，游标刻线是将尺身上 29°所占的弧长等分为 30 格，即每格所对的角度为 29°/30，因此游标 1 格与尺身 1 格相差：1°－（29°/30）＝1°/30＝2′，即万能量角器的测量精度为 2′。

万能量角器角度的读数方法和游标卡尺相似，先从尺身上读出游标零线前的整度数，再从游标上读出角度“′”的数值，两者相加就是被测得的角度数值。

3）万能量角器的测量方法和测量范围

（1）万能量角器的测量方法：

用万能量角器对工件角度进行测量时，其方法如图 1-2-13 所示。

图 1-2-13　**测量工件角度**

（2）万能量角器的测量范围：

由于直尺和直角尺可以移动和拆换，因此万能量角器可以测量 0°～320°的任何角度，如图 1-2-14 所示。

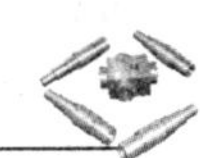

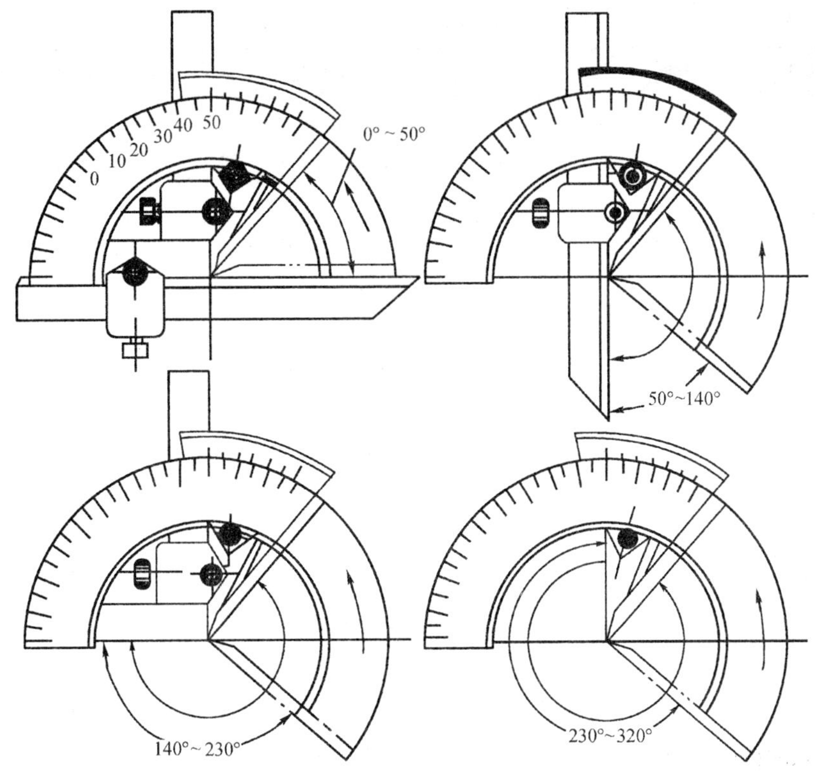

图 1－2－14　万能游标量角器的测量范围

5. 量　块

量块（又叫块规）是长度计量的基准，适用于长度尺寸的传递。量块的各项精度指标应符合国家标准及国际标准。量块测量面的尺寸精度高，表面粗糙度低，研合力好，尺寸稳定。量块是用不易变形的耐磨材料制成的长方形六面体，它有两个工作面，即测量面。测量面是一对相互平行且平面度误差及表面粗糙度值极小的平面（如图 1－2－15 所示）。其余为非工作面，在非工作面采用激光标记的先进工艺，字型美观、清晰。量块一般成套使用，装在特制的木盒中，如图 1－2－16 所示。常用的成套量块的基本尺寸和块数见表 1－2－1。

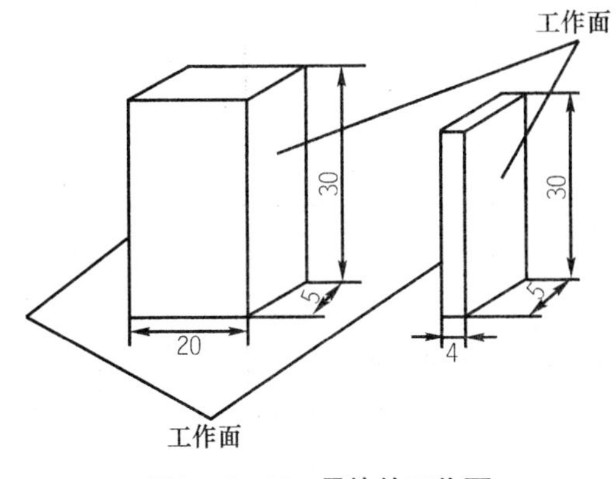

图 1－2－15　量块的工作面

图 1－2－16　量　块

表 1－2－1 量块成套表（ISO3650）

编号	总块数	级别	公称尺寸系列（mm）	间隔	块数	质量
901－01	91	00，0，k，1，2	0.5，1.0	—	2	1.843
			1.001，1.002，1.003，…，1.009	0.001	9	
			1.01，1.02，1.03，1.04，…，1.49	0.01	49	
			1.5，1.6，1.7，1.8，1.9	0.1	5	
			2.0，2.5，3.0，3.5，4.0，…，9.5	0.5	16	
			10，20，30，40，50，60，…，100	10	10	
0.5	83	00，0，k，1，2	0.5，1.0，1.005	—	3	1.764
			1.01，1.02，1.03，1.04，1.05，…，1.49	0.01	49	
			1.5，1.6，1.7，1.8，1.9	0.1	5	
			2.0，2.5，3.0，3.5，4.0，4.5，…，9.5	0.5	16	
			10，20，30，40，50，60，…，100	10	10	
－03	46	0，k，1，2	1.0	—	1	1.580
			1.001，1.002，1.003，…，1.009	0.001	9	
			1.01，1.02，1.03，1.04，…，1.09	0.01	9	
			1.1，1.2，1.3，1.4，1.5，…，1.9	0.1	9	
			2，3，4，5，6，7，8，9	1	8	
			10，20，30，40，50，60，70，…，100	10	10	
－04	38	0，k，1，2（3）	1.0，1.005	—	2	1.563
			1.01，1.02，1.03，1.04，1.05，…，1.09	0.01	9	
			1.1，1.2，1.3，1.4，1.5，1.6，…，1.9	0.1	9	
			2，3，4，5，6，7，8，9	1	8	
			10，20，30，40，50，60，70，80，90，100	10	10	
－05	10－	0，1	0.991，0.992，0.993，0.994，…，1	0.001	10	0.021
－06	10＋	0，1	1，1.001，1.002，1.003，…，1.009	0.001	10	0.021
－07	10－	0，1	1.991，1.992，1.993，1.994，…，2	0.001	10	0.04
－08	10＋	0，1	2，2.001，2.002，2.003，…，2.009	0.001	10	0.042
－09	8	0，1，2	125，150，175，200 250，300，400，500		8	5.020
－10	5	0，1，2	600，700，800，900，1000		5	9.780

把不同基本尺寸的量块进行组合可得到所需要的尺寸。为了工作方便，减少累积误差，选用量块时，应尽可能选用最少的块数，一般情况下块数不超过 5 块。计算时应根据所需组合的尺寸，从最后一位数字开始选择，每选一块，应使尺寸数字的位数减少一位。以此类推，直至组合成完整的尺寸。例如，所需尺寸为 68.315 mm，从 83 块一套的盒中选取：

$$\begin{array}{rl} 68.315 & \text{组合尺寸} \\ -\ 1.005 & \text{第 1 块量块尺寸} \\ \hline 67.31 & \\ -\ 1.31 & \text{第 2 块量块尺寸} \\ \hline 66 & \text{第 3 块量块尺寸} \\ -\ 6 & \text{第 4 块量块尺寸} \\ \hline 60 & \end{array}$$

即选用 1.005 mm，1.31 mm，6 mm，60 mm 共 4 块量块。

1）量块的用途

量块因具有结构简单、尺寸稳定、使用方便等特点，在实际检测工作中得到了非常广泛的应用。

（1）作为长度尺寸标准的实物载体，将国家的长度基准按照一定的规范逐级传递到机械产品制造环节，实现量值统一。

（2）作为标准长度标定量仪，检定量仪的示值误差。

（3）相对测量时以量块为标准，用测量器具比较量块与被测尺寸的差值。

（4）也可直接用于精密测量、精密划线和精密机床的调整。

2）量块在使用过程中的注意事项

（1）量块必须在使用有效期内，否则应及时送专业部门检定。

（2）使用环境良好，防止各种腐蚀性物质及灰尘对测量面的损伤，影响其粘合性。

（3）分清量块的“级”与“等”，注意使用规则。

（4）所选量块应用航空汽油清洗、洁净软布擦干，待量块温度与环境温度相同后方可使用。

（5）轻拿、轻放量块，杜绝磕碰、跌落等情况的发生。

（6）不得用手直接接触量块，以免造成汗液对量块的腐蚀及手温对测量精确度的影响。

（7）使用完毕，应用航空汽油清洗所用量块，并擦干后涂上防锈脂存于干燥处。

6. 塞　尺

塞尺（又叫厚薄规），如图 1－2－17 所示，是用来检验两个结合面之间间隙大小的片状量规。

使用塞尺时，根据间隙的大小，可用一片或数片重叠在一起插入间隙内。例如用0.2 mm的塞尺可以插入工件的间隙，而0.25 mm的塞尺插不进去时，说明工件的间隙在0.2 mm～0.25 mm之间。

图 1－2－17　塞　尺

塞尺的片有的很薄，容易弯曲和折断，测量时，不可用力硬塞塞尺，以防止塞尺弯曲甚至折断。还应注意不能测量温度较高的工件。塞尺用完后，要及时擦拭干净，及时合到夹板中去。

四、量具的维护与保养

为了保持测量工具的精度，延长其使用寿命，不但使用方法要正确，还必须做好量具的维护与保养。

（1）使用前应先熟悉测量工具的规格、性能、使用方法和注意事项。

（2）测量前应将测量工具的测量面和被测工件的被测表面擦净，以免脏物存在而影响测量精度。用精密测量工具测量粗糙的锻造毛坯或带有研磨剂的工件表面是错误的，这样易使测量面很快磨损而失去原有精度。

（3）量具在使用过程中，不要和工具、刀具放在一起，以免碰坏。也不要随意放在机床上，以免因机床振动而使量具掉下来损坏。

（4）温度对测量结果影响很大，一般测量可在室温下进行。量具应存放在20℃的恒温室内，不应放在热源（电炉、暖气片等）附近，以免受热变形或腐蚀而失去精度。

（5）不要把量具放在磁场附近（如磨床的磁性工作台等），以免使量具磁化。

（6）量具应经常保持清洁。量具用完后，应及时擦净、涂油，放在专用盒中，保存在干燥处，以免生锈。

（7）精密量具应实行定期鉴定和保养，发现精密量具有不正常时，应及时送交计量室检修，以免其示值误差超差而影响测量结果。

思考与练习：

1. 量具有哪几种类型？各有何特点？
2. 试述游标卡尺的读数方法。
3. 试述千分尺的读数方法。
4. 试述百分表的刻线原理。
5. 量块有什么用途？试用量块组配下列尺寸：

（1）47.43 mm；（2）68.315 mm。

6. 塞尺在使用的过程中应注意哪些问题？
7. 如何对量具进行维护和保养？

课题三　划　线

一、教学要求

(1) 掌握划线的种类以及作用；

(2) 熟练掌握划线基准的选择；

(3) 正确使用各种划线工具，掌握划线方法；

(4) 划线操作应达到线条清晰、粗细均匀、尺寸误差不大于±0.03 mm；

(5) 懂得划线工具的维护与保养。

二、划线概述

划线是钳工的一种基本操作。在毛坯和工件上，用划线工具划出待加工部位的轮廓线或作为基准的点、线称为划线。

1. 划线的种类

划线分平面划线和立体划线两种。

1) 平面划线

只需在工件的一个表面上划线后即能明确表示加工界线的，称为平面划线（如图 1－3－1所示）。如在板料、条料表面上划线，在复杂零件的几个互相平行的平面上划线都属于平面划线。平面划线是基本的划线方法，因此必须掌握。

2) 立体划线

需要在工件几个互成不同角度（通常是互相垂直）的表面上划线，才能明确表示加工界线的，称为立体划线（如图 1－3－2 所示）。如划出矩形块各表面的加工线以及支架、箱体等表面的加工线都属于立体划线。工件的立体划线通常在划线平台上进行，划线时，工件多用千斤顶来支承，有的工件也可用方箱、V 形块等支承。

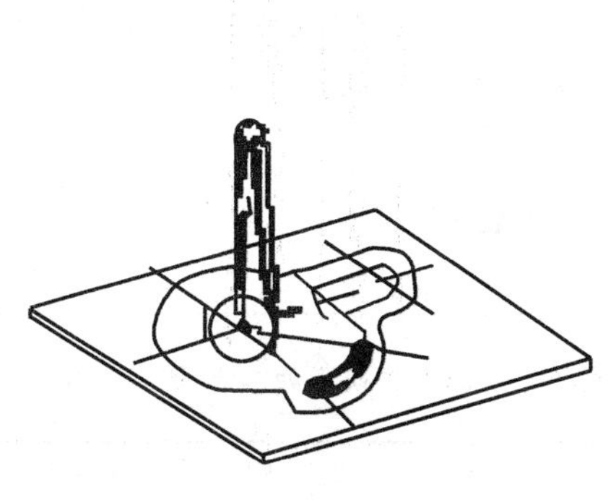

图 1－3－1　平面划线

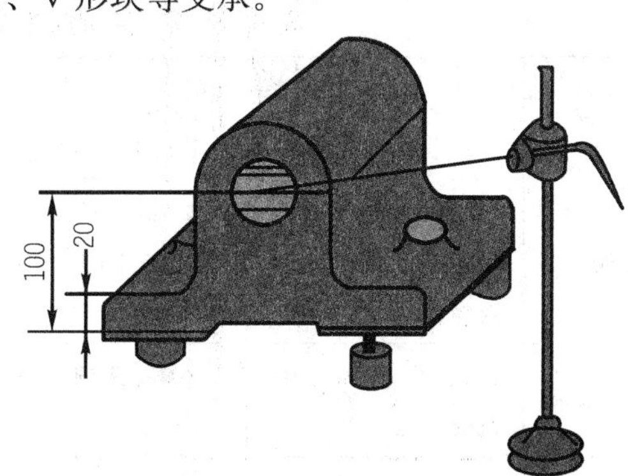

图 1－3－2　立体划线

2. 划线的作用

划线不仅在毛坯表面上进行，也经常在已加工过的工件表面上进行，划线的作用主要有两个：

(1) 确定各表面的加工余量，确定孔的位置，使机械加工有明确的尺寸标志。

(2) 通过划线可以检查毛坯是否正确，毛坯误差小时，可以通过划线找正补救；无法找正补救的误差大的毛坯，也可通过划线及时发现，避免加工后造成损失。

划线是机械加工的主要工序之一，广泛应用于单件和小批量生产，是钳工必须掌握的一项重要操作。在划线前一定要看清图纸，特别要注意视图方向，当划线发生错误或准确度太低时，就有可能造成工件报废。因此，划线时要全神贯注，反复核对尺寸和划线位置，小心仔细，避免出差错。

3. 划线基准的选择

所谓划线基准，是指在划线时选择工件上的某个点、线、面作为依据，用它来确定工件的各部分尺寸、几何形状及工件上各要素的位置。合理地选择划线基准是做好划线工作的关键，只有划线基准选择得好，才能提高划线的质量和效率以及相应提高工件合格率。

划线基准一般可根据以下三种类型选择：

(1) 以两个互相垂直的平面（或线）为基准，如图 1-3-3 所示。在零件上互相垂直的两个方向的尺寸可以看出，每一方向的许多尺寸都是依照它们的外平面（在图样上是一条线）来确定的。此时，这两个外平面就分别是每一方向的划线基准。

(2) 以两条中心线为基准，如图 1-3-4 所示。该零件上两个方向的尺寸与其中心线具有对称性，并且其他尺寸也从中心线起始标注。此时，这两个中心线就分别是这两个方向的划线基准。

(3) 以一个平面和一条中心线为基准，如图 1-3-5 所示。该零件上高度方向的尺寸是以底面为依据的，因此底面就是高度方向的划线基准。而宽度方向的尺寸与中心线对称，因此中心线就是宽度方向的划线基准。

4. 划线涂料

为使划出的线条清晰可见，划线前应在零件划线部位涂上一层薄而均匀的涂料。常见划线涂料配方和应用场合见表 1-3-1。

表 1-3-1 常用划线涂料配方和应用场合

名称	配制比例	应用场合
石灰水	稀糊状熟石灰水，加适量骨胶和桃胶	大中型铸件、锻件毛坯
蓝油	2%~4%龙胆紫（青莲、普鲁士蓝）加3%~5%漆片（洋干漆）与 91%~95%酒精混合	已加工表面
硫酸铜溶液	100 g 水中加 1 g~1.5 g 硫酸铜和少许硫酸	形状复杂的工件或已加工表面

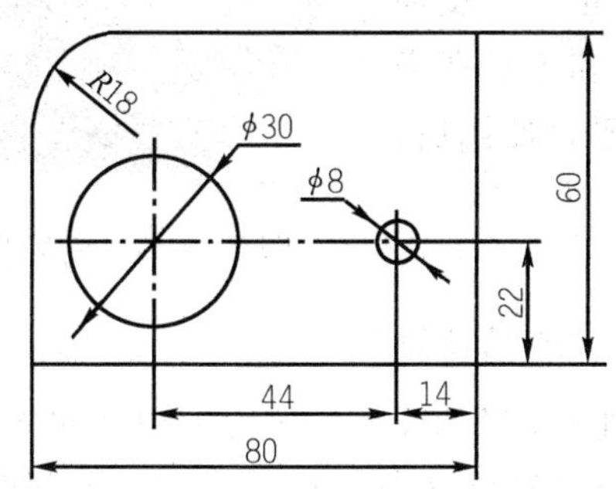

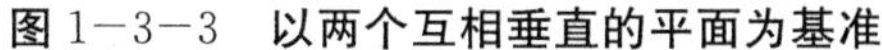
图 1－3－3　以两个互相垂直的平面为基准

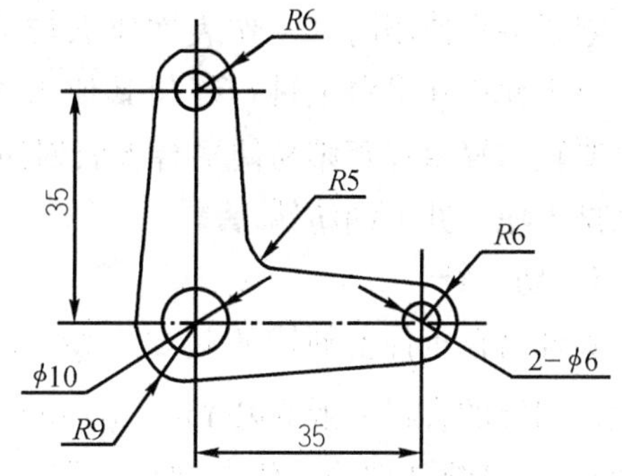

图 1－3－4　以两条中心线为基准

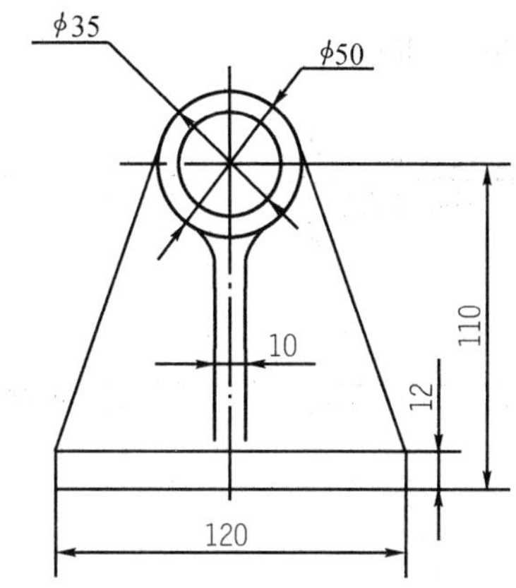

图 1－3－5　以一个平面和一条中心线为基准

三、常用划线工具

1. 钢直尺

钢直尺是一种简单的尺寸量具，在尺面上刻有尺寸刻线，最小刻线距为 0.5 mm，它的长度规格有 150 mm、300 mm、1000 mm 等多种。主要用来量取尺寸、测量工件，也可作划线时的导向工具（如图 1－3－6 所示）。

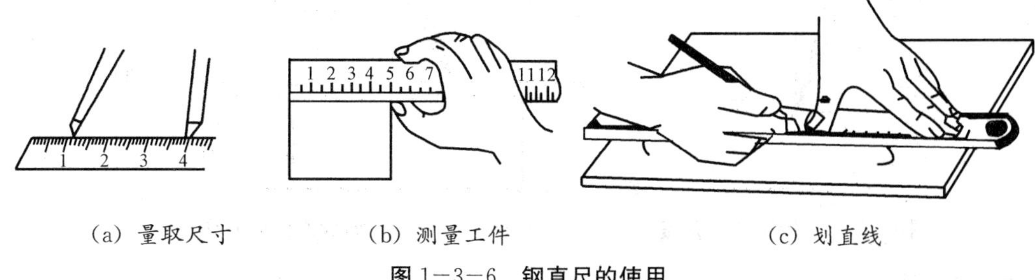

(a) 量取尺寸　　(b) 测量工件　　(c) 划直线

图 1－3－6　钢直尺的使用

2. 划线平台

划线平台是由铸铁制成，工作表面（上平面）经过精刨或刮削加工，作为划线时的基准平面。划线平台一般用木架支承（如图 1－3－7 所示），放置时应使工作平面处于水平状态。

划线平台使用时，工作表面要保持清洁，防止平台受撞击，更不允许在平台上进行任何其他工作；工件和工具在平台上要轻拿轻放，否则易使平台表面划伤；划线平台使用后，要擦拭干净，并上油防锈。

图 1—3—7 划线平台

3. 划 针

划针是在工件上划线的基本工具，由弹簧钢丝或高速钢制成。划针的直径一般为ϕ3 mm～ϕ4 mm，尖端用手工磨成 15°～20°的尖角（如图 1—3—8 所示），并经热处理淬火使之硬化。划线时，针尖要紧靠导向工具的边缘，上部向外侧倾斜成 15°～20°角（如图 1—3—9 所示），向划线方向倾斜 45°～75°角（如图 1—3—10 所示）。划线要一次划成，划出的线条要清晰、准确。

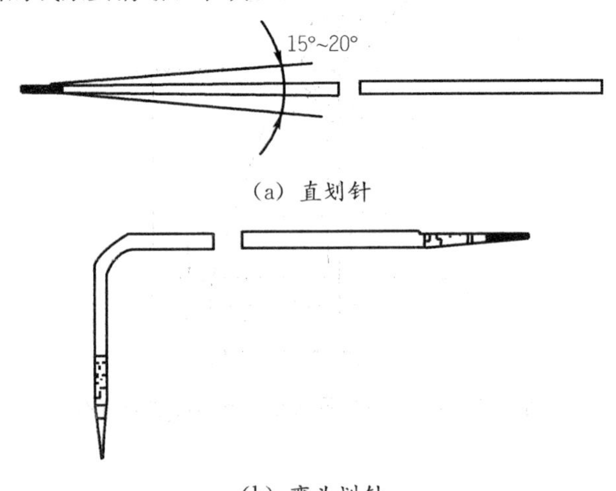

(a) 直划针

(b) 弯头划针

图 1—3—8 划 针

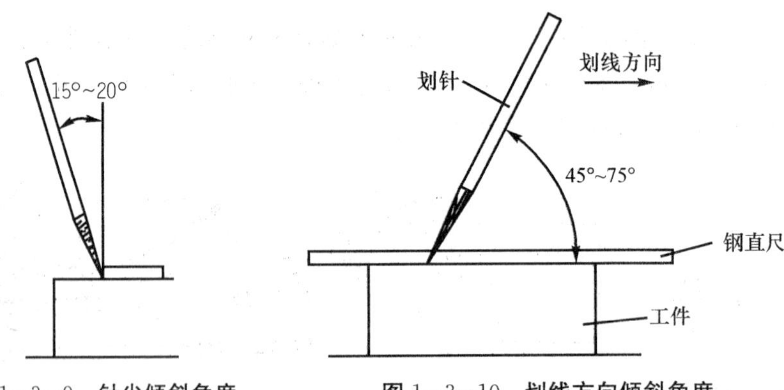

图 1—3—9 针尖倾斜角度

图 1—3—10 划线方向倾斜角度

4. 划 规

划规（如图 1—3—11 所示）可用来划圆或圆弧、等分线段、等分角度，以及量取尺寸等。划规两脚的长度要磨得稍有不等，而且两脚合拢时脚尖能靠紧；划规的脚尖应保持尖锐，以保证划出的线条清晰均匀；用划规划圆时，作为旋转中心的划规脚应加以较大的压力，避免中心滑动，另一脚以较轻的压力在工件表面划出圆或圆弧（如图 1—3—12 所示）。

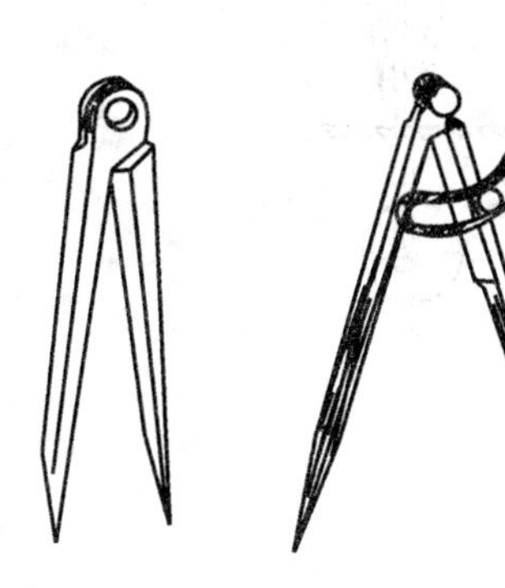

图 1－3－11 划 规

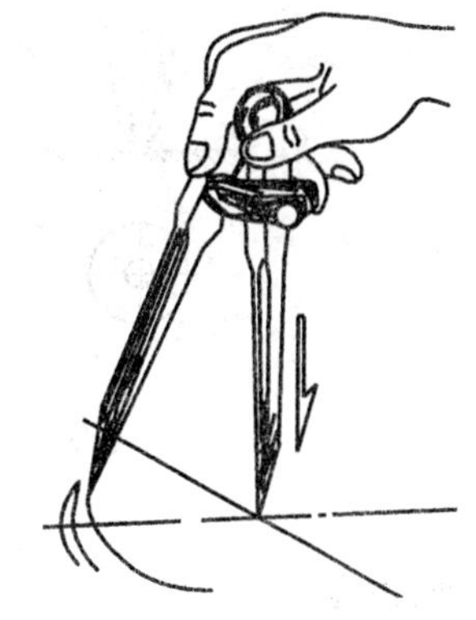

图 1－3－12 划规划圆

5. 样 冲

样冲用于在工件所加工线条上打样冲眼，作划圆弧或钻孔时的定位中心。样冲一般用工具钢制成，尖端处淬硬，其顶尖处角度为 60°左右（如图 1－3－13 所示）。

图 1－3－13 样 冲

样冲在使用的过程中，要注意以下几点：

（1）冲眼方法：先将样冲外倾（如图 1－3－14（a）所示），使尖端对准线的正中，手要搁稳，然后立直冲眼（如图 1－3－14（b）所示）。

（2）位置要准确，冲眼不可偏离线条（如图 1－3－15 所示）。

（3）对打歪的样冲眼，应先将样冲斜放着向划线的交点方向轻轻敲打，当样冲眼的位置校正到已对准划好的线后，再把样冲立直打一下。

（4）曲线冲眼距离要小一些，小于 ϕ20 mm 的圆周线应有 4 个冲眼；大于 ϕ20 mm 的圆周线应有 8 个冲眼。

（5）在长直线上的冲眼距离可大些，但短直线至少有 3 个冲眼。

（6）线条转折点处必须冲眼。

（7）冲眼的深浅要掌握适当，在薄壁上或光滑表面上冲眼要浅，粗糙表面上要深些。

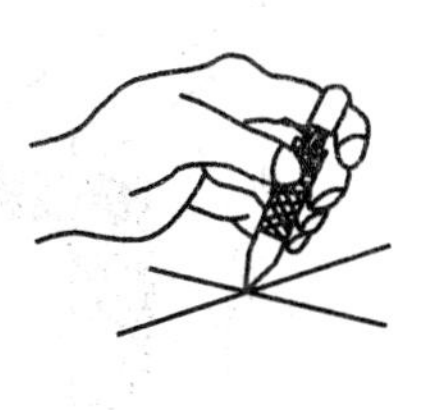

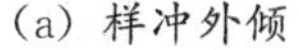

（a）样冲外倾

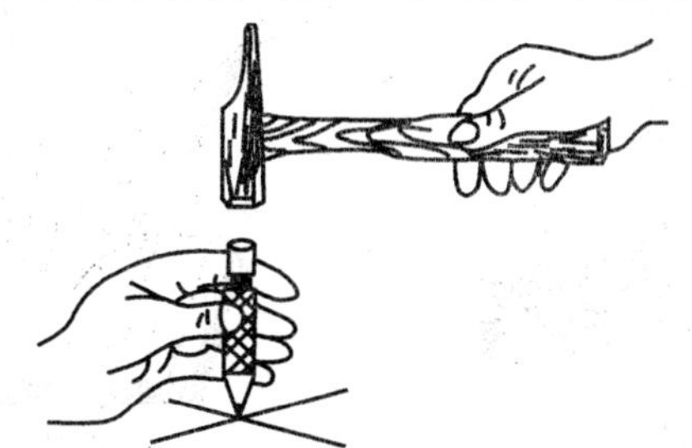

（b）立直冲眼

图 1－3－14 样冲冲眼方法

(a) 正确　　(b) 不垂直　　(c) 偏心

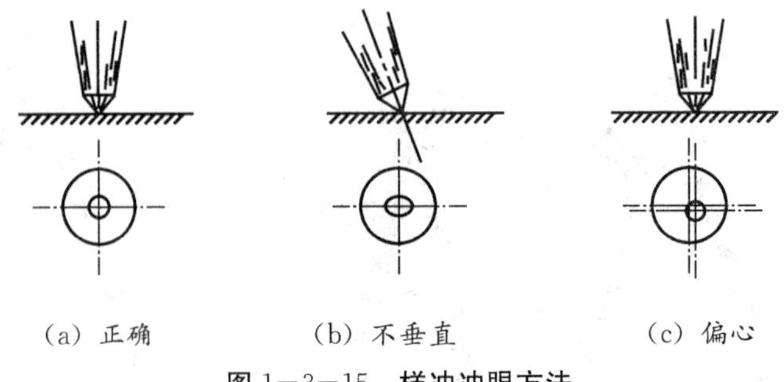

图 1—3—15　样冲冲眼方法

6. 划线盘

划线盘是在工件上划线和校正工件位置常用的工具（如图 1—3—16 所示）。划针的直头端用来划线，弯头端用于对工件安装位置的找正。

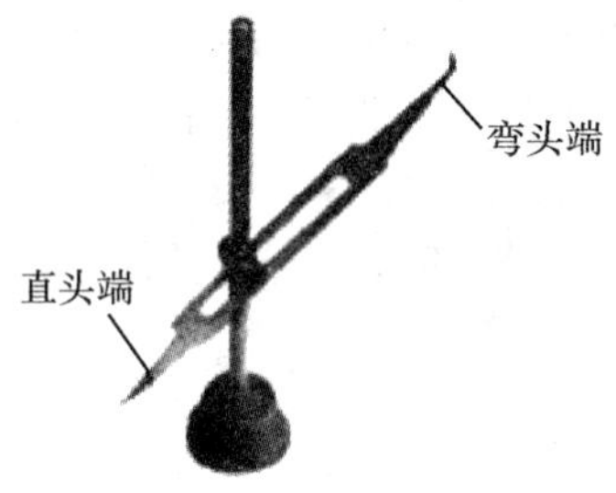

图 1—3—16　划线盘

划线盘在使用过程中，划针伸出的长度应尽量短些，并且夹紧要牢固，手握划线盘盘座，使盘座紧贴平板台面，这样划线盘的刚性较好，划针不会抖动；划针与工件表面沿划线方向成 40°～60°角，以减少划线阻力和防止针尖扎入工件表面；划较长线段时，应采用分段连接划线；划线盘不用时，应使划针处于直立状态，保证安全和减少所占空间。

7. 90°角尺

如图 1—3—17 所示，90°角尺在划线时常用作划平行线（如图 1—3—18（a）所示）或垂直线（如图 1—3—18（b）所示）的导向工具，也可用来找正工件表面在划线平台上的垂直位置。

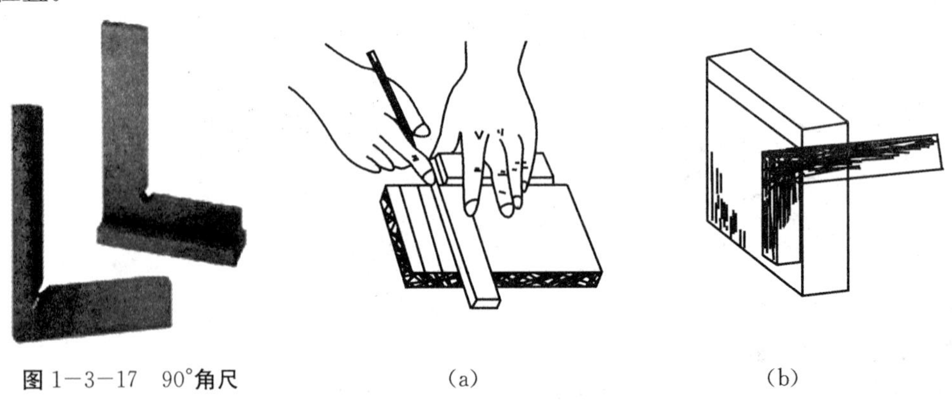

图 1—3—17　90°角尺

(a)　　(b)

图 1—3—18　90°角尺的使用

划线前，首先把 90°角尺和工件擦干净。划线时，90°角尺尺座内侧要与基准面重合，

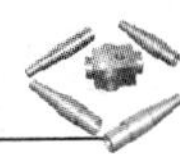

沿 90°角尺另一边划线，就可得到与工件基准边相垂直的线条。

8. 高度尺

图 1-3-19 为普通高度尺，它由钢直尺和底座组成，用以给划线盘量取高度尺寸。图 1-3-20 为高度游标卡尺，它是普通高度尺和划线盘的组合。划线脚前端镶硬质合金，其读数精度一般为 0.02 mm，可作为精密划线工具，其读数方法与游标卡尺相同。高度游标卡尺要防止锈蚀，不用时应装入专用盒中。

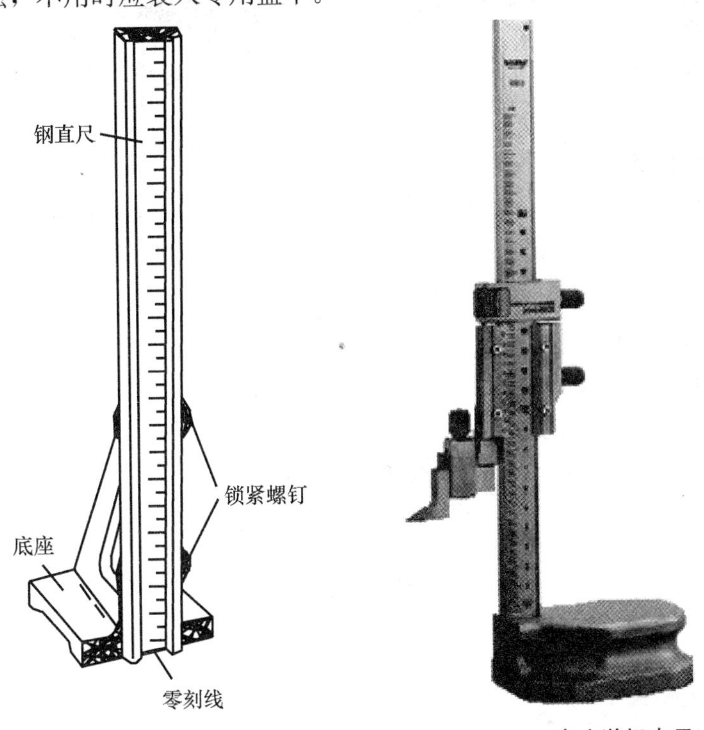

图 1-3-19　普通高度尺　　图 1-3-20　高度游标卡尺

9. 方　箱

方箱（如图 1-3-21 所示）是灰铸铁制成的，一般是 100 mm 见方，尺寸精度在 0.01 mm之内，相对平面互相平行，相邻平面互相垂直，允许误差均在 0.01 mm 之内。划线时，可用 C 形夹头将工件夹于方箱上，再通过翻转方箱，便可在一次安装情况下，将工件上互相垂直的线全部划出来。

10. V 形铁

V 形铁（如图 1-3-22 所示）主要用来安放轴、套筒、圆盘等圆形工件，以便找中心与划出中心线。一般 V 形铁都是一副两块，两块的平面与 V 形槽都是在一次安装中磨出的。

图 1-3-21　方　箱

图 1-3-22　V 形铁

四、划线工具的维护与保养

（1）划针、划规、划线盘、90°角尺和高度游标卡尺等划线工具要妥善保管、准确摆放，避免划线部位受损，影响划线精度（划线精度一般能达到 0.25 mm～0.5 mm）。

（2）工件和划线工具在划线平台上应轻拿轻放，并尽可能减少摩擦，以免损伤划线平台，造成平台精度的降低。

（3）划线工具和设备使用完后，应及时进行清理，擦拭干净，并涂上机油防锈。

划线技能训练

平面划线

一、划线精度要求

划后尺寸公差为 0.4 mm。

二、准备工作

（1）对平面划线的板料去除毛刺，并在表面涂色。

（2）对铸件毛坯应将残余型砂清除，去掉毛刺，錾平冒口，并在铸件表面涂白灰水。

（3）划线工具为钢直尺、划针和划线盘、划规、样冲和手锤、量角器。

（4）看清图样，详细了解零件需划线的部位和有关加工尺寸。

三、划　线

平面划线，划线工件为划线样板，其形状和尺寸要求如图 1-3-23 所示。

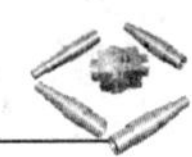

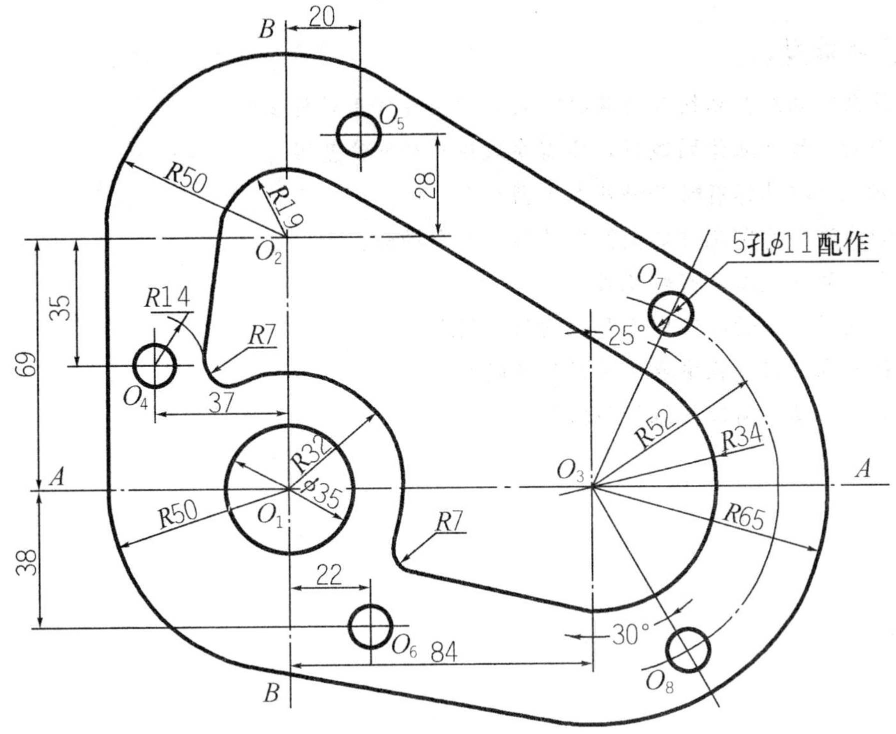

图 1—3—23　划线样板

毛坯为 200 mm×190 mm 的钢板，平面已粗磨。根据图样要求要在板料上把全部线条划出。具体划线过程如下：

（1）在 ϕ35 mm 的孔中心划两条互相垂直的中心线 $A-A$ 和 $B-B$，以此为基准得圆心 O_1。

（2）划 69 mm 的水平线，得圆心 O_2，划出尺寸 84 mm 的垂线，得圆心 O_3。

（3）以 O_1 为圆心，R32 mm 和 R50 mm 为半径分别划弧；以 O_2 为圆心，R19 mm 和 R50 mm 为半径分别划弧；以 O_3 为圆心，R34 mm、R52 mm 和 R65 mm 为半径分别划弧。

（4）作出外形圆弧的公切线，并作出与外形圆弧公切线相平行的内形圆弧公切线（与外形圆弧公切线相距 31 mm 的平行线）。

（5）划出尺寸为 38 mm、35 mm 和 28 mm 水平线。

（6）划出尺寸为 37 mm、20 mm 和 22 mm 竖直线，得圆心 O_4、O_5、O_6。

（7）求出两处 R7 mm 弧的圆心，并划出两处 R7 mm 圆弧，分别与 R32 mm 圆弧及直线相切。

（8）通过圆心 O_3 分别划 R52 mm 圆线和 25°、30°角度线，得出圆心 O_7 和 O_8。

（9）划出 ϕ35 mm 和 5 孔 ϕ11 mm 圆孔的圆线。

（在划线过程中，圆心找正后一定要打正样冲眼，以便用划规划圆或圆弧）。

（10）检查所划的线无误后，应在线条交点处及线条上按一定间隔打上样冲眼。

思考与练习：

1. 什么叫划线？划线分哪两种？划线的主要作用是什么？
2. 平面划线和立体划线时，各需要选择几个划线基准？
3. 划线基准选择有哪三种基本类型？
4. 划线涂料有哪几种类型？各适用于什么场合？
5. 常用的划线工具有哪几种？
6. 用划针划线的过程中需要注意什么问题？
7. 样冲在使用过程中要注意哪几点问题？
8. 划线工具如何进行维护与保养？

课题四 錾 削

一、教学要求

(1) 掌握錾削的姿势、动作、锤击要领；根据加工材料的不同，正确刃磨錾子；

(2) 掌握平面錾削的方法，并达到一定的錾削精度；

(3) 了解錾削时的注意事项。

二、錾削基本概念

1. 錾削的概念

用手锤打击錾子对金属进行切削加工的方法叫錾削。在近代的金属切削加工中，只因某种原因不能或不便利用机床加工的工件和毛坯，或在某种情况下利用机床加工很麻烦，而用錾削反而方便的情况下，才用錾削的方法进行加工。因此錾削的工作范围包括去除凸缘、毛刺，分割材料、錾油槽等，有时也用作较小的表面的粗加工。

2. 錾 子

錾削用的工具，主要是手锤和錾子。

1) 錾子角度

錾子与任何一种刀具相同，都必须具备两个基本条件：

(1) 切削部分的材料比工件的材料要硬。

(2) 切削部分的形状必须呈楔形。

为了获得一定的錾削质量和工作效率，对錾子刃口的几何角度及切削时所处的位置，都必须很好地掌握，下面来认识一下錾子几何角度及切削过程（如图 1－4－1 所示）。

錾子由头部、切削部分及錾身三部分组成，头部有一定的锥度，顶端略带球形，以便锤击时作用力容易通过錾子中心线，錾身多呈八棱形，以防止錾子转动。

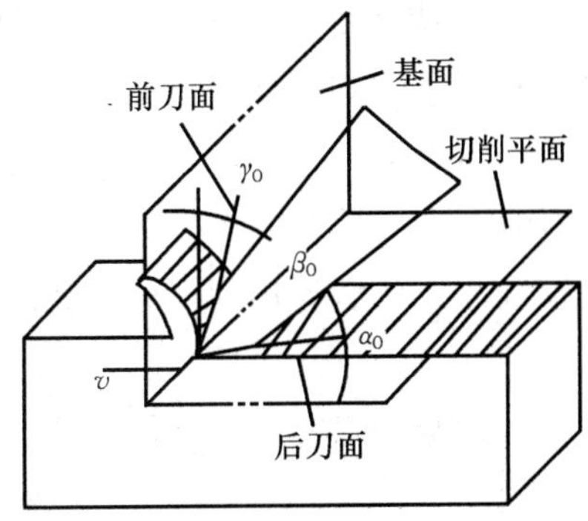

图 1－4－1 切削角度

錾子的切削部分由前刀面、后刀面以及它们的交线形成的切削刃组成。

前刀面：切屑流经的表面。

后刀面：与切削表面相对的表面。

切削刃：前刀面与后刀面的交线。

基面：通过切削刃上任一点与切削速度垂直的平面。

切削平面：过切削刃任一点与切削表面相切的平面，图中切削平面与切削表面重合。

錾削时形成的角度有：

①楔角 β_0：錾子前刀面与后刀面之间的夹角称为楔角。楔角大小对錾削有直接影响，楔角愈大，切削部分强度愈高，錾削阻力越大。所以选择楔角大小应在保证足够强度的情况下，尽量取小的数值。例如：

一般硬质材料，钢铸铁，楔角取 60°～70°；

錾削中等硬度材料，楔角取 50°～60°；

錾削铜、铝软材料，楔角取 30°～50°。

②后角 α_0：后刀面与切削平面之间的夹角称为后角。后角的大小由錾削时錾子被掌握的位置决定，一般取 5°～8°，作用是减小后刀面与切削平面之间的摩擦。后角大小不当会给錾削质量和速度带来不良影响。錾削时后角 α_0 太大，会使錾子切入材料太深（如图 1－4－2（a)所示），这样的话錾子錾不动，甚至损坏錾子刃口；若后角 α_0 太小（如图 1－4－2（b）所示），錾子容易从材料表面滑出，同样不能錾削，即使能錾削，由于切入很浅，效率也不高。在錾削过程中应握稳錾子使后角 α_0 不变，否则表面将錾得高低不平。除此之外，作用在錾子上的锤击力，不可忽大忽小，而且力的作用线要与錾子中心线一致；否则錾削表面也将高低不平。

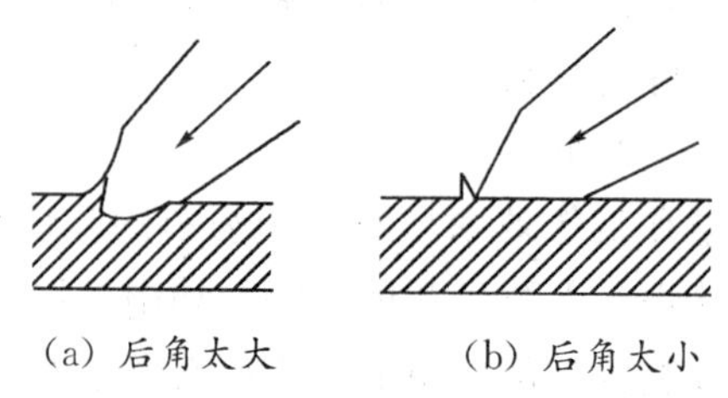

（a）后角太大　　（b）后角太小

图1－4－2　后角大小对錾削工作的影响

③前角 γ_0：前刀面与基面之间的夹角称为前角。作用是錾切时，减小切屑的变形。前角愈大，錾削越省力。由于基面垂直于切削平面，故有 $\alpha_0+\beta_0+\gamma_0=90°$，当后角 α_0 一定时，前角 γ_0 的数值由楔角 β_0 的大小决定。

2）錾子的材料、种类和作用

（1）錾子一般用碳素工具钢锻成，然后将切削部分刃磨成楔形，经热处理后其硬度达到 56HRC～62HRC。

（2）种类：钳工常用的錾子有阔錾（扁錾）、狭錾（尖錾）、油槽錾和扁冲錾四种，如图 1－4－3 所示。

阔錾用于錾切平面，切割和去毛刺，狭錾用于开槽，油槽錾用于切油槽，扁冲錾用于打通两个钻孔之间的间隔。

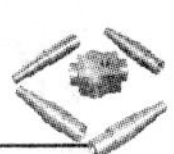

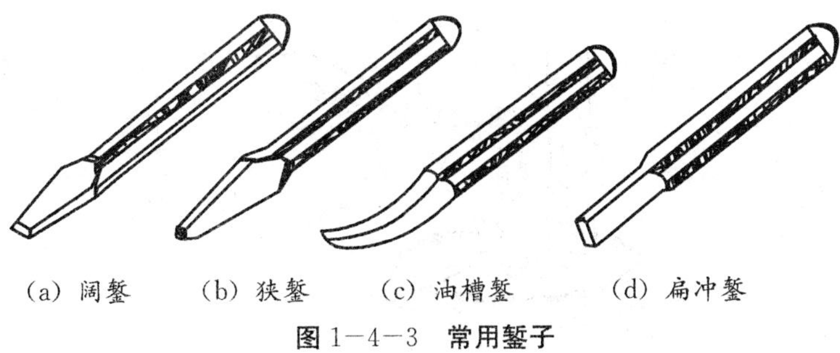

(a) 阔錾　(b) 狭錾　(c) 油槽錾　(d) 扁冲錾

图 1-4-3　常用錾子

3）錾子的刃磨

錾子的好坏直接影响到加工表面质量的优劣和生产效率的高低。錾子经过一段时间的使用后，会磨损变钝而失去切削能力，这时就要修磨和刃磨。此外，在被锤击的过程中，錾子的头部会逐渐产生毛刺，也必须磨掉。修磨和刃磨都要在砂轮上进行。在某种情况下，例如錾切光滑的油槽和加工光洁的表面，錾子在刃磨以后应再在油石上精磨。

磨錾子的方法是：将錾子搁在旋转的砂轮轮缘上，但必须高于砂轮的中心（如图 1-4-4 所示），在砂轮的全宽上作左右移动，要控制握錾子的方向、位置，保证磨出所需要的楔角。锋口的两面要交替刃磨，保证一样宽。錾子刃磨的正确与否，对于初学刃磨的人，可以用样板来检查。但必须经过多次实践后，凭目测来判断刃磨的情况。

刃磨錾子的要求是：楔角的大小与工件硬度相适应；楔角被錾子中心线等分；锋口两面相交成一直线。

刃磨錾子应在砂轮运转平稳后才能进行。人的身体不准正面对着砂轮，以免发生事故。按在錾子上的压力不能太大，不能使錾子部分温度太高，以免錾子退火。为此，必须经常将錾子浸入冷水中冷却，退了火的錾子必须重新淬火。但是，一般避免多次淬火，那样会使錾子脱碳而淬不硬或淬时容易崩裂。

图 1-4-4　錾子的刃磨

4）錾子的淬火

锻好的錾子一定要经过淬火后才能使用。为了防止淬火后在刃磨时退火，并便于淬火时观察，一般是把锻好的錾子先粗磨后再进行淬火。碳素工具钢热处理时，把錾子切削刃部加热到 750°～780°（呈暗樱红色）后取出，迅速垂直地放入冷水中 4 mm～6 mm，并沿水面微微作水平移动（如图 1-4-5 所示）。当錾子露出水面的部分呈黑色时，由水中取出，利用上部热量进行余热回火。这时要注意观察錾子的颜色，一般刚出水时的颜色是白色的，刃口的温度逐渐上升后，颜色也随之改变，由白色变成黄色，再由黄色变成蓝色。当呈现黄色时，把錾子全部放入水中冷却，这种回火温度称为“黄火”；当錾子呈现蓝色时，把錾子全部放入冷水中冷却，这种回火温度称为“蓝火”。只有通过不断地实践，才能熟练准确地得到理想的錾子硬度。

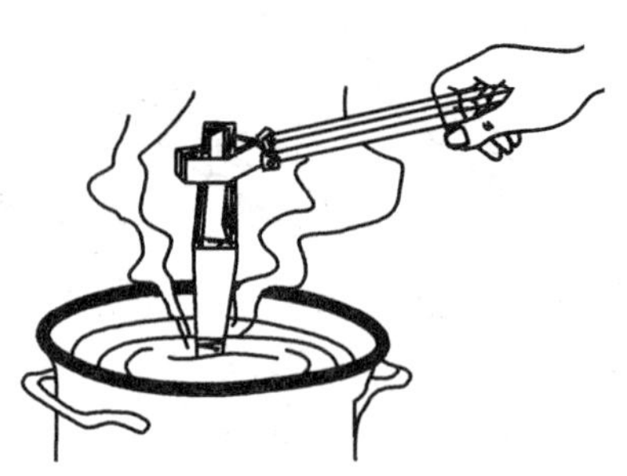
图 1－4－5　錾子的淬火

3. 手　锤

手锤是钳工常用的敲击工具，由锤头、木柄和楔子组成（如图 1－4－6 所示）。手锤的规格以锤头的重量来表示，有 0.5 kg、1 kg、1.5 kg 等。锤头用 T7 钢制成，并经热处理淬硬。木柄用比较坚韧的木材制成，常用 0.5 kg 手锤柄长约 350 mm，木柄装在锤头中，必须稳固可靠，要防止脱落造成事故。为此，装木柄的孔做成椭圆形，且两端大中间小。木柄在孔中敲紧后，端部再打入楔子可防松动。木柄做成椭圆形除防止锤头孔发生转动以外，握在手中也不易转动，便于进行准确敲击。

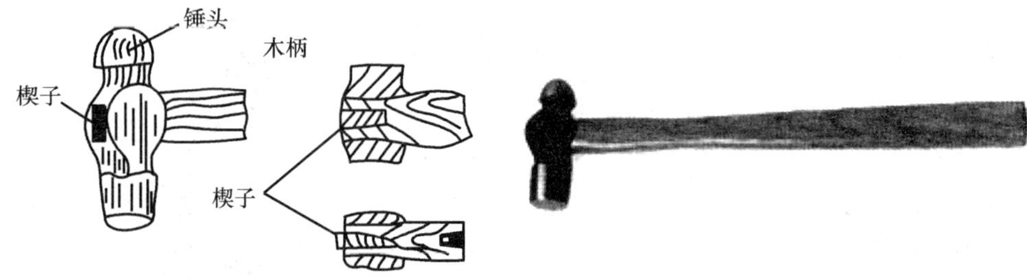

图 1－4－6　手　锤

三、錾削基本操作

1. 錾削姿势

1）锤子的握法

（1）紧握法：右手五指紧握锤柄，大拇指合在食指上，虎口对准锤头方向，木柄尾端露出 15 mm～30 mm。在挥锤和锤击的过程中，五指始终紧握（如图 1－4－7 所示）。

（2）松握法：只用大拇指和食指始终紧握锤柄。在挥锤时，小指、无名指和中指则依次放松。在锤击时，又以相反的次序收拢紧握（如图 1－4－8 所示）。

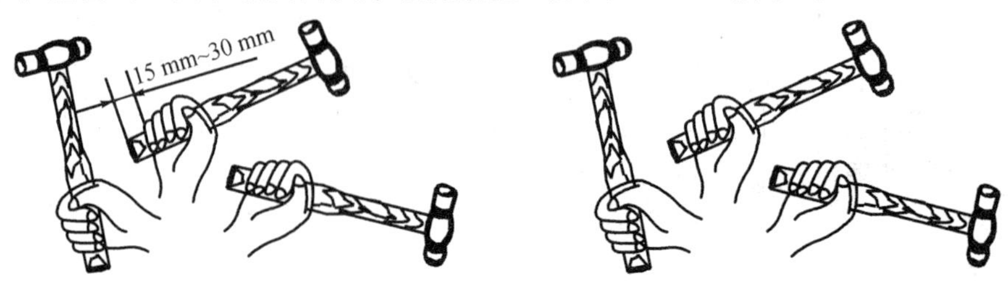

图 1－4－7　锤子紧握法　　图 1－4－8　锤子松握法

2）錾子的握法

（1）正握法：手心向下，腕部伸直，用中指、无名指握住錾子，小指自然合拢，食指和大拇指自然伸直地松靠，錾子头部伸出约 20 mm（如图 1－4－9（a）所示）。

（2）反握法：手心向上，手指自然捏住錾子，手掌悬空（如图 1－4－9（b）所示）。

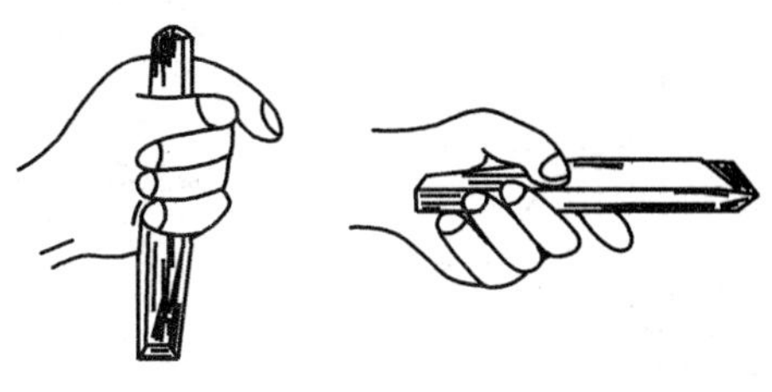

（a）正握法　　（b）反握法

图 1－4－9　錾子握法

3）挥锤方法

（1）腕挥（如图 1－4－10（a）所示）：仅挥动手腕进行锤击运动，采用紧握法握锤，腕挥约 50 次/分。用于錾削余量较少及錾削开始或结尾。

（2）肘挥（如图 1－4－10（b）所示）：手腕与肘部一起挥动进行锤击运动，采用松握法，肘挥约 40 次/分。用于需要较大力錾削的工件。

（3）臂挥（如图 1－4－10（c）所示）：手腕、肘和全臂一起挥动，其锤击力最大。用于需要大力錾削的工件。

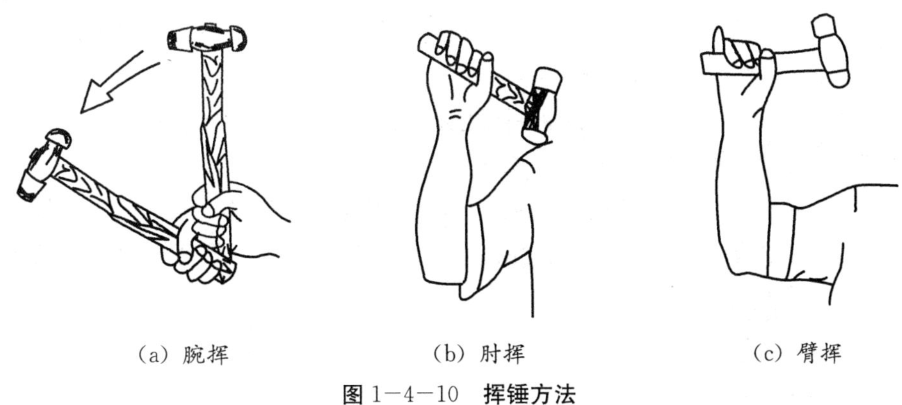

（a）腕挥　　（b）肘挥　　（c）臂挥

图 1－4－10　挥锤方法

4）錾削站立的姿势

充分发挥较大的敲击力量，操作者必须保持正确的站立姿势（如图 1－4－11 所示）。左脚跨前半步，两腿自然站立，人体重心稍微偏向右方，视线要落在工件的切削部分。

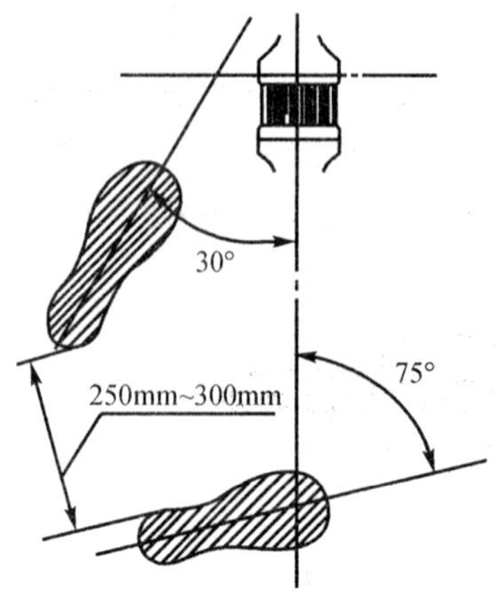

图 1-4-11　錾削时的站立姿势

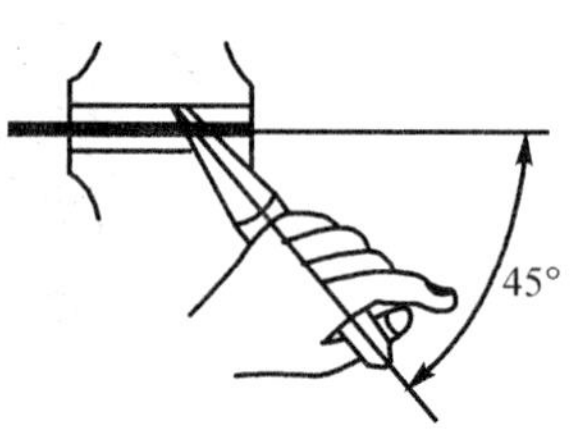

图 1-4-12　錾削板料

5）锤击要领

（1）挥锤：肘收臂提，举锤过肩；手腕后弓，三指微松；锤面朝天，稍停瞬间。

（2）锤击：目视錾刃，臂肘齐下；收紧三指，手腕加劲；锤錾一线，锤走弧形；左脚着力，右腿伸直。

（3）要求：稳——节奏平稳；准——锤击正确；狠——锤击有力。

2. 錾削方法

1）錾削板料

（1）工件夹在台虎钳上錾削：錾削时，板料按划线与钳口平齐，用扁錾沿着钳口并斜对着板料（约成 45°角）自右向左錾削（如图 1-4-12 所示）。

（2）錾削时，錾子刃口不可正对板料錾削，否则由于板料的弹动和变形，易造成切断处产生不平整或出现裂缝（如图 1-4-13 所示）。

（3）用密集钻孔配合錾子錾削：当工件轮廓线较复杂的时候，为了减少工件变形，一般先按轮廓线钻出密集的排孔。然后再用扁錾、尖錾逐步錾削（如图 1-4-14 所示）。

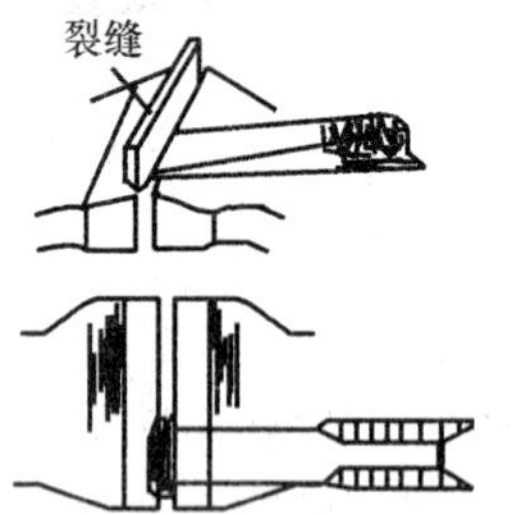

图 1-4-13　不正确的錾切薄料方法

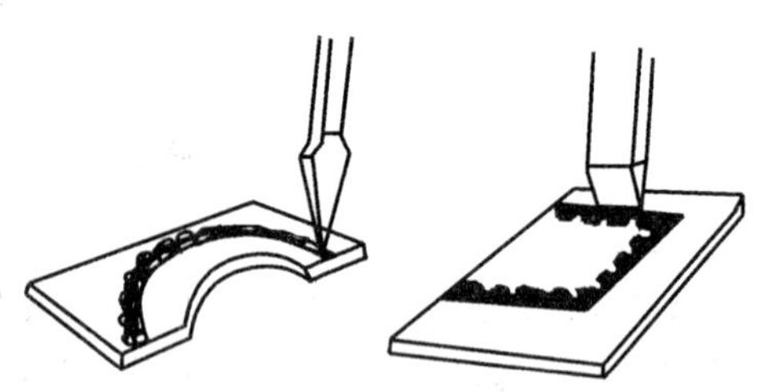

图 1-4-14　用密集钻孔配合錾切

2）錾削平面

（1）起錾与终錾：在錾削平面时采用斜角起錾。先在工件的边缘尖角处，轻轻敲打錾子，錾削出一斜面。同时慢慢地把錾子移向中间，然后按正常錾削角度进行（如图 1-4-15 所示）。

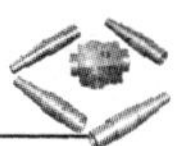

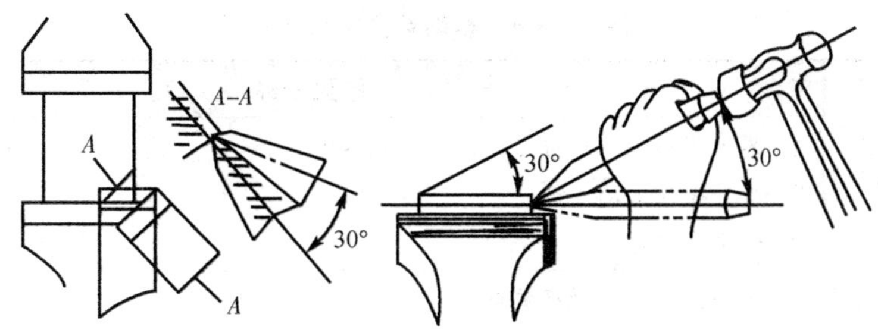

图 1－4－15　**起錾方法**

在錾削槽时应采用正面起錾，錾子刃口要贴住工件端面，先錾削出一个斜面 ，然后按正常錾削角度进行。

錾削即将结束时，要防止工件边缘材料崩裂，当錾削接近尽头 10 mm～15 mm 时，必须调头錾去余下部分。尤其是錾铸铁、青铜等脆性材料更应如此，否则尽头处就会崩裂（如图 1－4－16 所示）。

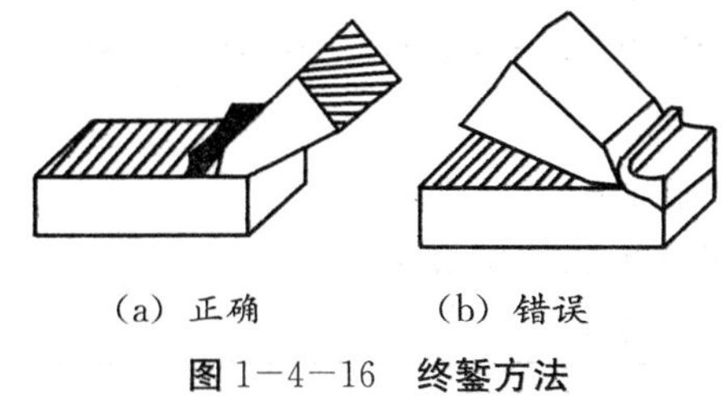

（a）正确　　（b）错误

图 1－4－16　**终錾方法**

（2）錾削平面：用扁錾每次錾削厚度 0.5 mm～2 mm。在錾削较宽的平面时，一般先用尖錾以适当间隔开出工艺直槽，然后再用扁錾将槽间凸起部分錾平（如图 1－4－17 所示）。

在錾削较窄的平面时，錾子切削刃与錾削前进方向倾斜一个角度，使切削刃与工件有较多的接触面，这样錾削过程中易使錾子掌握平稳（如图 1－4－18 所示）。

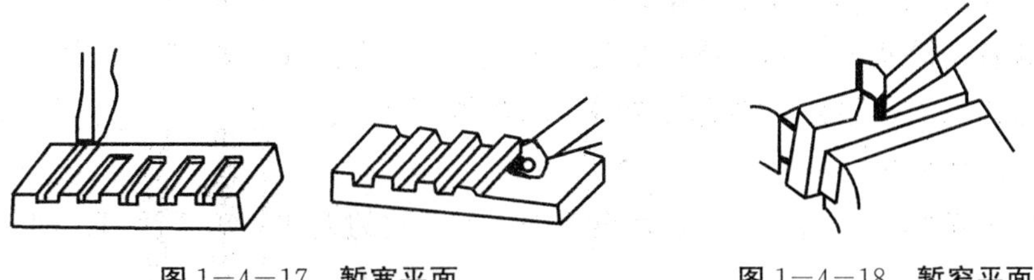

图 1－4－17　**錾宽平面**　　　　图 1－4－18　**錾窄平面**

3）錾削油槽

首先将油槽錾子切削刃刃磨成图样要求的断面形状。其錾削平面上油槽的方法同平面錾削方法相似。曲面上的油槽錾削应保持錾子后角不变，錾子随曲面曲率改变倾角。錾后用锉刀、油石修整毛刺。

3. 錾削时常见缺陷分析

錾削时常见缺陷分析见表 1－4－1。

表 1－4－1　錾削常见缺陷分析

缺陷形式	原因分析
錾子刃口崩裂	1. 錾子刃部淬火硬度值过高，回火不好 2. 工件硬度太高 3. 锤击力过猛
錾子刃口卷边	1. 錾子刃口淬火硬度偏低 2. 楔角太小 3. 錾削量太大
錾削超越尺寸线	1. 工件装夹不牢 2. 起錾超线 3. 錾子方向掌握不正，偏斜越线
工件棱边、棱角崩缺	1. 錾子刃口后部宽于切削刃部 2. 錾削收尾方法不对 3. 錾削过程中，錾子左右摇晃，方向掌握不稳
錾削表面凸凹不平	1. 錾子刃口不锋利 2. 錾子掌握不正，左右偏摆 3. 錾削时后角过大或时大时小 4. 锤击力不均匀

四、錾削时注意事项

（1）錾削脆性金属时，要从两边向中间錾，以免把边缘的材料崩裂。

（2）錾子应经常刃磨锋利。刃口钝了不但效率不高，而且錾出的表面也较粗糙，刀刃也容易崩裂。

（3）錾子头部的毛刺要经常磨掉，以免伤手。

（4）发现锤柄松动或损坏，要立即装牢或更换，以免锤头飞出发生事故。

（5）錾削的时候，最好周围有安全网，以免錾下来的金属碎片飞出伤人。錾削时操作者最好要戴上防护眼镜。

（6）保持正确的錾削角度。如果后角太小即錾子放的太平，用手锤锤击时，錾子容易飞出伤人。

（7）錾削时錾子和手锤不准对着旁人，操作者握锤的手不准戴手套，以免手锤滑出伤人。

（8）尽量保持锤子手柄的清洁，沾上油污等污物时应及时擦拭，以免使用时滑出伤人。

（9）每錾削两三次后，可将錾子退回一些。刃口不要老是顶住工件，这样，既可随时观察錾削的平整度，又可使手臂肌肉放松一下，下次錾削时刃口再顶住錾削处。如此有节奏的工作，既便于控制錾削层，又可使手臂适当休息，效果较好。

錾削技能训练

平面錾削

一、制件尺寸及技术要求

毛坯尺寸为 95 mm×75 mm×34 mm，材料为 HT150。

制件其他尺寸见图 1—4—19 和图 1—4—20。

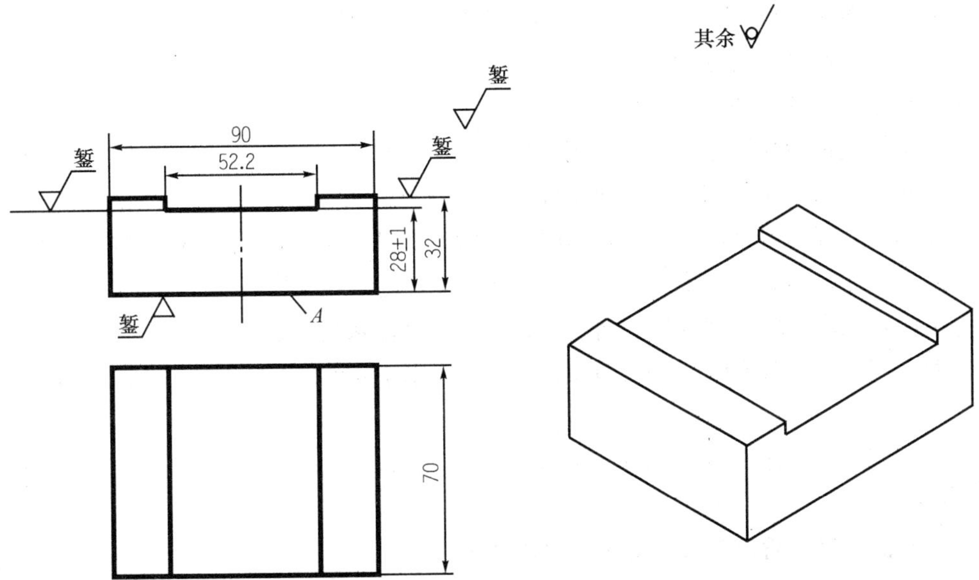

图 1—4—19　平面錾削实习件 1

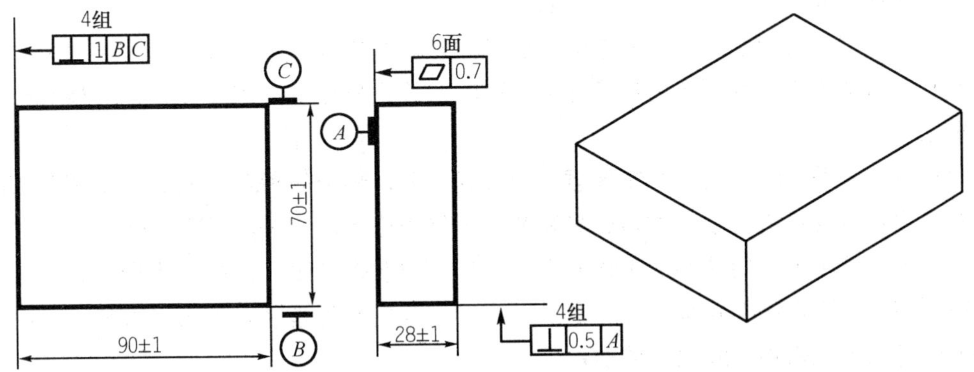

技术要求： 图 1—4—19 中 90 mm、70 mm、28 mm 三处，各自的最大尺寸和最小尺寸的差值（控制平行度）不得大于 1 mm。

图 1—4—20　平面錾削实习件 2

二、操作步骤

（1）将锻打好的三把阔錾和一把狭錾进行刃磨和热处理，使之达到使用要求。

（2）完成实习件 1 的錾削加工：

①用阔錾并采用较大的錾削量先錾去 A 面的各槽间凸起部分；在基本錾平后，再作一次细錾修整，使平面的平面度误差小于 0.7 mm，且錾痕整齐、方向一致。

②以 A 面为基准划出厚度尺寸为 28 mm 的加工线。

③按实习件的形状要求錾去中间部分，达到尺寸（28±1）mm 的要求，并使平面的平面度误差小于 0.7 mm。

④錾去两端 19 mm 凸台面上的氧化皮，并保证实习件的高度尺寸为 32 mm。

（3）完成实习件 2 的錾削加工：

①检查来料尺寸并清理毛坯件。

②在平板上利用划线盘将工件四周划出厚度为（28±1）mm 的平面加工线（一面须划出直向开槽线，另一面仅划出平面加工线）。

③先用狭錾錾出直槽，然后用阔錾以较大的錾削量錾去槽间凸起部分，最后顺直向作平面的修整錾削，达到平面度 0.7 mm 的要求，且錾痕整齐（作基准面 A）。

④用阔錾顺直向粗、细錾另一面，达到图样有关技术要求。

⑤划出宽度为（70±1）mm 的平面加工线，用阔錾粗、细錾，以达到图样有关技术要求。

⑥划出宽度为（90±1）mm 的平面加工线，用阔錾粗、细錾，以达到图样有关技术要求。

⑦复检全部錾削质量，并作必要的修整加工。

三、注意事项

（1）在采用较大錾削量进行粗錾时，要把注意力集中在为进一步巩固正确的錾削姿势以及不断提高锤击力量和锤击的准确性上，同时要注意操作上的安全和防止工件端部产生崩裂现象。

（2）在精錾平面时，要点是掌握錾子的准确刃磨，錾子的握正、握稳和切削角度的及时调整变化，以及锤击力量的均匀适当和及时调整变化等，使平面錾削平整。

（3）为了使所划出的平面加工线成为控制尺寸的准确界线，在按上述步骤划出各对应面的平面加工线后，还需在加工好一个平面后，再以该面为基准，作第二次划线，以消除已加工面对已划平面加工线之间的误差。

思考与练习：

1. 什么叫錾削？錾削的工作范围包括哪些？
2. 錾子由哪几部分组成？
3. 什么是楔角？楔角大小对錾削有什么影响？

4. 什么是后角？后角大小对錾削工作有什么影响？

5. 錾子的种类有哪些？各应用于什么场合？

6. 錾削时对站立姿势有什么要求？

7. 錾削时常见哪些缺陷？试述产生这些缺陷的原因。

8. 錾削时应注意哪些安全事项？

课题五 锯 削

一、教学要求

(1) 掌握正确选用锯条的原则，并能正确装卸锯条；

(2) 锯削姿势正确，能对各种材料进行正确的锯削，并能达到一定的锯削精度；

(3) 能够解决锯削过程中产生的锯缝歪斜现象，有效防止锯条折断；

(4) 了解锯削操作的注意事项。

二、锯削工具

用手锯对材料或工件进行切断或切槽的操作叫锯削。锯削工件的平面度最高可达0.2 mm。手锯由锯弓和锯条构成。

1. 锯 弓

锯弓用来夹持锯条，它分固定式（如图1－5－1（a）所示）和可调式（如图1－5－1（b）所示）两种。固定式锯弓是一个整体，它只能安装规定长度的锯条；可调式锯弓分为两部分，前半部分可在后半部分中伸出缩进，可调整前一部分来安装不同长度的锯条。另外，可调式锯弓其捏手的形状便于施力，目前被广泛使用。

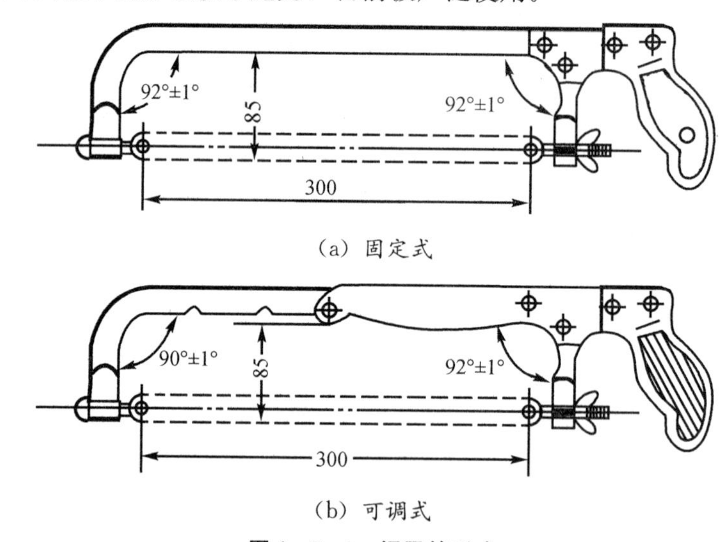

图1－5－1 锯弓的形式

2. 锯 条

锯条一般用碳素工具钢或合金钢制成，并经热处理淬硬。为保证锯削质量，在锯削过程中，应根据工件材料软硬、尺寸、形状及表面质量等要求合理选用。

手锯上所用的锯条，主要是单面齿锯条。锯削时，锯入工件越深，锯缝两边对锯条的摩擦阻力就越大，甚至把锯条咬住。为避免锯条在锯缝中被咬住，一般将锯齿左右错开，形成交叉形或波浪形（如图 1－5－2 所示），使锯缝宽度大于锯条背部宽度。

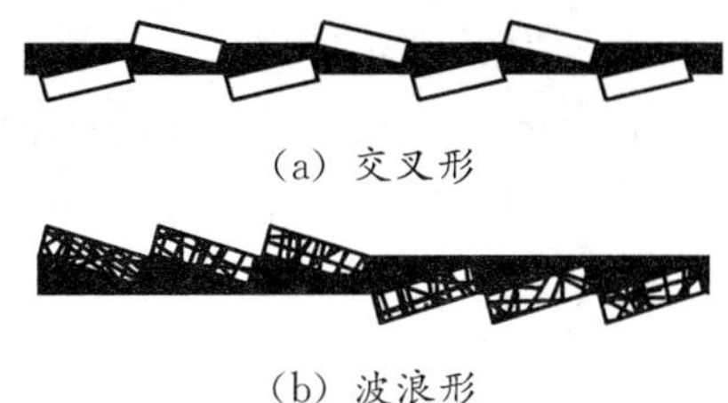

(a) 交叉形

(b) 波浪形

图 1－5－2　锯　齿

三、锯削操作方法

1. 工件的夹持

工件的夹持应该稳当、牢固、不可动弹。工件一般应夹在台虎钳的左面，以便操作；工件伸出钳口不应过长（应使锯缝离开钳口侧面约 20 mm 左右），防止工件在锯削时产生振动；锯缝线要与钳口侧面保持平行，便于控制锯缝不偏离划线线条；对较大的工件的锯削，无法夹在台虎钳上时，可以在原地进行锯削。

2. 锯条的安装

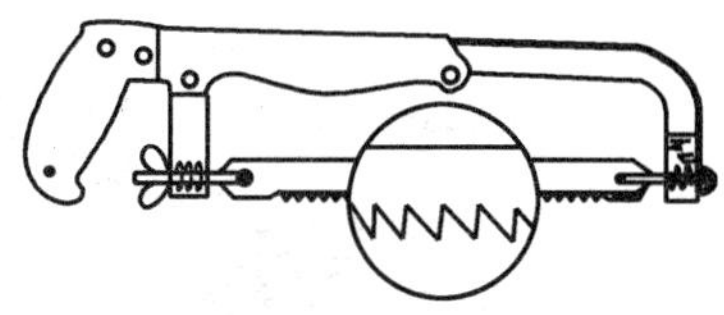

图 1－5－3　锯条的安装

手锯是在向前推的时候才起切削作用，因此锯条的安装应使齿尖的方向向前（如图 1－5－3 所示）。在调节锯条松紧时，通过翼形螺母来控制，锯条不能太紧或太松。太紧就失去了应有的弹性，在锯削中用力稍有不当，就会折断；太松会使锯条发生扭曲，也容易折断，且在锯削时锯缝容易歪斜。其松紧程度以用手扳动锯条，感觉硬实即可。锯条装好后应检查锯条装的是否歪斜扭曲，要保证锯条平面与锯弓中心平面平行，如有歪斜、扭曲，则要校正。

3. 锯削的姿势

锯削时的站立位置与錾削基本相似。握锯弓的时候，要舒展自然，右手满握锯柄，左手轻扶锯弓前端（如图 1－5－4 所示）。

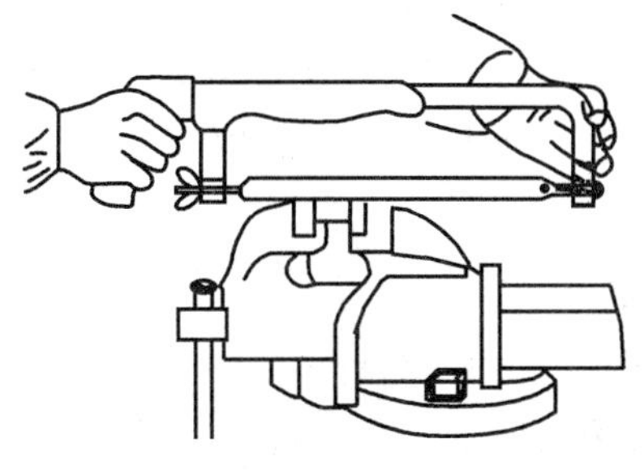

图 1－5－4　手锯的握法

4. 起　锯

起锯是锯削工作的开始，起锯质量的好坏，直接决定锯削的质量。

起锯有远起锯和近起锯两种（如图 1－5－5 所示），无论是远起锯还是近起锯，起锯角约在15°为宜，如果起锯角太大，则起锯不易平稳，尤其是在近起锯时锯齿会被工件棱边卡住引起崩裂（如图1－5－5（a）、（b）所示）。

起锯时，压力要小，速度要慢，为了起锯顺利，一般用左手大拇指挡住锯条，使它在正确的位置锯削。起锯锯到槽深有2 mm～3 mm时，锯条已不会滑出槽外，左手大拇指离开锯条，然后往下正常锯削（如图1－5－5（c）所示）。正常锯削时，往复行程不宜过短，往复长度不小于锯条全长的2/3。

5. 压力和速度

在锯削的时候，压在锯条上的压力和锯条在工件上往复的速度，都影响到锯削效率和锯条的使用寿命，因此，合理选用压力和速度非常重要。

锯削时，推力和压力由右手控制，左手主要配合右手扶正锯弓。锯削硬材料时，因不易切入，压力应大些，防止产生打滑现象；锯削软材料时，压力应小些，防止产生咬住现象。但是，不管何种材料，锯削时，手锯推出时为切削行程，应施加压力，返回行程不切削，不加压力作自然拉回。工件将断时压力要小。

锯削时，锯削速度以20～40次/分为宜。锯削软材料时，速度可以快些；锯削硬材料时，速度可以慢些。

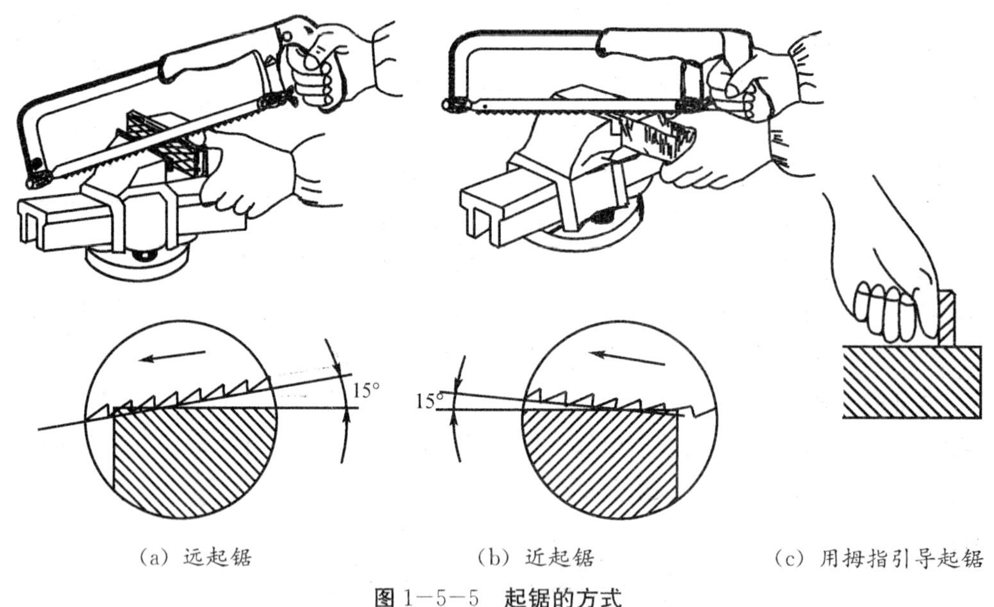

（a）远起锯　　（b）近起锯　　（c）用拇指引导起锯

图1－5－5　起锯的方式

四、各种材料的锯削方法

锯削前，首先在原材料或工件上划出锯削线条，划线时应考虑锯削后的加工余量。锯削时精力应集中，要始终使锯条与所划的线重合，这样才能得到理想的锯缝。如果锯缝有歪斜，应及时纠正。若已歪斜很多，应改从工件锯缝的对面重新起锯。如果不换方向而硬借锯缝，很难把它改直，而且很可能折断锯条。

1. 锯削棒料或轴类零件

如果锯削的断面要求比较平整、光洁，应从头锯到底。锯削时棒料或轴类零件应夹平，并使锯条与它保持垂直（指所锯的断面与棒料中心线垂直），以防止锯缝歪斜。

当锯削的断面要求不高时，锯时允许渐渐变更起锯方向，这要比在一个地方锯削时的抗力小，容易切入。

2．锯削管子

锯削的时候，把管子水平地夹在台虎钳内，但要注意不要把管子夹扁。特别对于精加工过的薄壁管子，都应夹在 V 形木垫之间（如图 1—5—6 所示）。锯削时，不可一下子从一个方向把它锯到底。要是把管子一下子从一个方向锯到底，锯齿会被钩住（如图 1—5—7（a）所示），尤其是在锯薄壁管子时，锯齿容易钩住而崩裂。这样锯削的锯缝，因为锯条跳动，也不会平整，所以只可锯到管子内壁上面就要停止，然后把管子向推锯的方向转过一些（如图 1—5—7（b）所示），锯条仍然保持原有的锯缝继续锯下去。这样不断转锯，直到锯断为止。

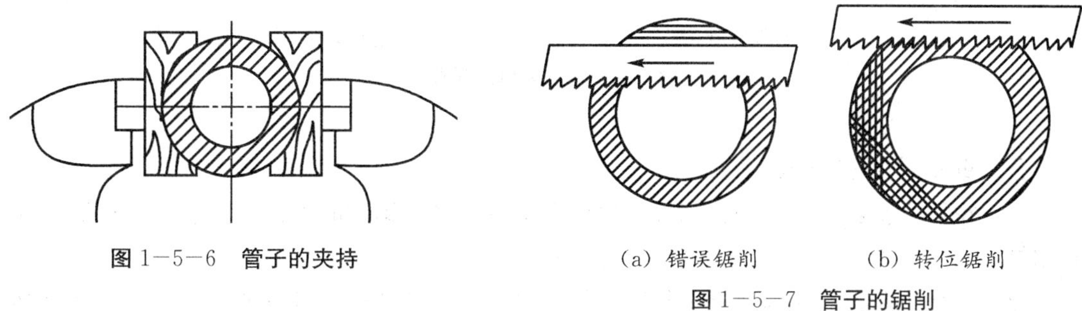

图 1—5—6　管子的夹持

（a）错误锯削　　（b）转位锯削

图 1—5—7　管子的锯削

3．锯削条料、扁钢、薄板

锯削条料、扁钢时，尽可能从宽的一面锯下去。这样，锯条来回的次数比较少，减少了锯齿钩住和崩裂的危险，从而既保护了锯条，又增加了锯条使用的有效长度。如果从窄的一面锯削，因为只有很少的锯齿与钢料接触，工件愈薄，锯齿就愈容易被钩住而崩裂。因此，在锯削薄板时，为了增加同时工作的齿数，并使工件刚性较好，往往把一块或几块薄金属板夹于台虎钳内的木垫之间，连木垫一起锯削，如图 1—5—8 所示。

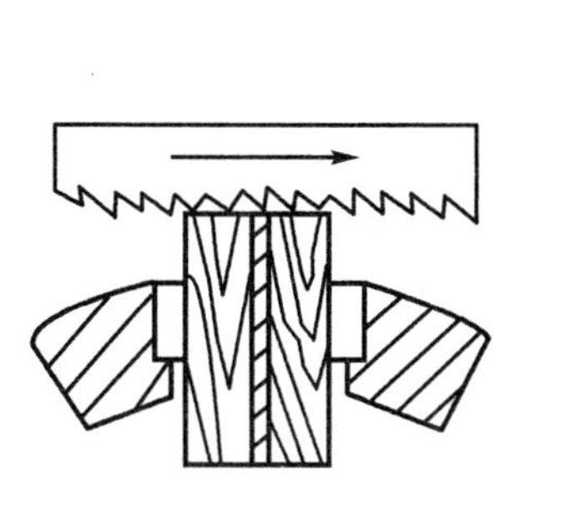

（a）锯条运动的方向

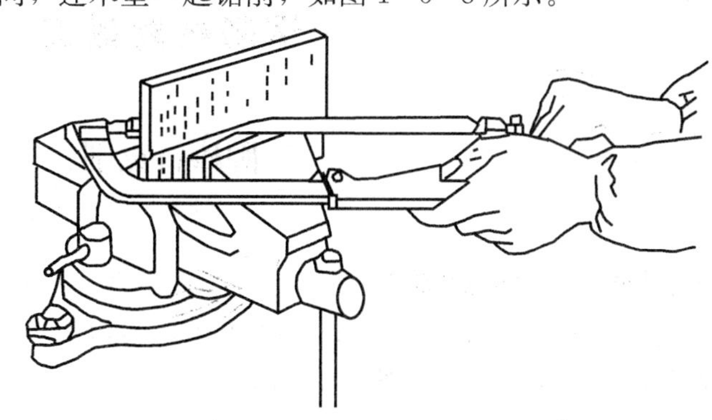

（b）锯削的姿势

图 1—5—8　板料的锯削

4．锯削深缝

需锯削材料的锯缝比较深时，先用正常安装的锯条一直锯到锯弓将要碰到工件为止

（如图 1－5－9（a）所示）。为防止工件弹动，工件应逐渐在台虎钳中升高。当锯到将要碰到锯弓时，把锯条旋转 90°重新安装，使锯弓转到工件的旁边（如图 1－5－9（b）所示），继续锯削到划线为止。

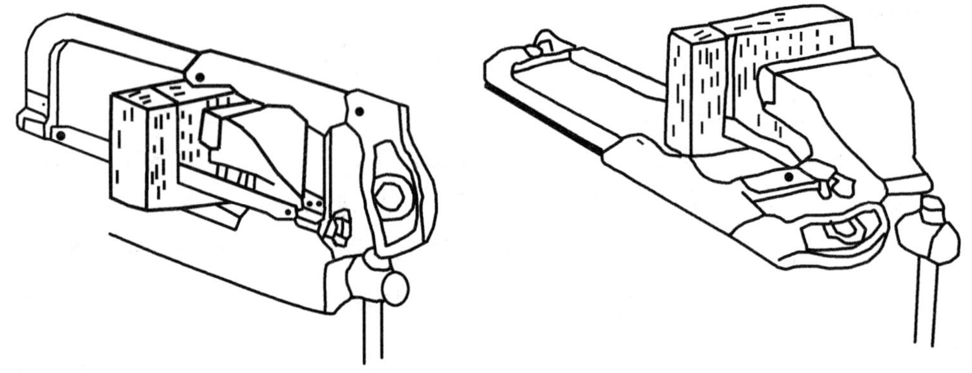

（a）锯弓与深缝平行　　（b）锯弓与深缝垂直

图 1－5－9　深缝的锯削

五、锯削时存在的问题

（1）锯缝歪斜：其原因是起锯线与钳口不平行；往复锯削时不在一条直线上；锯弓左右偏斜。

（2）锯条折断：其原因是锯条装得过松或过紧；工件没有夹紧或伸出过长而引起锯削时抖动；锯削时压力过大。正确的锯削方法应是用力均匀，前推时加压，返回时轻轻滑过。

（3）锯齿崩裂：其原因是锯齿粗细选择不当；起锯方向和角度不对。锯削时应根据工件的材料及厚度选择合适的锯条。起锯角度不超过 15°。

（4）锯齿磨损过快：其原因是锯削速度过快，未使锯条全长工作。

锯削技能训练

圆棒料锯削

一、制件尺寸及技术要求

毛坯尺寸为 ϕ50 mm×170 mm，材料为 35 号钢。

制件尺寸及技术要求见图 1－5－10。

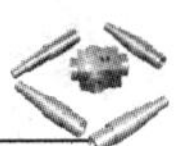

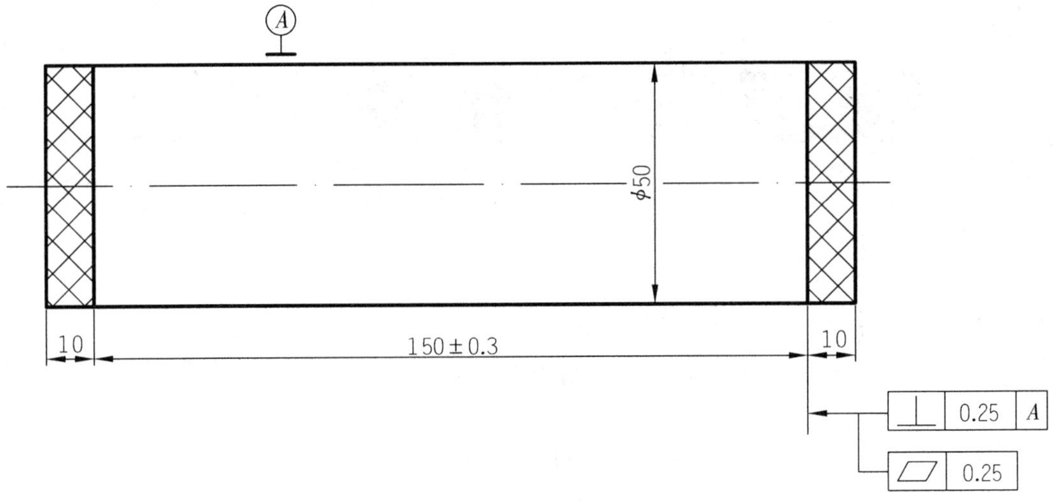

图 1—5—10　锯削制件

二、操作要点

(1) 检查来料尺寸。

(2) 按图样技术要求，在毛坯上划出尺寸（150±0.3）mm 的加工线。

(3) 将毛坯在台虎钳上夹牢，选用细齿锯条，按照所划线条，锯下端面余量即可。

(4) 复检，去毛刺。

三、注意事项

(1) 锯削时两手运锯速度要适当。锯条安装松紧要适度，以免锯条折断崩出伤人。

(2) 锯削时，眼睛目测所划的线条，以免锯缝偏斜。如出现偏斜应及时调整。

(3) 锯断工件时，要注意防止工件落下而砸伤脚。

(4) 锯削时切削行程不宜过短，往复长度应不小于锯条全长的 2/3。

思考与练习：

1. 什么是锯弓？它有哪两种形式？
2. 锯削时工件的夹持有哪些要求？
3. 为什么锯条安装时既不能太紧也不能太松？
4. 起锯有哪两种方法？起锯角应控制在多少度为宜？
5. 锯削时存在哪些问题？并试述产生这些问题的原因。

课题六 锉 削

一、教学要求

(1) 掌握正确的锉削姿势和动作要领;

(2) 掌握锉削基本操作技能(两手用力的方法、锉削速度等),并达到一定的锉削精度;

(2) 懂得锉刀的正确保养和锉削时的注意事项。

二、锉削概述

用锉刀对工件表面进行切削加工,使其尺寸、形状、位置和表面粗糙度等都达到要求,这种加工方法叫锉削。锉削一般是在錾、锯之后对工件进行的精度较高的加工,其精度可达 0.01 mm,表面粗糙度可达 Ra0.8。

锉削的应用范围很广,可以加工工件的内外平面、内外曲面、内外角、沟槽和各种复杂形状的表面,还可以配键、做样板以及在装配中修整工件。所以锉削是钳工的一项重要的基本操作。

三、锉削的相关工艺知识

1. 锉 刀

锉刀由碳素工具钢 T12、T13 或 T12A、T13A 制成,经热处理淬硬,其切削部分的硬度达到 62HRC 以上。

1) 锉刀的组成

锉刀由锉身和锉柄两部分组成。锉刀面是锉削的主要工作面,锉刀舌则用来装锉刀柄。

2) 锉齿和锉纹

锉刀有无数个锉齿,锉削时每个锉齿都相当于一把錾子在对材料进行切削。

锉纹是锉齿有规律排列的图案。锉刀的齿纹有单齿纹和双齿纹两种。单齿纹指锉刀上只有一个方向上的齿纹,锉削时全齿宽同时参加切削,切削力大,因此常用来锉削软材料。双齿纹指锉刀上有两个方向排列的齿纹,齿纹浅的叫底齿纹,齿纹深的叫面齿纹。底齿纹和面齿纹的方向和角度不一样,锉削时能使每一个齿的锉痕交错而不重叠,使锉削表面粗糙度值小。采用双齿纹锉刀锉削时,锉屑是碎断的,切削力小,再加上锉齿强度高,所以适合于硬材料的锉削。

3) 锉刀的种类

锉刀按其用途不同可分为普通钳工锉、异形锉和整形锉三种。

普通钳工锉按其断面形状又可分为平锉（板锉）、方锉、三角锉、半圆锉和圆锉五种。

异形锉有刀口锉、菱形锉、扁三角锉、椭圆锉、圆肚锉等。异形锉主要用于锉削工件上特殊的表面。

整形锉又称什锦锉，主要用于修整工件细小部分的表面。

4）锉刀的规格

锉刀的规格分尺寸规格和齿纹粗细规格两种。方锉刀的尺寸规格以方形尺寸表示；圆锉刀的规格用直径表示；其他锉刀则以锉身长度表示。钳工常用的锉刀，锉身长度有100 mm、125 mm、150 mm、200 mm、250 mm、300 mm、350 mm、400 mm 等多种。

齿纹粗细规格，以锉刀每 10mm 轴向长度内主锉纹的条数表示。主锉纹指锉刀上起主要切削作用的齿纹；而另一个方向上起分屑作用的齿纹，称为辅助齿纹。

锉刀齿纹规格选用见表 1—6—1。

表 1—6—1　锉刀齿纹规格选用

锉刀粗细	适用场合		
	锉削余量（mm）	尺寸精度（mm）	表面粗糙度（μm）
1 号（粗齿锉刀）	0.5～1	0.2～0.5	Ra100～25
2 号（中齿锉刀）	0.2～0.5	0.05～0.2	Ra25～6.3
3 号（细齿锉刀）	0.1～0.3	0.02～0.05	Ra12.5～3.2
4 号（双细齿锉刀）	0.1～0.2	0.01～0.02	Ra6.3～1.6
5 号（油光锉）	0.1 以下	0.01	Ra1.6～0.8

2. 锉刀的装拆方法

锉刀的装拆方法如图 1—6—1 所示。

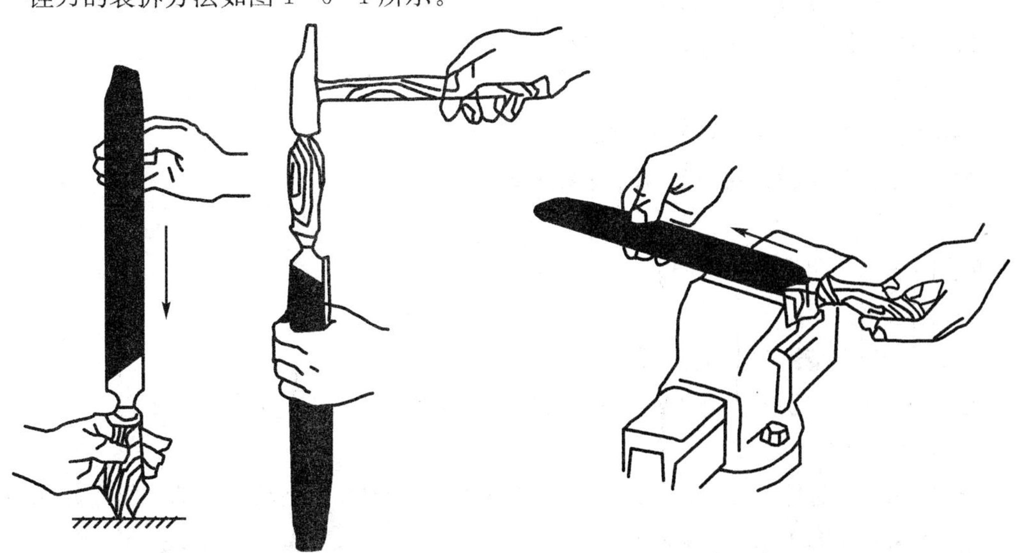

(a) 装锉刀柄的方法　　(b) 拆锉刀柄的方法

图 1—6—1　锉刀柄的装拆

3. 锉削的姿势

锉削姿势对一个钳工来说是十分重要的。锉削姿势的正确掌握，必须从握锉、站立步位和姿势动作以及两手用力这几方面进行，只有操作方法正确，才能有较高的工作效率。因此，从开始就应该认真地学习，在实践中加深理解，逐步地掌握。

1）锉刀握法

（1）大锉刀：

大于 250 mm 的板锉的握法如图 1—6—2 所示。右手握着锉刀柄，柄端顶在拇指根部的手掌上，大拇指放在锉刀头上，自然伸直，其余四指弯向手心，中指和无名指捏住前端，食指、小指自然收拢。锉削时右手推动锉刀并决定推动方向，左手协调右手使锉刀保持平衡。

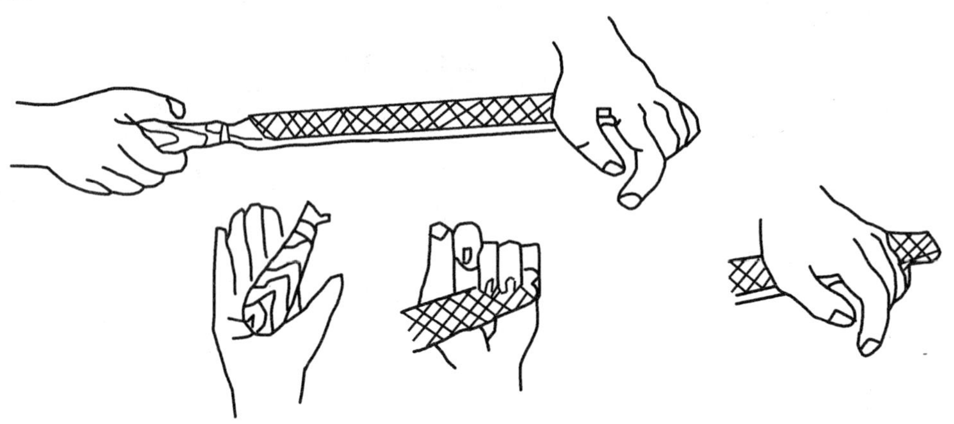

图 1—6—2　大锉刀的握法

（2）中型锉：

①右手同按大锉刀的方法相同。

②左手的大拇指和食指轻轻持扶锉梢。

（3）小型锉：

①右手食指平直扶在手柄的外侧面。

②左手手指压在锉刀的中部以防止锉刀弯曲。

（4）整形锉：

单手持手柄，四指放在锉身上方。

（5）异形锉：

①右手与握小型锉的方法相同

②左手轻压在右手手掌外侧，以压住锉刀，小指勾住锉刀，其余指抱住右手。

2）锉削姿势

进行锉削时，身体的重量放在左脚上，右膝伸直，脚始终站稳不移动，靠左膝的屈伸而作往复运动（如图 1—6—3 所示）。

3）锉削动作

锉削动作是由身体和手臂运动合成的。开始锉削时，身体要向前倾斜 10°左右，右肘

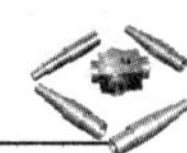

尽可能向后收缩（如图 1－6－4（a）所示）。当锉刀锉至1/3行程时，身体向前倾斜 15°左右，使左膝稍弯曲（如图 1－6－4（b）所示）。当锉刀锉至 2/3 行程时，右肘继续向前推进，身体向前倾斜 18°左右（如图 1－6－4（c）所示）。当锉刀锉至最后 1/3 行程时，右肘继续向前推进，身体随着锉刀的反作用力退回至 15°左右位置（如图 1－6－4（d）所示）。锉削行程结束时，左脚自然伸直并随着锉削时的反作用力，将身体重心后移，使身体恢复原位，同时将锉刀略微提起收回。当锉刀收回将近结束时，身体开始先于锉刀前倾，做第二次锉削的向前运动。

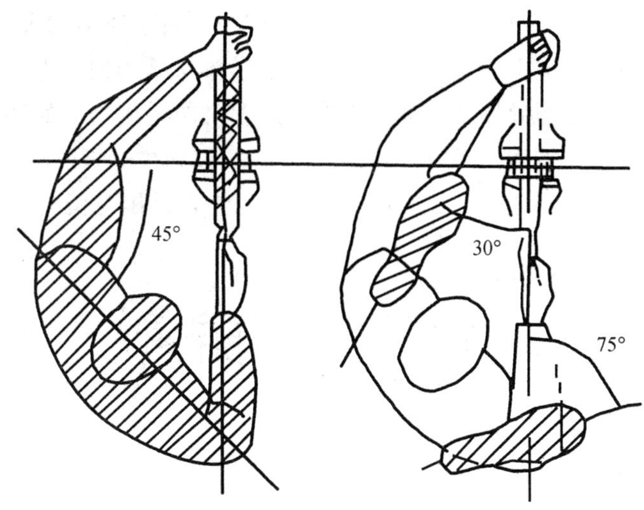

图 1－6－3　锉削时的站立步位和姿势

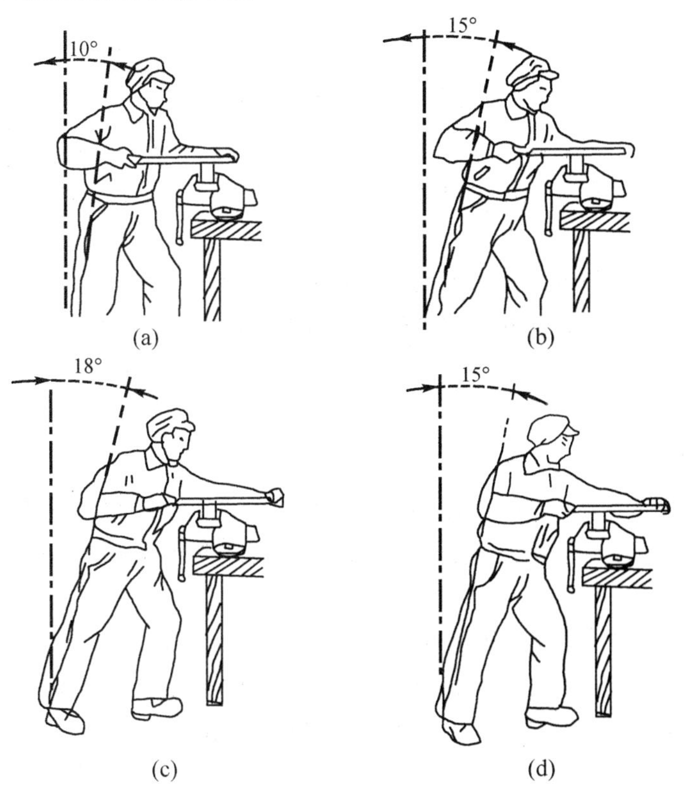

图 1－6－4　锉削动作

4）锉削时两手的用力和锉削速度

要锉出平直的平面，必须使锉刀保持平直的锉削运动。在推锉的过程中，两手用的力应不断变化：开始推锉时，左手压力要大，右手压力要小而推力大（如图 1－6－5（a）所示）；随着锉刀推进，左手压力减小，右手压力增大；当锉刀推到中间时，两手压力相同（如图 1－6－5（b）所示）；再继续推进锉刀时，左手压力逐渐减小，右手压力逐渐增大，左手起引导作用，推到最前端位置时两手用力（如图 1－6－5（c）所示）。锉刀回程时不加压力（如图 1－6－5（d）所示），以减少锉齿的磨损。

锉削速度一般应在 40 次/分左右，推出时稍慢，回程时稍快，动作要自然协调。

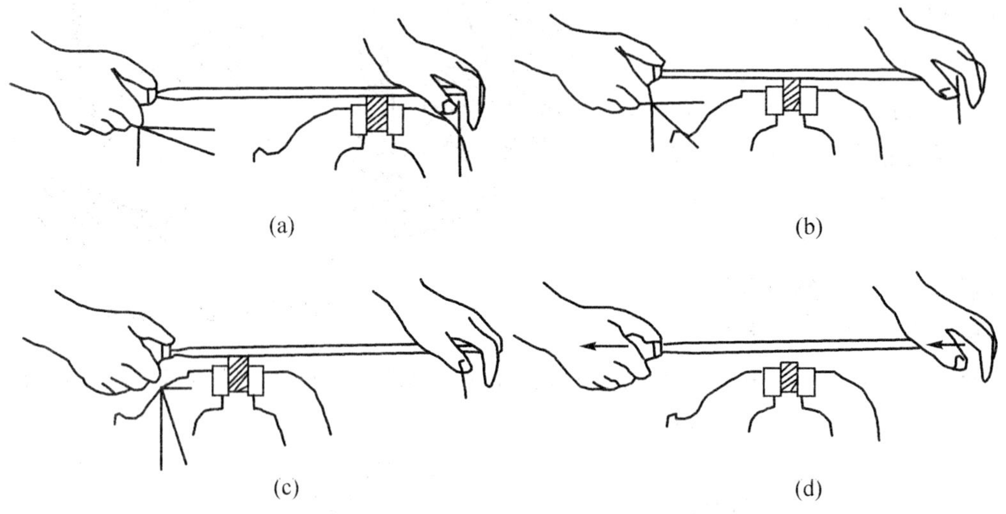

图 1－6－5 锉削力的平衡

4. 工件的装夹

（1）工件尽量夹持在台虎钳钳口宽度方向的中间。锉削面靠近钳口，以防锉削时产生震动。

（2）装夹要稳固，但用力不可太大，以防工件变形。

（3）装夹已加工过的表面和精密工件时，应在台虎钳钳口上衬上紫铜皮或铝皮等软的衬垫，以防夹坏工件。

5. 锉削的基本方法

1）平面锉削

锉削平面是锉削中最基本的操作。要锉出平直的平面，必须使锉刀的运动保持水平。平直是靠在锉削过程中逐渐调整两手的压力来达到的。锉削方法有三种：顺向锉、交叉锉和推锉。

（1）顺向锉（如图 1－6－6 所示）：

顺向锉是最基本的锉削方法。锉刀运动方向与工件夹持方向始终一致。顺向锉的锉纹整齐一致，比较美观。平面最后锉平和锉光都用顺向锉削的方法。

（2）交叉锉（如图 1－6－7 所示）：

锉刀与工件的接触面积大，锉刀容易掌握平稳，即从两个交叉的方向对工件表面进行锉削的方法。同时，从锉痕上可以判断出锉削平面的高低情况，便于不断地修整锉削部位。

交叉锉一般用于粗锉，所以当锉削余量较多时，最好先用交叉锉法。当把锉削平面锉

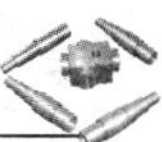

平、留 0.02 mm 半精锉余量时，再用顺向锉，使锉痕变直，纹理一致。

在锉削平面时，为使整个加工表面能够锉削均匀，无论是顺向锉还是交叉锉，每次退回锉刀时应在横向作适当的移动（如图 1—6—8 所示）。

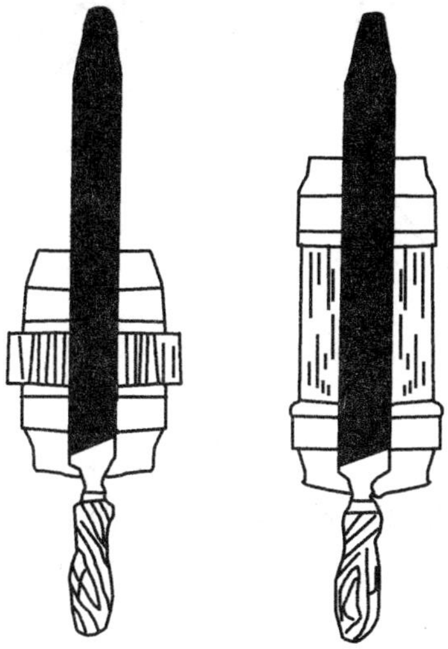

图 1—6—6　顺向锉

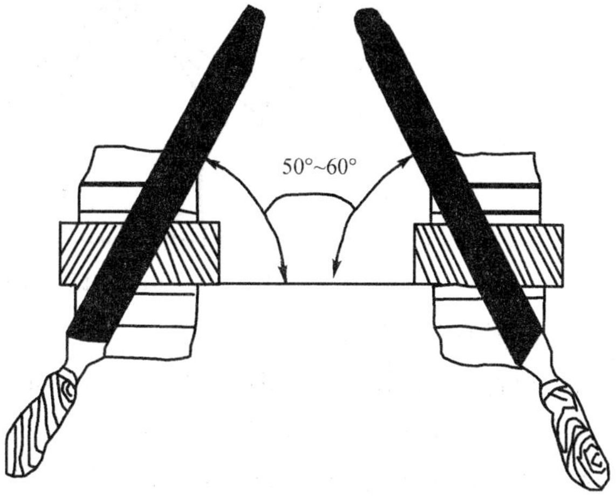

图 1—6—7　交叉锉

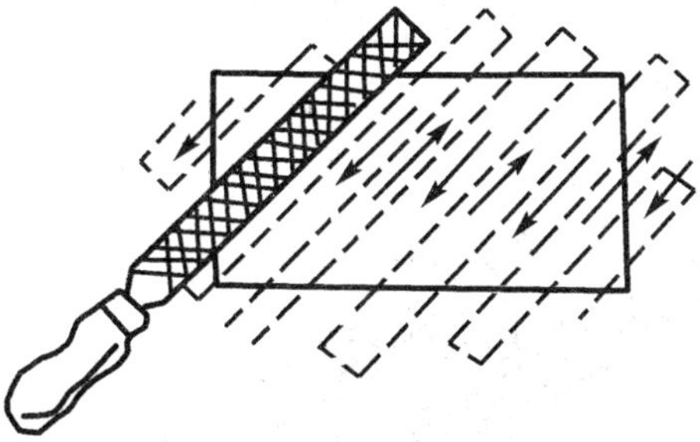

图 1—6—8　锉刀作横向移动

图 1—6—9　推　锉

（3）推锉（如图 1—6—9 所示）：

推锉是指两手对称横握锉刀，用大拇指推动锉刀顺着工件长度方向进行锉削的方法。推锉法效率低，当表面已锉平，余量已很小的情况下，为了减小其表面粗糙度提高尺寸精度可用推锉来锉光表面。

2）外圆弧面锉削

锉削外圆弧面，锉刀要同时完成两种运动（如图 1—6—10 所示）：

（1）前进运动。

（2）锉刀绕工件的中心转动。而两手运动的轨迹应该是两条渐开线，否则就锉不成圆弧面。

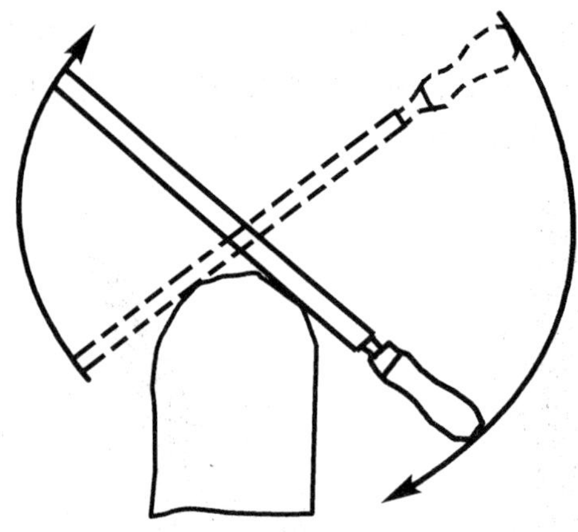

图 1－6－10　锉圆弧时锉刀的运动

锉外圆弧面有两种方法：

（1）顺着圆弧面锉削（如图 1－6－11（a）所示）：一般用在精锉圆弧面。锉削时，锉刀向前推，右手应向下压，而锉刀尖则向上提起。锉刀这样运动，能保证表面获得没有棱角的光滑曲面，而加工面的锉削纹路也是顺着曲率分布的。

（2）横着圆弧面锉削（如图 1－6－11（b）所示）：用于圆弧面的粗加工或在不能顺着圆弧面锉削的情况下应用。这种方法一般是按次序先锉各棱角，就是按四角、六角、八角那样的顺序使棱边增多，最后锉去棱角变成圆弧面。

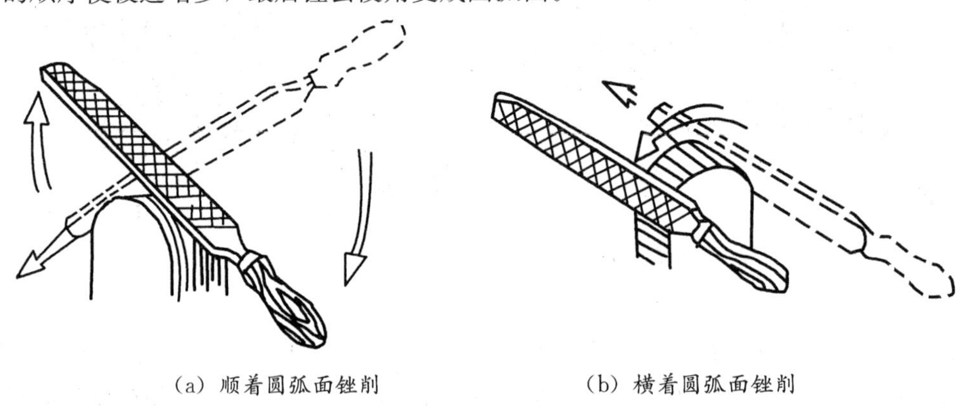

（a）顺着圆弧面锉削　　（b）横着圆弧面锉削

图 1－6－11　外圆弧面锉削

6．锉削平面的检验方法

检验工具有刀口尺、直角尺、游标角度尺等。刀口尺、直角尺可检验工件的直线度、平面度及垂直度。下面介绍用刀口尺检验工件平面度的方法。

（1）将刀口尺垂直紧靠在工件表面，并在纵向、横向和对角线方向逐次检查（如图 1－6－12所示）。

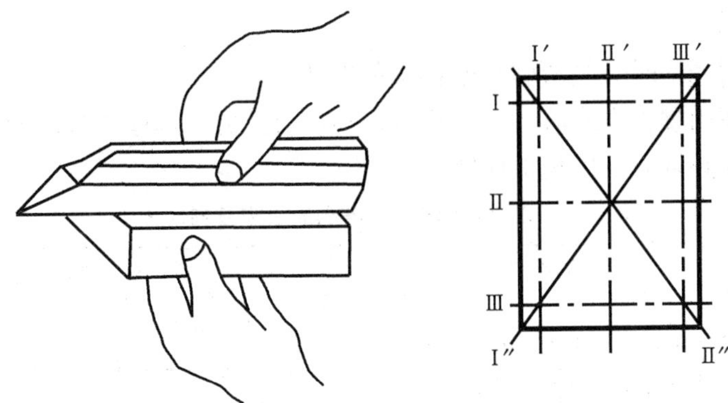

图 1－6－12　用刀口尺检验工件的平面度

（2）检验时，如果刀口尺与工件平面透光微弱而均匀，则该工件平面度合格；如果进光强弱不一，则说明该工件平面凹凸不平。还可在刀口尺与工件紧靠处用塞尺插入，根据塞尺的厚度即可确定平面度的误差（如图 1－6－13 所示）。

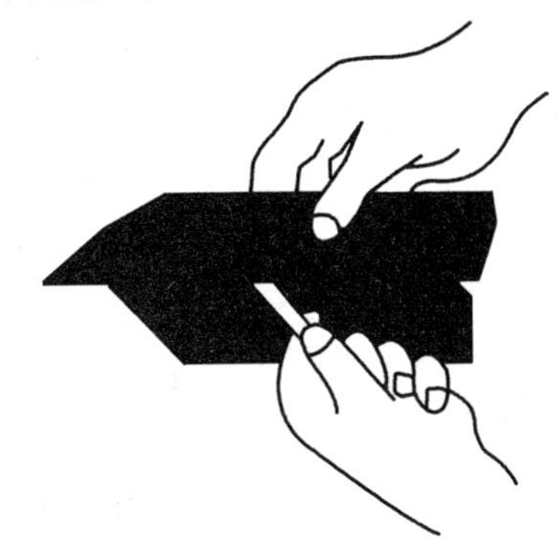

图 1－6－13　用塞尺测量平面度误差值

四、锉削时产生废品的原因及预防方法

目前锉削加工主要作为修整工件或工具的精加工工序，它常是最后一道工序，要是工作不小心，出了废品，不仅浪费了原材料，更重要的是浪费了前面各工序的加工时间和费用。因此，在锉削过程中，必须仔细、谨慎地进行。锉削时产生废品的原因及预防方法详见表 1－6－2。

五、锉刀的维护与保养

（1）新锉刀要先使用一面，用钝后再使用另一面。

（2）在粗锉时，应充分使用锉刀的有效全长，这样做既可提高锉削效率，又可避免锉齿局部磨损。

（3）锉刀上不可沾油或沾水。

（4）如锉屑嵌入齿缝内必须及时用钢丝刷沿着锉齿的纹路进行清除。

（5）不可锉毛坯件的硬皮及经过淬硬的工件。

（6）铸件表面如有硬皮，应先用砂轮磨去或用旧锉刀和锉刀的有齿侧边锉去，然后再进行正常锉削加工。

（7）锉刀使用完毕时必须清刷干净，避免生锈。

（8）锉刀在使用过程中或放入工具箱时，不可与其他工具或工件堆放在一起，也不可与其他锉刀互相重叠堆放，以免损坏锉齿。

表 1－6－2　锉削时产生废品的原因及预防方法

废品形式	原因	预防方法
工件夹坏	1. 台虎钳将精加工过的表面夹出凹痕来 2. 夹紧力太大，把空心件夹扁 3. 薄而大的工件没夹好，锉削时变形	1. 夹紧精加工工件应加钳口铜衬垫 2. 夹紧力不要太大，夹薄管最好用两块 V 形木垫 3. 夹持薄而大的工件要用辅助工具
平面中凸	1. 操作技术不熟练，锉刀摇摆 2. 使用锉刀时用了凹面锉刀	1. 掌握正确的锉削姿势，采用交叉锉法 2. 选用锉刀时要检查锉刀的锉面，弯的锉刀、凹面锉刀不能使用
工件形状不正确	1. 划线不对 2. 没掌握锉刀每锉一次所锉的厚度，锉出尺寸界限	1. 根据图纸正确划线 2. 对每锉一次的锉削用量要心中有数，锉削时精力要集中，并经常测量
表面不光洁	1. 锉刀粗细选择不当 2. 粗锉时锉痕太深 3. 锉屑嵌在锉纹中未清除	1. 合理选用锉刀 2. 锉削始终应注意表面粗糙度，避免深痕出现 3. 经常清除锉屑
锉掉了不应锉的部位	1. 没选用光边锉刀 2. 锉刀打滑把邻边平面锉伤	1. 锉削垂直面时应选用光边锉刀，如没有光边锉刀则用普通锉刀改制 2. 注意不要打滑

六、锉削时的注意事项

（1）锉刀放置时不要露出钳台外面，以免掉地砸伤脚或损坏锉刀。

（2）不使用无柄、无柄箍或柄已裂开的锉刀。

（3）锉削时锉刀柄不能撞击到工件，以免锉刀柄脱落造成事故。

（4）锉削时不能用嘴吹锉屑，要用毛刷清除锉屑。

（5）锉削时不可用手摸锉削后的工件表面，以免再锉时锉刀打滑，使操作者身体失去平衡而出现危险。

（6）锉刀不能作撬棒或锤子使用，否则锉刀会断裂。

锉削技能训练

斜配四方

一、教学要求

（1）掌握正方板锉配的方法；

（2）了解影响锉配精度的因素并掌握锉配误差的检验和修正方法；

（3）掌握锉配工、量具的正确使用和修整。

二、工件尺寸及技术要求

工件尺寸及技术要求见图 1−6−14、图 1−6−15 和图 1−6−16。

三、斜配四方锉配方法

（1）先锉准正方板，后配锉四方孔板。

（2）加工过程中四方孔板各表面之间的垂直度，可采用自制量角样板检验，此样板还可用于检查内表面直线度。

（3）在四方孔板锉削中，为获得内棱清角，必须修磨好锉刀边，锉削时应使锉刀略小于 90°的一边紧靠内棱角进行直锉。

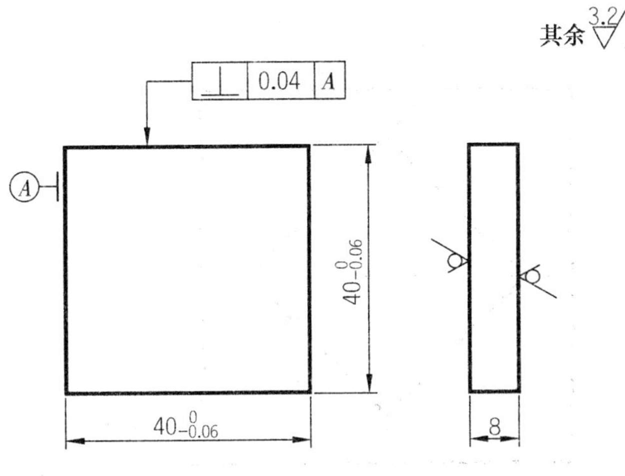

技术要求：

1. 去毛刺；
2. 与四方孔板配合间隙≤0.05 mm。

图 1−6−14　正方板（件 1）

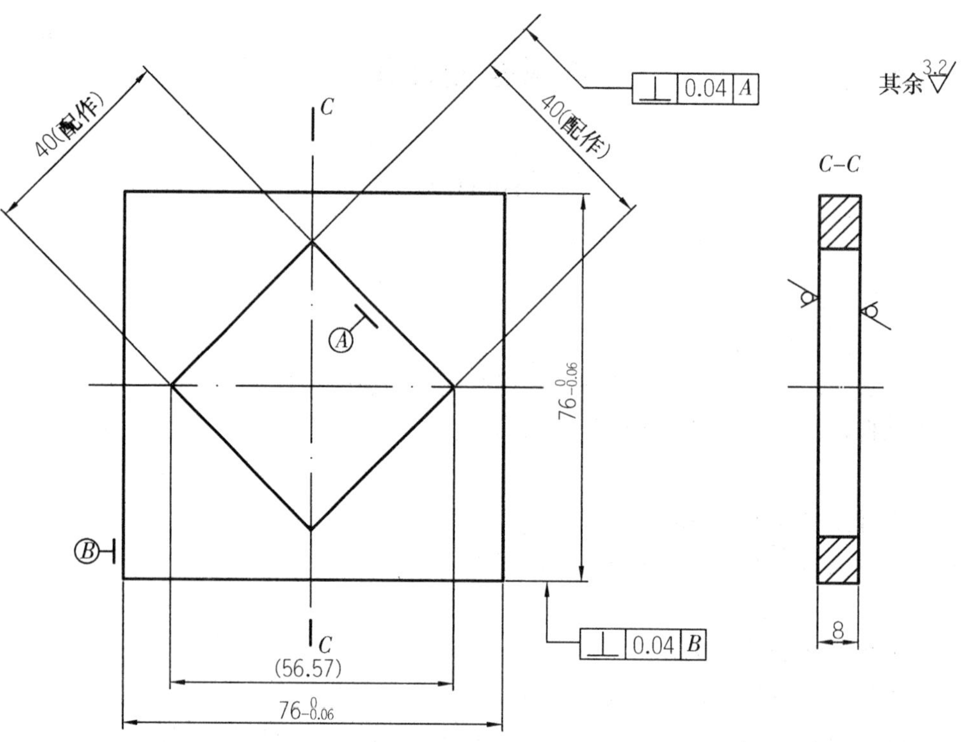

技术要求：1. 去毛刺；2. 与正方板配合间隙≤0.05 mm。

图 1—6—15　四方孔板（件 2）

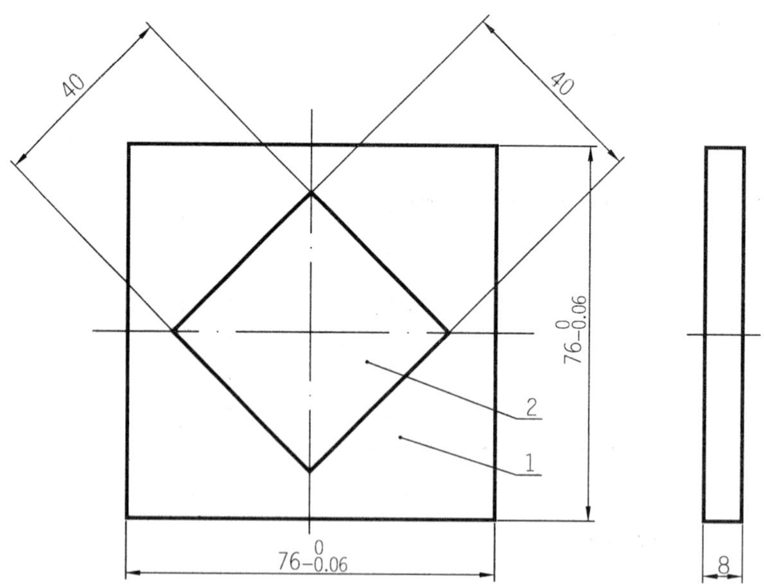

技术要求：两件相配后，四边配合间隙≤0.05 mm，且能够互换。

图 1—6—16　斜配四方

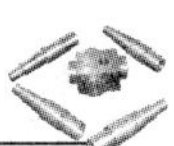

四、操作步骤

1. 锉削正方板

（1）修整外形基准面 A，保证其平面度，并保证与大平面的垂直度。

（2）以 A 面为基准，锉削相邻平面，保证自身平面度，使其与 A 面互相垂直并与大平面垂直。

（3）以此两面为基准，按图样要求进行划线，并分别粗锉对边。

（4）精锉这两面，按图样要求，控制尺寸精度。

（5）各锐边去毛刺、倒棱。

2. 锉配四方孔板

（1）修整外形，使其互相垂直并与大平面垂直，并保证外形的尺寸精度。

（2）以外形两相邻面为基准，按图样要求，用V形铁进行划线，并用加工好的正方板校核所划线条的正确性。

（3）钻排孔，用扁冲錾子沿四周錾去余料，然后用方锉粗锉余量，每边留 0.1 mm～0.2 mm作细锉余量。

（4）细锉第一面，锉至接触划线线条，达到平面纵横平直，并与 A 面平行及与大平面垂直。

（5）细锉第二面（第一面的对面），达到与第一面平行，当尺寸达到 40 mm 时可用正方板进行试配。应使其较紧地塞入，以留有修整余量。

（6）细锉第三面（第一面的相邻面），锉至接触划线线条，达到平面纵横平直，并与大平面垂直，最后用自制角度样板检查修整，达到与第一、二面的垂直度和清角要求。

（7）细锉第四面，达到与第三面平行，用正方板试配，使其较紧地塞入。

（8）精锉修整各面，即用正方板认向配锉，用透光法检查接触部位，进行修整。当正方板塞入后采用透光和涂色相结合的方法检查接触部位，然后逐步修锉达到配合要求。最后作转位互换的修整，达到转位互换的要求，用手将正方板推出和推进应无阻滞。

（9）各锐边去毛刺、倒棱。检查配合精度，配合间隙≤0.05 mm，并且能够互换。

五、注意事项

（1）配锉件的划线要准确，线条要细而清晰，两端口必须一次划出。

（2）为得到转位互换的配合精度，基准正方板尺寸误差值尽可能控制在最小范围内。其垂直度、平行度误差也应尽量控制在最小范围内，并且要求尺寸做到工件尺寸上限，使锉配时有可能作微量的修整。

（3）锉配时的修锉部位，应在透光与涂色检查后再从整体情况考虑，合理确定，避免仅根据局部试配情况就进行修锉，造成配合面局部出现过大间隙。

（4）注意掌握四方孔板清角的修锉，防止修成圆角或锉坏相邻面。

（5）在试配过程中，不能用榔头敲击，退出时也不能直接用榔头和硬质金属敲击，防止将配锉面咬毛或将修配工件敲毛。

思考与练习：

1. 锉刀的规格有哪两种？如何表示？
2. 锉刀的种类有哪些？如何根据加工对象正确地选择锉刀？
3. 试述大锉刀的握法。
4. 锉削方法有哪几种？
5. 简述用刀口尺检验工件平面度的方法。
6. 锉刀的维护与保养应注意哪几个方面？

课题七　孔加工

一、教学要求

（1）掌握标准麻花钻的刃磨；

（2）掌握划线钻孔的方法，并能够正确选择钻削用量；

（3）熟悉钻孔时工件的几种基本装夹方法；

（4）掌握扩孔、锪孔以及绞孔的基本方法；

（5）能够正确分析孔加工出现的问题及产生的原因和解决办法。

二、孔加工的基本操作

（一）钻　孔

用钻头在实体材料上加工孔的方法，称为钻孔。

1. 钻削运动

工件固定，钻头安装在钻床主轴上随主轴做旋转运动，这一运动称为主体运动；钻头沿轴线方向上的移动称为进给运动。如图 1－7－1 所示。

2. 麻花钻的构成

麻花钻一般用高速钢（W18Cr4V 或 9Cr4V2）制成，淬火后硬度为 62HRC～68HRC。麻花钻由柄部、颈部和工作部分组成，如图 1－7－2 所示。

图 1－7－1　钻削运动

v—主体运动　　f—进给运动

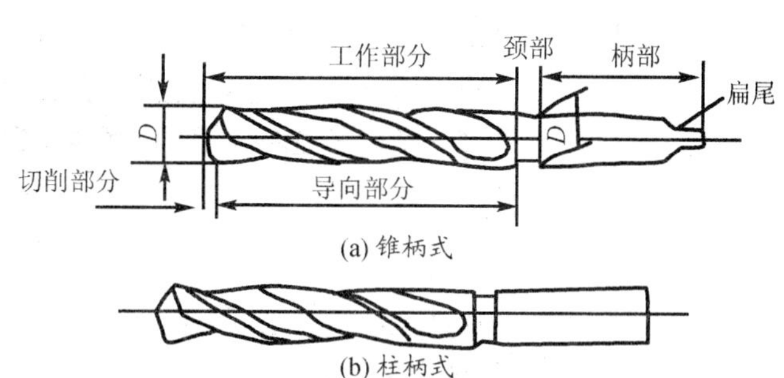

图 1－7－2　麻花钻的构成

3. 麻花钻的刃磨

麻花钻的主要切削角度，如图 1－7－3 所示。刃磨麻花钻主要刃磨两个主切削刃及其后角。刃磨后的两主切削刃应对称，顶角和后角的大小应根据麻花钻直径的大小以及加工材料的性质来选择。横刃斜角是在磨主切削刃和后角时自然形成的，它与后角的大小有关。

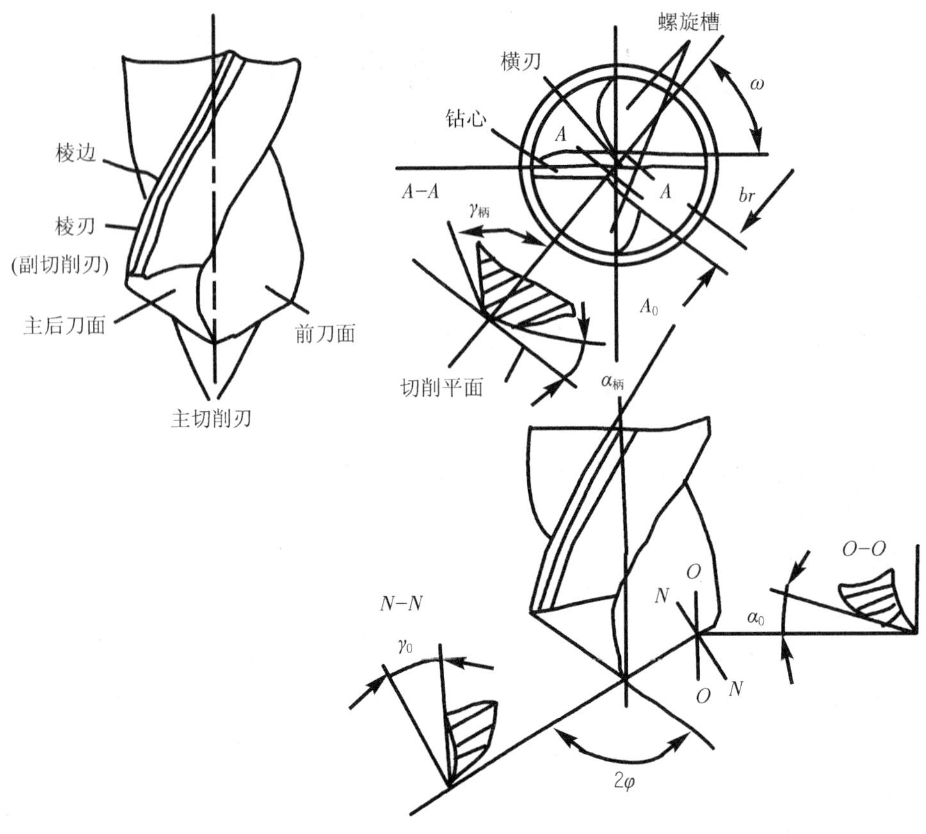

图 1—7—3　麻花钻的切削角度

1）标准麻花钻的刃磨方法

标准麻花钻的刃磨方法如图 1—7—4 所示。

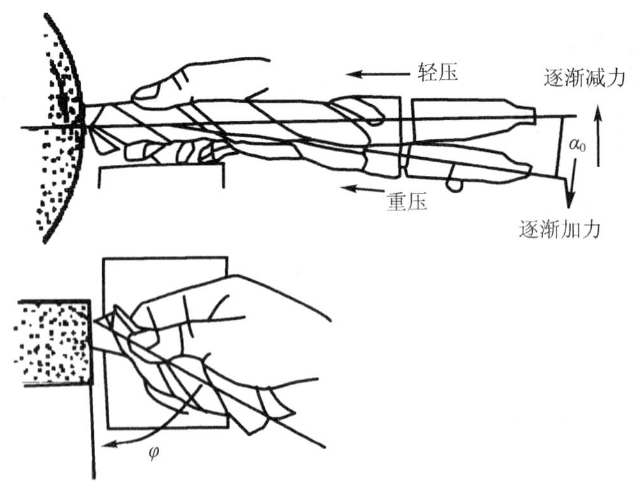

图 1—7—4　麻花钻的刃磨方法

（1）将钻头主切削刃摆成水平，并把它靠在砂轮的圆柱面上，磨削点大致在砂轮的中心水平面上。

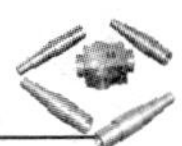

（2）钻头轴线与砂轮圆柱面母线在水平面内夹角等于钻头顶角（2φ）的1/2。

（3）刃磨时，主切削刃接触砂轮，右手握住钻头前端，并靠在砂轮的搁架上作定位支点，左手握钻尾作上下摆动。左手下压钻尾的同时，右手应使钻头作顺时针方向转动（约40°），下压角度为8°～30°，即等于钻头外缘处后角（α_0）。

（4）翻转180°磨出另一主切削刃。

①刃磨要领：钻尾摆动时不得高出水平面，以防止磨出负后角；不要从刃背向刃口方向进行磨削，以免刃口退火；两主切削刃要等长、对称。刃磨前，必须对砂轮进行必要的修整；刃磨后，应用油石研磨其前、后刀面，使其表面粗糙度达到Ra0.4μm～Ra0.2μm，以减少摩擦和避免产生积屑瘤。

②后角的选择：后角大有利于切削液流入切削区，改善冷却条件，有利于钻头切入工件；后角小有利于提高刃口强度，适于加工硬质材料。小钻头一般采用较大后角。一般情况下，标准麻花钻的后角大小和钻头直径大小的关系见表1－7－1。

表1－7－1　标准麻花钻的后角（α_0）

钻头直径/mm	1以下	1～15	15～30	30～80
后角 α_0	20°～30°	11°～14°	9°～12°	8°～11°

麻花钻的后角应根据表1－7－1和加工材料的性质综合考虑选择。

2）麻花钻的修磨

标准麻花钻主切削刃上前角变化很大，各点切削性能差异也很大；横刃较长，定心差，横刃处有很大负前角，切削性能差，阻力大，易磨损；主切削刃和副切削刃交点处，切削速度高，棱边又没有后角，摩擦严重，发热快，磨损也快；主切削刃长，切屑较宽，各点排屑速度相差较大，使切屑卷成螺旋状，不易排出。

为了提高标准麻花钻切削性能，可对标准麻花钻的几何角度和形状作适当修磨，修磨方法如图1－7－5所示。

（1）修磨前刀面：加工硬材料时，可将靠近外缘的前角磨小，甚至磨成负前角，以提高刀刃强度。加工软材料时，可将靠近横刃处的前角磨大些，使该处刀刃锋利，如图1－7－5（a)所示。

（2）修磨横刃：主要是减短横刃，可以大量减少钻削轴向力，改良钻头的定心作用。横刃修磨后的长度为原来的1/3～1/5。在砂轮上修磨横刃的方法如图1－7－5（b）所示。小钻头可用三角油石进行修磨。

（3）修磨多重顶角：主要是为了改善主切削刃和副切削刃交点处的散热条件，提高钻头的耐用度。可将顶角刃磨成双重或三重顶角，如图1－7－5（c）所示。一般$2\varphi_0=70°\sim75°$，$f_0=0.2D$（D为钻头直径）。

（4）修磨圆弧刃：将主切削刃一段磨出圆弧刃，可以改善切削条件，利于分屑，同时可提高钻孔的稳定性。刃磨方法如图1－7－5（d）所示。

（5）修磨分屑槽：根据钻头直径大小，可在钻头的刃口至后刀面上磨一条或两条分屑槽，以利于排屑和冷却。刃磨方法如图1－7－5（e）所示。

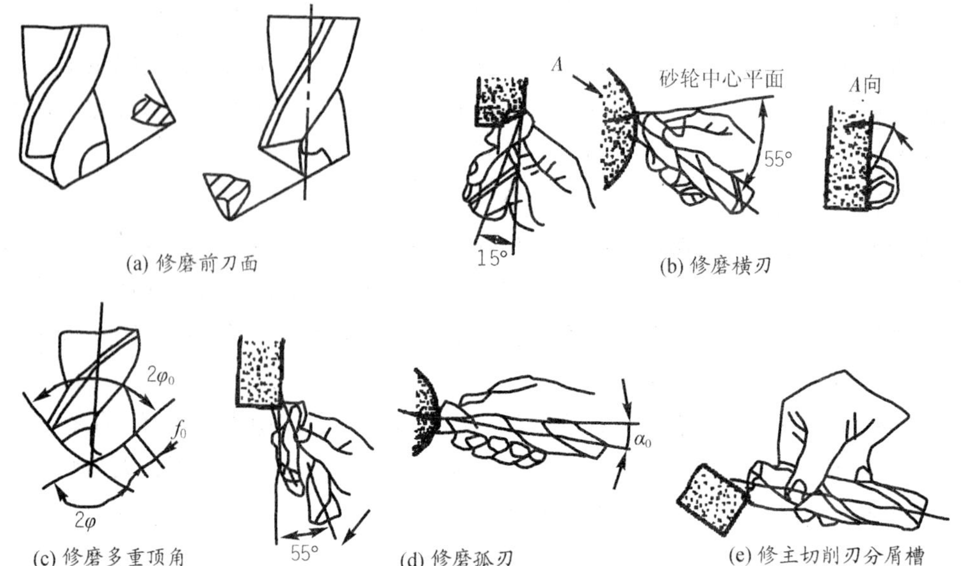

(a) 修磨前刀面　(b) 修磨横刃　(c) 修磨多重顶角　(d) 修磨弧刃　(e) 修主切削刃分屑槽

图 1－7－5　修磨麻花钻的方法

4. 钻削用量的选择

钻孔切削用量主要是指进给量和切削速度，切削深度由钻头大小决定。一般情况下，直径 30 mm 以下的孔可一次钻出；直径大于 30 mm 的孔，为减小切削深度，可以分两次钻出，即先用直径等于 0.5～0.7 倍孔径的钻头钻孔，然后再扩孔至所需孔径。

进给量是影响钻孔表面粗糙度的主要因素，切削速度是影响钻头耐用度的主要因素。因此，选择切削用量，应根据工件表面粗糙度、孔径大小、孔的深度以及工件材料的硬度、强度等多方面因素综合考虑。

(1) 材料的强度及硬度较高，钻头直径较大时，首先考虑钻头本身强度的限制，切削速度不宜选的太高；材料较软或钻头直径较小时，切削速度可适当选高一些，一般钢件的钻孔切削用量见表 1－7－2。

表 1－7－2　钢件钻孔切削用量表（孔的深径比 $L/D \leqslant 3$）

钻孔直径 D/mm	2 以下	2～3	3～5	5～10
转速 n/r·min^{-1} 进给量 f/mm·r^{-1}	10000～2000 0.005～0.02	2000～1500 0.02～0.05	1500～1000 0.05～0.15	1000～750 0.15～0.30
钻孔直径 D/mm	10～20	20～30	30～40	40～50
转速 n/r·min^{-1} 进给量 f/mm·r^{-1}	750～350 0.30～0.60	350～250 0.602～0.75	250～200 0.75～0.85	200～120 0.85～1

以表 1－7－2 作参考，钻碳素工具钢、铸铁的切削用量，应比钻钢料的减少 1/5 左右；钻合金工具钢、合金铸铁的切削用量，应减少 1/3 左右；钻不锈钢的切削用量，应减少 1/2左右；钻铸铁时，进给量可增加 1/5，而转速应减少 1/5 左右；钻有色金属，转速应增加近 1 倍，进给量应增加 1/5。

(2) 钻深孔时，切削用量应选小些。

（3）钻削过程中，有些材料会产生硬化层，如钻不锈钢材料时，硬化层一般在0.1 mm以内，故进给量应大于0.1 mm，以减少钻头磨损。

（4）孔的精度要求高，切削用量可选小一些；孔的精度低，切削用量可选大一些。

（5）钻小孔时，以手动进刀为宜。

5. 划线钻孔的方法

1）钻孔时的工件划线

按钻孔的位置尺寸要求，划出孔位的十字中心线，并打上中心样冲眼（要求冲眼要小，位置要准），按孔的大小划出孔的圆周线。对钻直径较大的孔，还应划出几个大小不等的检查圆（如图1—7—6（a）所示），以便钻孔时检查和借正钻孔位置。当钻孔的位置尺寸要求较高时，为了避免敲击中心样冲眼时所产生的偏差，也可直接划出以孔中心线为对称中心的几个大小不等的方框（如图1—7—6（b）所示），作为钻孔时的检查线，然后再将样冲眼敲大，以便准确落钻定心（如图1—7—7所示）。

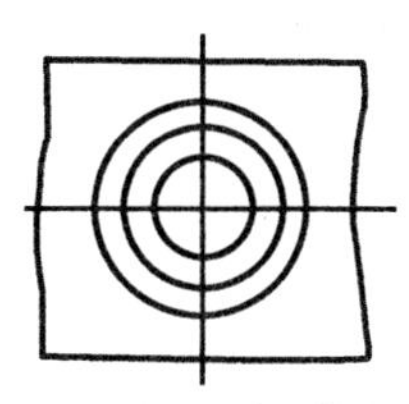

（a）检查圆

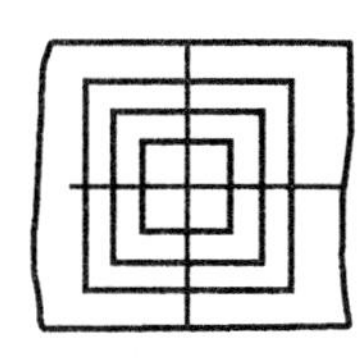

（b）检查方框

图1—7—6　孔位检查线形式

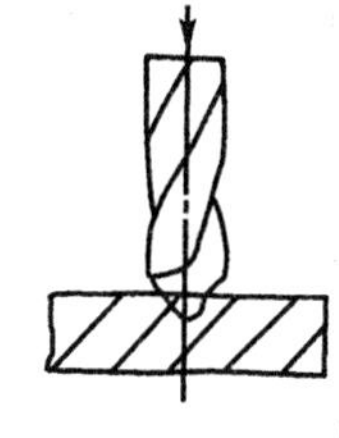

（a）样冲眼引钻

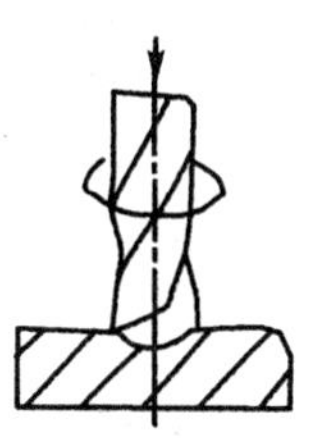

（b）钻孔中心准确

图1—7—7　样冲眼准确落钻定心

2）工件的装夹

工件钻孔时，要根据工件的不同形状以及钻削力的大小（或钻孔的直径大小）等情况，采用不同的装夹（定位和夹紧）方法，以保证钻孔的质量和安全。常用的基本装夹方法如下：

（1）平整的工件用平口钳装夹：钻直径大于8 mm孔时，平口钳须用螺栓、压板固定。钻通孔时工件底部应垫上垫铁，空出落钻部位（如图1—7—8（a）所示）。

（2）圆柱形的工件用V形架装夹：钻孔时应使钻头轴心线位于V形架的对称中心，按工件划线位置钻孔（如图1—7—8（b）所示）。

（3）压板装夹：对钻孔直径较大或不便用平口钳装夹的工件，可用压板夹持（如图1—7—8（c）所示）。

（4）卡盘装夹：方形工件钻孔，用四爪单动卡盘装夹（如图1—7—8（d）所示）；圆形工件端面钻孔，用三爪自定心卡盘装夹（如图1—7—8（e）所示）。

（5）角铁装夹：底面不平或加工基准在侧面的工件用角铁装夹（如图1—7—8（f）所示）。

（6）手虎钳装夹：在小型工件或薄板件上钻小孔时，用手虎钳装夹（如图1—7—8（g）所示）。

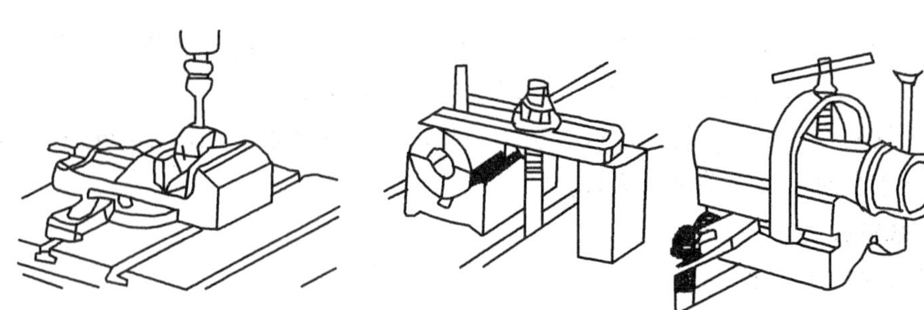

(a) 机用平口钳装夹　　(b) V 形架装夹

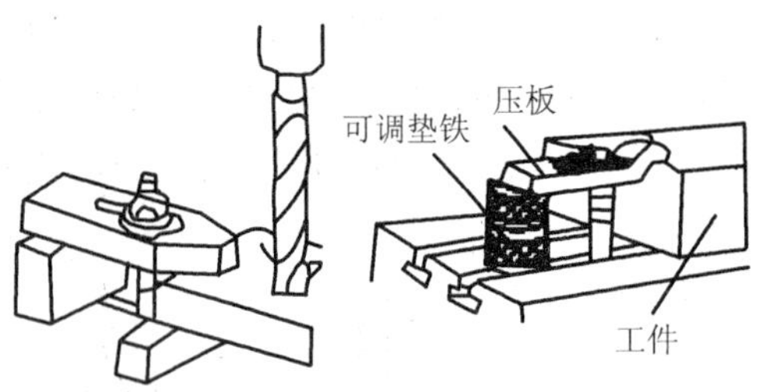

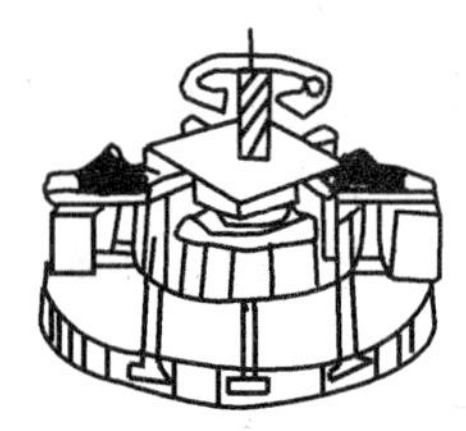

(c) 压板装夹　　(d) 四爪单动卡盘装夹

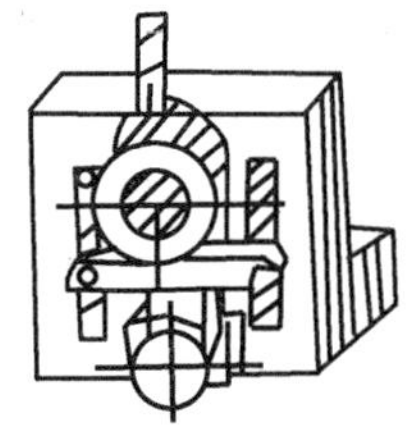

(e) 三爪自定心卡盘装夹　　(f) 角铁装夹　　(g) 手虎钳装夹

图 1−7−8　工件的钻削装夹

3) 钻头的装拆

直柄钻头用钻夹头夹持。先将钻头柄塞入钻夹头的三卡爪内，其夹持长度不能小于 15 mm，然后用钻夹头钥匙旋转外套，使环形螺母带动三只卡爪移动，作夹紧或放松动作（如图 1−7−9 所示）。

4) 钻孔方法

(1) 试钻：钻孔时，先使钻头对准划线中心，钻出浅坑，观察是否与划线圆同心，准确无误后，继续完成钻削。如钻出浅坑与划线圆发生偏位，偏位较少时可在试钻同时用力将工件向偏位的反方向推移，逐步借正；如偏位较多，可在借正方向上打几个样冲眼（如图 1−7−10（a）所示），或用油槽錾錾出几条小槽（如图 1−7−10（b）所示），以减少此处的钻削阻力，达到借正的目的。如钻削孔距精度要求较高的孔时，两孔要边试钻、边测量、边借正，不可先钻好一个孔再来借正第二个孔的位置。

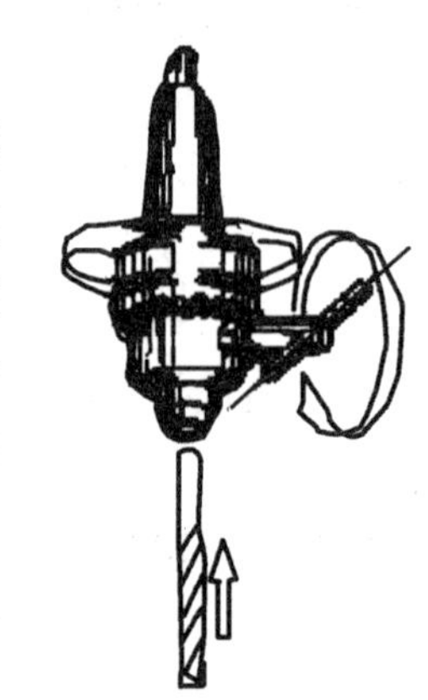

图 1−7−9　钻头的装拆

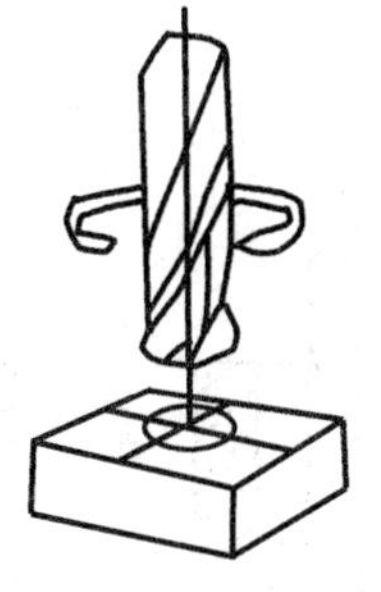

（a）用样冲眼借正

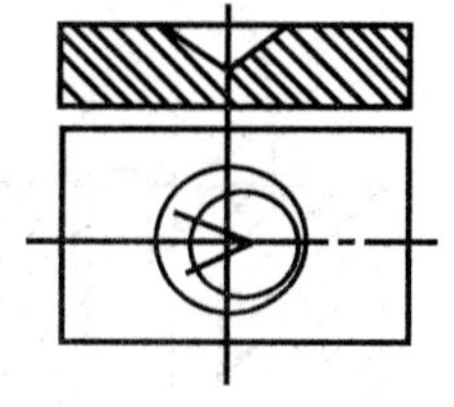

（b）錾槽借正

图 1－7－10　**借正偏孔的方法**

（2）钻孔操作方法：

①钻削通孔时，当孔快要钻穿时，应减小进给力，以免发生“啃刀”，影响加工质量和折断钻头。

②钻不通孔时，应按钻孔深度调整好钻床上的挡位、深度标尺或采用其他控制措施，以免钻得过深或过浅，并注意退屑。

③一般钻削深孔时，钻削深度达到钻头直径 3 倍时，钻头就应退出排屑，并注意冷却润滑。

④钻 ϕ30 mm 以上的大孔，一般分成两次进行：第一次用 0.6～0.8 倍孔径钻头，第二次用所需直径的钻头钻削。

⑤钻 ϕ1 mm 以下的小孔时，切削速度可选在 2000 r/min～3000 r/min 以上，进给力小且平稳，不宜过大过快，防止钻头弯曲或滑移。应经常退出钻头排屑，并加注切削液。

⑥在斜面上钻孔时，可采用中心钻先钻底孔，或用铣刀在钻孔处铣削出小平面，或用钻套导向等方法进行。

（二）扩　孔

用扩孔钻对工件上已有孔进行扩大加工的方法，称为扩孔。工件经扩孔后，一般尺寸精度可达 IT10～IT9，表面粗糙度可达 Ra12.5μm～Ra3.2μm，常作为孔的半精加工及铰孔前的预加工。

1．用标准麻花钻扩孔

如果孔径较大，不宜一次钻孔，宜先用 0.5～0.7 倍孔径的小直径钻头钻孔，再用与孔径等大的钻头扩孔，如图 1－7－11（a）所示。扩孔时的进给量为钻孔的 1.5～2 倍，切削速度为钻孔的 1/2。

2．在毛坯孔上扩孔

为了减少毛坯孔偏差的影响，将钻刃修磨成月牙弧形，直接扩孔，如图 1－7－11（b）所示。

3．用扩孔钻扩孔

根据孔径的大小、精度等级来选用扩孔钻，扩孔前的钻孔直径一般为扩孔后直径的 0.9 倍。对于孔径较小且较深的扩孔加工，或者为纠正预钻孔的偏斜，可在扩孔前，先用镗刀镗削一段与扩孔钻大径相同的导向孔，然后进行扩孔，如图 1－7－12 所示。

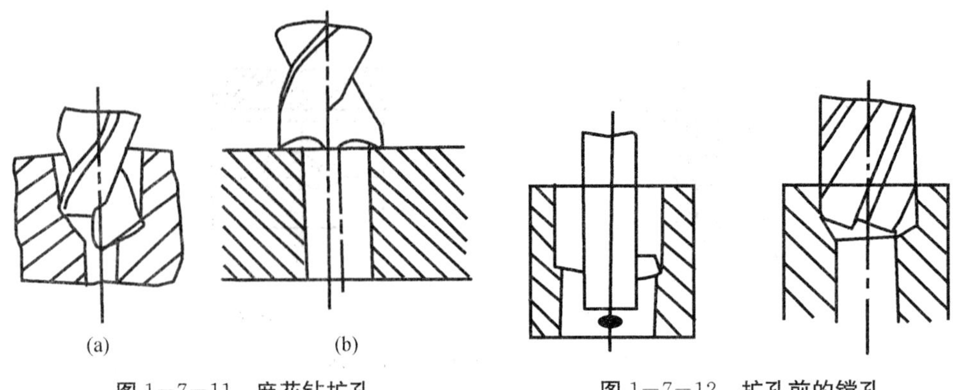

图 1－7－11　麻花钻扩孔　　　　图 1－7－12　扩孔前的镗孔

（三）锪　孔

用锪钻刮平孔的端面或切出沉孔的方法，称为锪孔。常见的锪孔应用如图 1－7－13 所示。

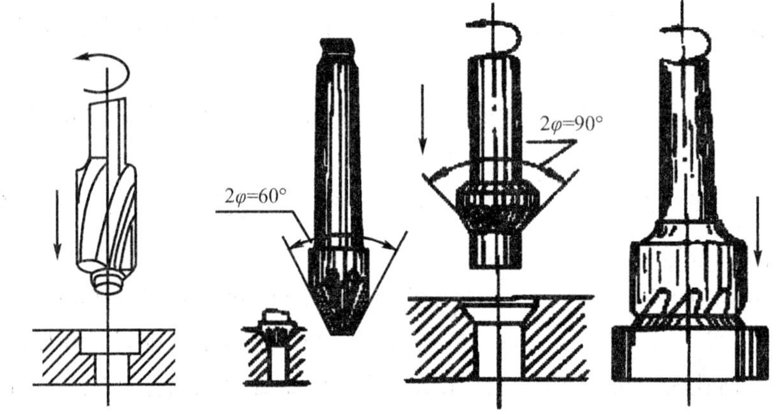

（a）锪圆柱埋头孔　（b）锪锥形埋头孔　（c）锪孔口和凸台平面

图 1－7－13　锪孔的应用

1. 锪圆柱形埋头孔

锪钻底面要平整并与底孔轴线垂直，加工表面无振痕。如果用麻花钻改制的不带导柱的锪钻锪圆柱形埋头孔时，必须用标准麻花钻扩出一个台阶孔作导向，然后用平底钻锪至所需深度尺寸，如图 1－7－14 所示。

2. 锪锥形埋头孔

按图样锥角要求选用锥形锪孔钻。锪深一般控制在埋头螺钉装入后低于工件表面约 0.5 mm，加工表面应无振痕。

3. 端面锪孔

用专门端面锪孔钻对孔的端面进行锪孔，如图 1－7－15 所示。其端面刀齿为切削刃，前端导柱用来导向定心，以保证孔端面与孔中心线的垂直度。

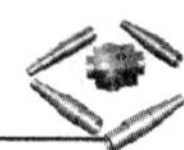

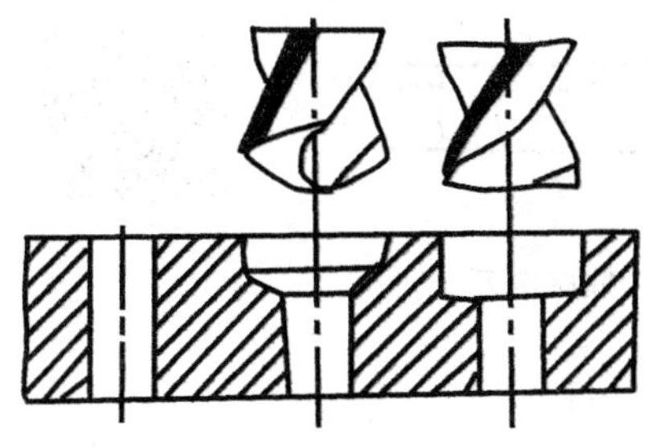

图 1—7—14　**先扩孔后锪平**

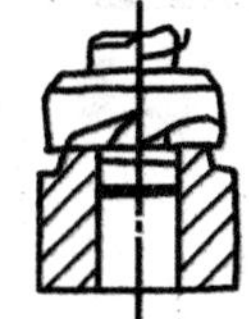

图 1—7—15　**端面锪钻锪孔**

锪孔时，进给量为钻孔时的 2～3 倍，切削速度为钻孔切削速度的 1/3～1/2。精锪时，往往利用钻床停车后主轴的惯性来锪孔，以减少振动而获得光滑表面。

（四）铰　孔

用铰刀从工件孔壁上切除微量金属层，以提高其尺寸精度和降低表面粗糙度的方法，称为铰孔。

1. 铰刀的组成

铰刀由柄部、颈部和工作部分组成。工作部分又分切削部分和校准部分。切削部分担负切去铰孔余量的任务。校准部分有棱边，主要起定向、修光孔壁、保证铰孔直径和便于测量等作用。为了减小铰刀和孔壁的摩擦，校准部分磨出倒锥量。铰刀齿数一般为 4～8 齿，为方便测量直径，多采用偶数齿。

2. 铰刀的种类

铰刀有手铰刀和机铰刀两种。手铰刀（如图 1—7—16（a）所示）用于手工铰孔，柄部为直柄，工作部分较长；机铰刀（如图 1—7—16（b）所示）多为锥柄，装在钻床上进行铰孔。

按铰刀用途不同有圆柱形铰刀和圆锥形铰刀（如图 1—7—17 所示），圆柱形铰刀又分固定式和可调式（如图 1—7—18 所示）。圆锥形铰刀是用来铰圆锥孔的。用作加工定位销孔的锥铰刀，其锥度为 1∶50（即在 50 mm 长度内，铰刀两端直径差为 1 mm），这样能使铰出的锥孔与圆锥销紧密配合。可调式铰刀主要用在装配和修理时铰非标准尺寸的通孔。

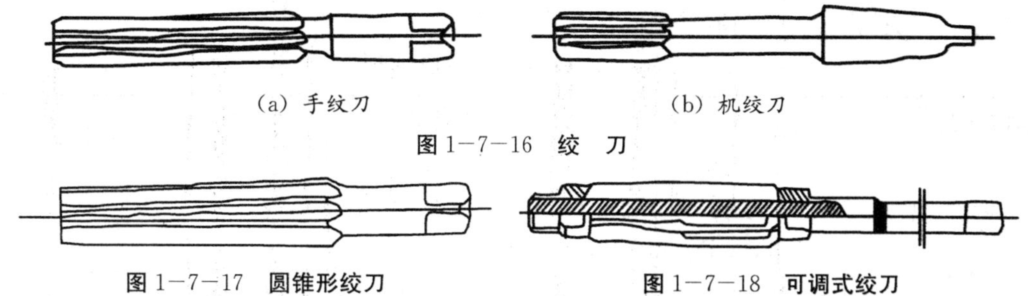

（a）手绞刀　　（b）机绞刀

图 1—7—16　**绞　刀**

图 1—7—17　**圆锥形绞刀**

图 1—7—18　**可调式绞刀**

铰刀的刀齿有直齿和螺旋齿两种。直齿铰刀是常见的，螺旋铰刀（如图 1—7—19 所示）多用于铰有缺口或带槽的孔，其特点是在铰削时不会被槽边钩住，且切削平稳。

图 1—7—19　螺旋铰刀

3. 铰削用量

铰削用量包括铰削余量、切削速度和进给量。

（1）铰削余量：铰削余量是上道工序（钻孔或扩孔）完成后留下的直径方向的加工余量。铰削余量留的太多，孔铰不光，铰刀容易磨损，只能增加铰削次数，降低生产率，同时，工件尺寸降低，表面粗糙度值增大；铰削余量留的太小，不能去掉上道加工留下的刀痕，不能达到铰孔的要求。因此合理选择铰削余量很重要。表 1—7—3 列出了合理的铰削余量的范围，机铰取其中较大的余量，手铰取较小的余量。

表 1—7—3　铰削余量　（单位：mm）

孔的直径	<5	5～20	21～32	33～50	51～70
铰削余量	0.1～0.2	0.2～0.3	0.3	0.5	0.8

（2）机铰切削速度：为了得到较小的表面粗糙度值，必须避免产生刀瘤，减少切削热及变形，因而应采取较小的切削速度。用高速钢铰刀铰钢件时，v=4 m/min～8 m/min；铰铜件时，v=8 m/min～12 m/min。

（3）机铰进给量：进给量要适当，过大铰刀要磨损，也影响加工质量；过小则很难切下金属材料，形成对材料挤压，使其产生塑性变形和表面硬化，最后形成刀刃撕去大片切屑，使表面粗糙度增大，并加快铰刀磨损。

机铰钢件及铸铁件时，f=0.5 mm/r～1 mm/r；机铰铜和铝件时，f=1 mm/r～1.2 mm/r。

4. 铰孔时的冷却润滑

铰削时必须选用适当的切削液来减少摩擦并降低刀具和工件的温度，防止产生积屑瘤并避免切屑细末粘附在铰刀刀刃上及孔壁和铰刀的刃带之间，从而减小加工表面的表面粗糙度值与孔的扩张量。切削液选用可参考表 1—7—4。

表 1—7—4　铰孔时的切削液

加工材料	切削液
钢	1. 10%～20%乳化液 2. 铰孔要求高时，采用 30%菜油加 70%肥皂水 3. 铰孔要求更高时，可采用菜油、柴油、猪油等
铸铁	1. 煤油（但会引起孔径缩小，最大收缩量可达 0.02 mm～0.04 mm） 2. 低浓度乳化液 （也可不用切削液）
铝	煤油
铜	乳化液

5. **铰孔的方法**

(1) 手铰时，工件要夹牢，铰刀伸入孔时要与孔端面垂直，特别是在薄件上铰孔时，要用角尺校正铰刀是否与孔端面垂直。

(2) 在手铰起铰时，可用右手通过铰孔轴线施加压力，左手转动铰刀。正常铰削时，两手要均匀、平稳地旋转，不得有侧向压力，同时适当加压，使铰刀均匀地进给，以保证铰刀正确引进和获得较小的表面粗糙度，并避免孔口成喇叭形或将孔径扩大。

(3) 铰刀铰孔或铰刀退出时，铰刀均不能反转，以防止刃口磨钝以及切屑嵌入刀具后面与孔壁间，将孔壁划伤。

(4) 机铰时，应使工件一次装夹进行钻、铰工作，以保证铰刀中心线与钻孔中心线一致。铰削完成后，铰刀退出后再停车，以防止孔壁拉出痕迹。

(5) 铰尺寸较小的圆锥孔，可先按小端直径并留取圆柱孔精铰余量钻出圆柱孔，然后用锥铰刀铰削即可。对尺寸和深度较大的锥孔，为减小铰削余量，铰孔前可先钻出阶梯孔（如图 1—7—20 所示），然后再用铰刀铰削。铰削过程中要经常用相配的锥销来检查铰孔尺寸（如图 1—7—21 所示）。

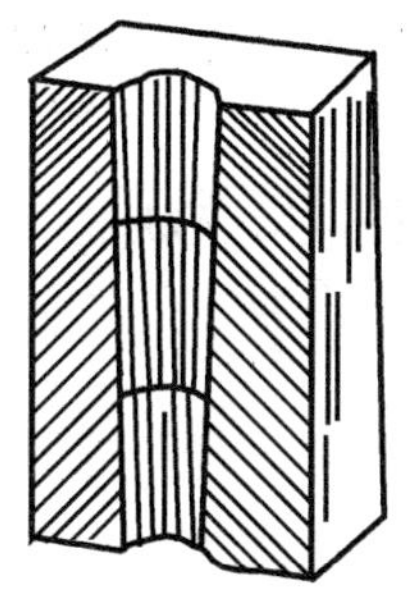

图 1—7—20　钻阶梯孔

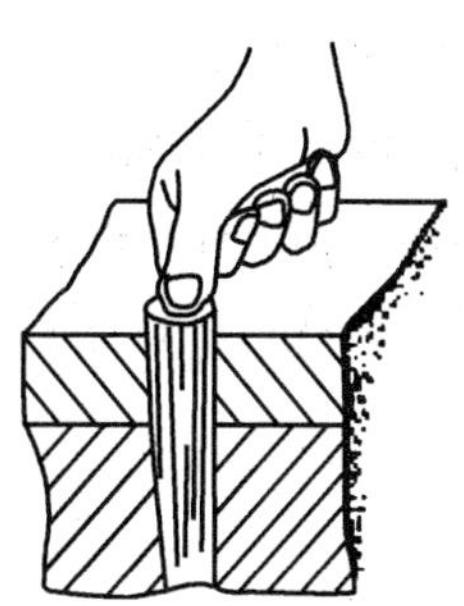

图 1—7—21　用锥销检查铰孔尺寸

孔加工技能训练

钻孔、扩孔和铰孔

一、制作实例

技术要求如图 1—7—22 所示，材料为 45 号钢。

(1) 在同一平面上钻、铰三孔。按图样要求保证各孔的位置度、尺寸精度和表面粗糙度。材料经热处理硬度为 HB175～HB225。

(2) 制件的外形尺寸为 90 mm×70 mm×20 mm。有三个基准面 A、B 和 C，其中 A 与 B 的垂直度误差≤0.07 mm，C 与 A 和 B 的垂直度误差均≤0.05 mm。

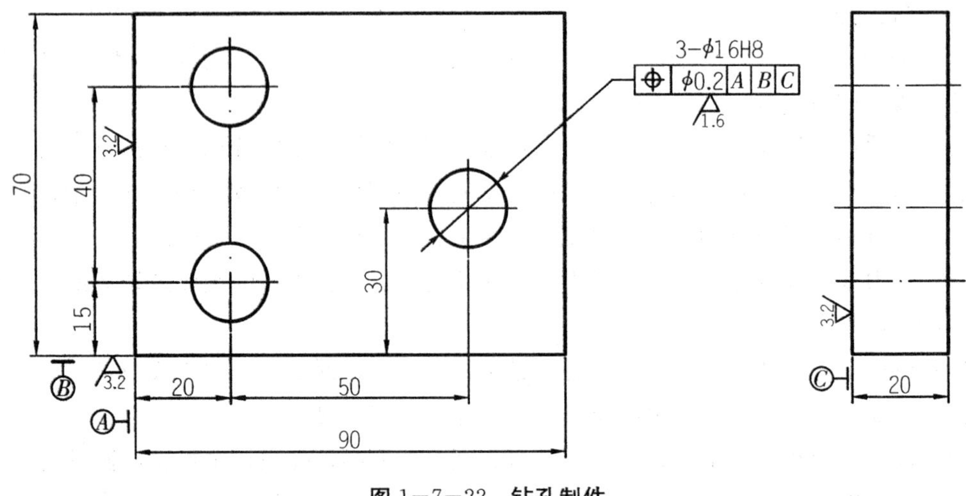

图 1-7-22 钻孔制件

二、准备工作

(1) 划线工具：方箱、C 型夹头、高度游标尺、划规、样冲、手锤和蓝油。

(2) 量具：塞规、游标卡尺和表面粗糙度样板。

(3) 刀具：中心钻、ϕ13 mm 和 ϕ15.5 mm 麻花钻，粗、精铰刀。

(4) 钻床、钻套、斜铁、平口钳。

三、操作要点

1. 划 线

采用一般的划线方法，其位置度只能达到 0.25 mm~0.5 mm。而图样要求孔的位置度公差为 ϕ0.2 mm，若要达到图样要求，其关键一是钻头的刃磨，二是划线。

(1) 使用高度游标尺划线，其刃口要锋利，尺寸要调准，保证线迹细而清晰，位置正确。

(2) 确定孔中心位置。使用的样冲要磨的圆而尖，将样冲的尖部沿孔中心线的一条线向孔的两中心线的交点移动，当握样冲的手指有明显的停顿感觉时，该点就是孔的圆心。

(3) 打样冲眼。圆心点找正后，将样冲保持垂直，先轻打，并观察冲眼是否偏离中心十字。确定无误后，再将冲眼加大，并划出校正圆。

2. 试 钻

试钻时用中心钻对准样冲眼，钻 2 mm 深的小孔，测量各孔距，合格后，继续钻 60° 锥孔，再扩孔到需要的尺寸。如果发现孔偏，必须借正。如偏位较少，可移动工件或移动钻床主轴来借正。如偏位较大，可在借正方向上打几个样冲眼或用小錾子錾出几条槽，以减少此处的阻力，达到借正的目的。这种方法可反复进行，但借正必须在锥坑尺寸小于孔径尺寸之前。

3. 钻孔、扩孔和铰孔

根据图样要求，其操作工序如下：

钻孔→扩孔→粗铰→精铰

(1) 钻底孔：用 ϕ13 mm 的钻头钻通孔。其切削用量如下：

切削速度　　v=20 m/min

进给量　　f=0.18 mm/r～0.38 mm/r

切削深度　　a_p=6.5 mm

(2) 扩孔：用 ϕ15.5 mm 的钻头将孔的直径扩至 ϕ15.5 mm，给铰削留 0.5 mm 的余量。其切削用量为：

切削速度　　v=10 m/min

进给量　　f=0.24～0.56 mm/r

切削深度　　a_p=1.25 mm

扩孔是铰前的一道重要工序，对保证孔的位置精度和孔的尺寸精度都有重要作用。

在钻孔和扩孔时应注意排屑和注入充足的切削液。两者所用的切削液均为 3%～5%的乳化液。

(3) 粗铰和精铰：粗铰时用 ϕ15.8 mm 的铰刀铰削，留精铰余量 0.2 mm；精铰时用已研好的铰刀进行铰削。两者均用机铰。其切削用量为：

切削速度　　v=8 m/min

进给量　　f=0.4 mm/r

切削液　　10%～20%乳化液

四、质量检查

(1) 孔位置度的检查。

(2) 孔尺寸的检查。

(3) 表面粗糙度的检查。

思考与练习：

1. 麻花钻由哪几部分组成？
2. 试述麻花钻顶角、前角、后角和横刃斜角的定义。
3. 标准麻花钻有哪些缺点？对钻削有何不良影响？
4. 试述标准麻花钻的修磨方法。
5. 何谓钻孔的切削速度、进给量和背吃刀量？选择钻削用量的原则是什么？
6. 在钢板上钻削 ϕ12H10 孔，试回答下列的问题。

(1) 确定钻削用量选择顺序；

(2) 选择合理的切削用量；

(3) 计算此时钻床主轴转速；

(4) 选择合适的切削液。

7. 铰刀由哪几部分组成？各部分的主要作用是什么？
8. 铰刀如何分类？
9. 如何确定铰削余量？铰削余量大小对铰孔有哪些影响？

课题八 螺纹加工

一、教学要求

（1）掌握攻螺纹底孔直径和套螺纹圆杆直径的确定方法；

（2）掌握攻、套螺纹方法；

（3）熟悉丝锥折断和攻、套螺纹中常见问题的产生原因和防止方法；

（4）提高钻头的刃磨技能。

二、螺纹加工相关工艺知识

（一）攻螺纹

用丝锥在工件孔中切削出内螺纹的加工方法称为攻螺纹。

1. 丝锥和绞杠

丝锥是加工内螺纹的工具，其构造如图 1－8－1 所示，由工作部分和柄部组成。工作部分包括切削部分和校准部分。丝锥按加工方法分有：机用丝锥和手用丝锥两种。按加工螺纹的种类不同有：普通三角螺纹丝锥，其中 M6～M24 丝锥为每组两只，M6 以下及 M24 以上的丝锥为每组三只；圆柱管螺纹丝锥，为每组两只；圆锥管螺纹丝锥，大小尺寸均为单只。

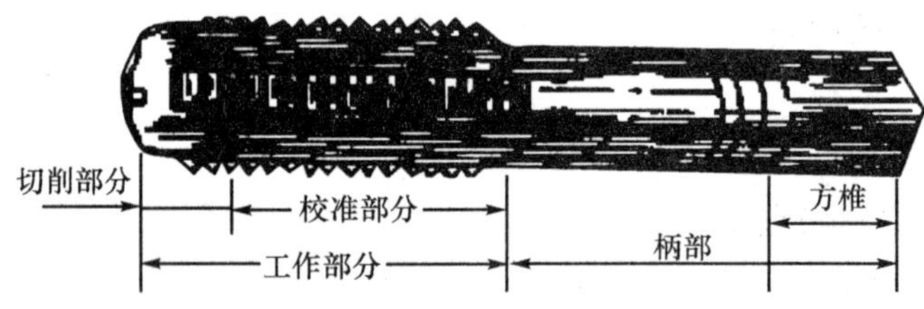

图 1－8－1 丝锥的构造

绞杠是手工攻螺纹时用来夹持丝锥的工具，分普通绞杠（图 1－8－2）和丁字形绞杠（图1－8－3）两类。丁字形绞杠适用于在高凸台旁边和箱体内部攻螺纹。各类绞杠又可分为固定式和可调式两种。固定式绞杠常用在攻 M5 以下的螺纹，可调式绞杠可以调节夹持孔尺寸。

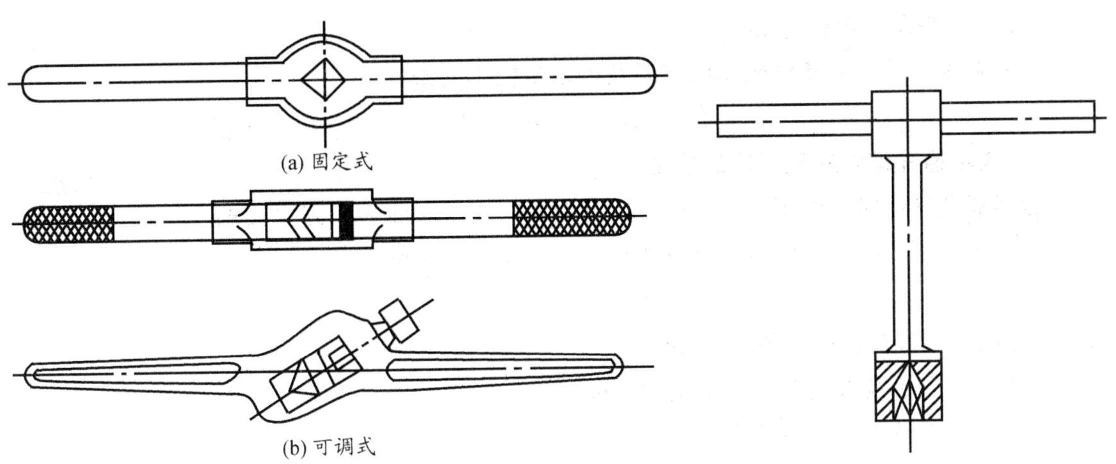

图 1—8—2　普通铰杠　　　　图 1—8—3　丁字形铰杠

绞杠的方孔尺寸和柄部的长度都有一定规格，使用时应按丝锥尺寸大小，由表1—8—1中合理选用。

表 1—8—1　可调式绞杠适用范围　（单位：mm）

可调式绞杠规格	150	225	275	375	475	600
适用的丝锥范围	M5～M8	＞M8～M12	＞M12～M14	＞M14～M16	＞M16～M22	M24 以上

2. 攻螺纹底孔直径的确定

攻螺纹时，丝锥在切削金属的同时，还伴随着较强的挤压作用。因此，金属产生塑性变形形成凸起并挤向牙尖（如图 1—8—4 所示），使攻出的螺纹的小径小于底孔直径。

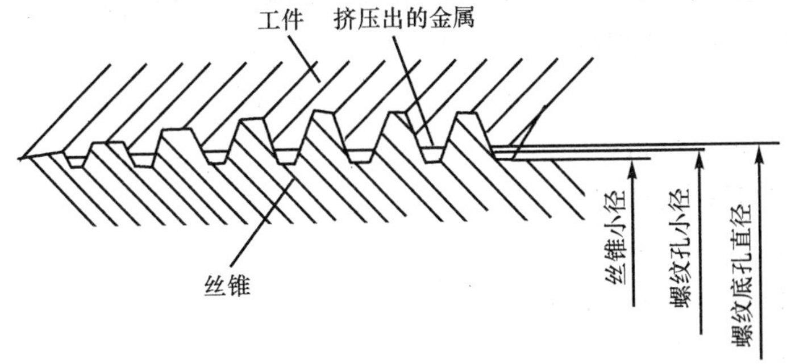

图 1—8—4　金属塑性变形

因此，攻螺纹前的底孔直径应稍大于螺纹小径，否则攻螺纹时因挤压作用，使螺纹牙顶与丝锥牙底之间没有足够的容屑空间，将丝锥箍住，甚至折断丝锥，此种现象在攻塑性较大的材料时将更为严重。但底孔不宜过大，否则会使螺纹牙型高度不够，降低强度。

底孔直径大小要根据工件材料塑性大小及钻孔扩张量考虑，按以下经验公式计算。

（1）在加工钢和塑性较大的材料及扩张量中等的条件下：

$$D_{钻}=D-P$$

式中：$D_{钻}$——攻螺纹钻螺纹底孔用钻头直径，单位为 mm；

D——螺纹大径，单位为 mm；

P——螺距，单位为 mm。

（2）在加工铸铁和塑性较小的材料及扩张量较小的条件下：

$$D_{钻}=D-(1.05\sim1.1)\ P$$

3. 攻不通孔螺纹底孔深度的确定

攻不通孔螺纹时，由于丝锥切削部分有锥角，端部不能切出完整的螺纹牙型，所以钻孔深度要大于螺纹的有效深度，如图 1－8－5 所示。一般取：

$$H_{钻}=h_{有效}+0.7D$$

式中：$H_{钻}$——底孔深度，单位为 mm；

$h_{有效}$——螺纹有效深度，单位为 mm；

D——螺纹大径，单位为 mm。

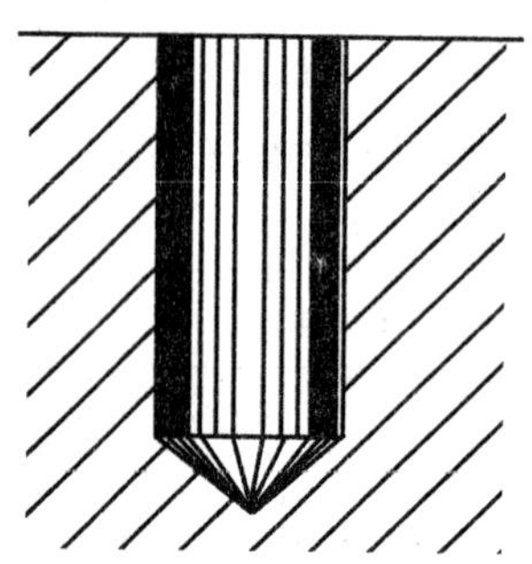

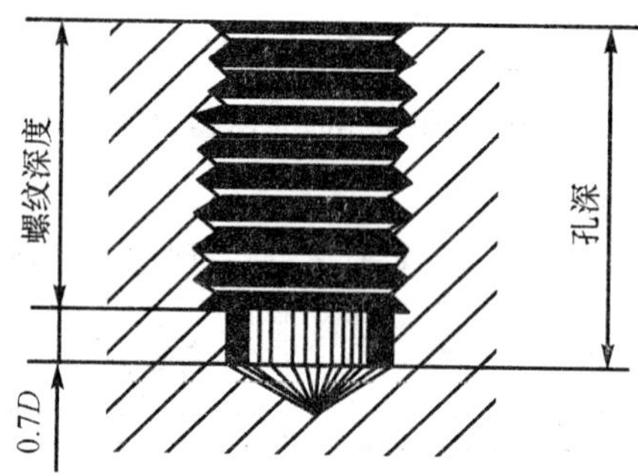

图 1－8－5 攻不通孔螺纹底孔深度的确定

例 1 分别计算在钢件和铸铁件上攻 M10 螺纹（螺距 $P=1.5$ mm）时的底孔直径各为多少？若攻不通孔螺纹，其螺纹有效深度为 60 mm，求底孔深度为多少？

解：钢件攻螺纹时底孔直径为：

$D_{钻}=D-P$

$=10-1.5=8.5$（mm）

铸铁件攻螺纹时底孔直径为：

$D_{钻}=D-(1.05\sim1.1)\ P$

$=10-(1.05\sim1.1)\times1.5$

$=10-(1.575\sim1.65)$

$=8.425\sim8.35$（mm）

取 $D_{钻}=8.4$（mm）（按钻头直径标准系列取一位小数）。

当攻不通孔螺纹，$h_{有效}=60$ mm 时，底孔深度为：

$H_{钻}=h_{有效}+0.7D$

$=60+0.7\times10=67$（mm）

4. 攻螺纹的方法

（1）钻孔后，孔口须倒角，且倒角处的直径应略大于螺纹大径，这样可使丝锥开始切削时容易切入材料，并可防止孔口出现挤压出的凸边。

（2）工件的装夹位置应尽量使螺纹孔的中心线置于垂直或水平位置，这样攻螺纹时易

于判断丝锥是否垂直于工件表面。

(3) 用头锥起攻。起攻时，可用一手手掌按住绞杠中部，沿丝锥轴线用力加压，另一手配合作顺向旋进（如图 1－8－6（a）所示）；或两手握住绞杠两端均匀施加压力，并将丝锥顺向旋进（如图 1－8－6（b）所示）。当丝锥切入 1～2 圈后，应及时检查并校正丝锥的位置。检查应在丝锥的前后、左右方向上，用 90°角尺进行校正（如图 1－8－7 所示）。

(4) 当丝锥切入 3～4 圈螺纹时，只需转动绞杠即可，不需要再施加压力，而靠丝锥作自然旋进切削。

(5) 攻螺纹时，每扳转绞杠 1/2～1 圈，要倒转 1/4～1/2 圈，使切屑断碎后排除，避免因切屑阻塞而使丝锥卡死。

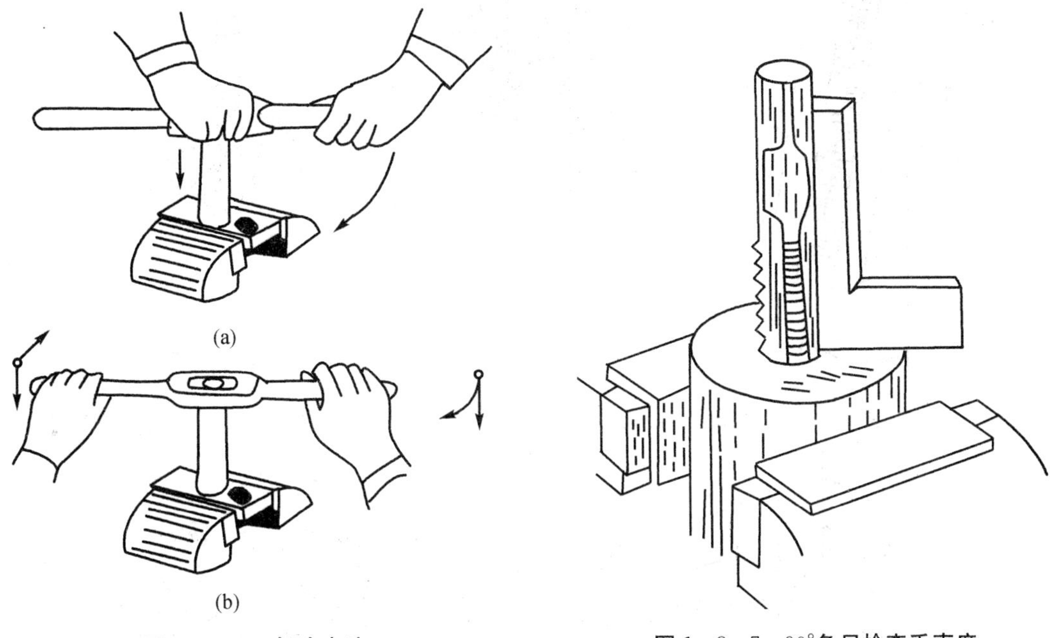

图 1－8－6 起攻方法　　图 1－8－7 90°角尺检查垂直度

(6) 攻不通孔螺纹时，可在丝锥上做好深度记号，并且丝锥要经常退出，这样以便清除孔内的切屑，以免丝锥折断或被卡死。当工件不便倒向进行清屑时，可用磁性棒吸出切屑。

(7) 攻韧性材料的螺纹孔时，要加切削液，以减小切削阻力，减小螺纹孔表面粗糙度，延长丝锥寿命；攻钢件时加机油；攻铸铁时加煤油；螺纹质量要求较高时加工业植物油。

(8) 攻螺纹时，必须以头攻、二攻、三攻的顺序攻削至标准尺寸。在较硬的材料上攻螺纹时，可用各丝锥轮换交替进行，以减小切削刃部的负荷，防止丝锥折断。

(9) 丝锥退出时，先用绞杠平稳反向转动，当能用手旋动丝锥时，停止使用绞杠，防止绞杠带动丝锥退出，从而产生摇摆、振动并损坏螺纹表面，增大粗糙度。

5. 丝锥的修磨

当丝锥的切削部分磨损时，可以修磨其后刀面（如图 1－8－8 所示）。修磨时要注意保持各刃瓣的半锥角 φ 及切削部分长度的准确性的一致。转动丝锥时要留心，不要使另一刃瓣的刀齿碰擦而磨坏。

当丝锥的校正部分有显著磨损时，可用棱角修圆的片状砂轮修磨其前刀面（如图1－8－9所示），并控制好一定的前角 γ_0。

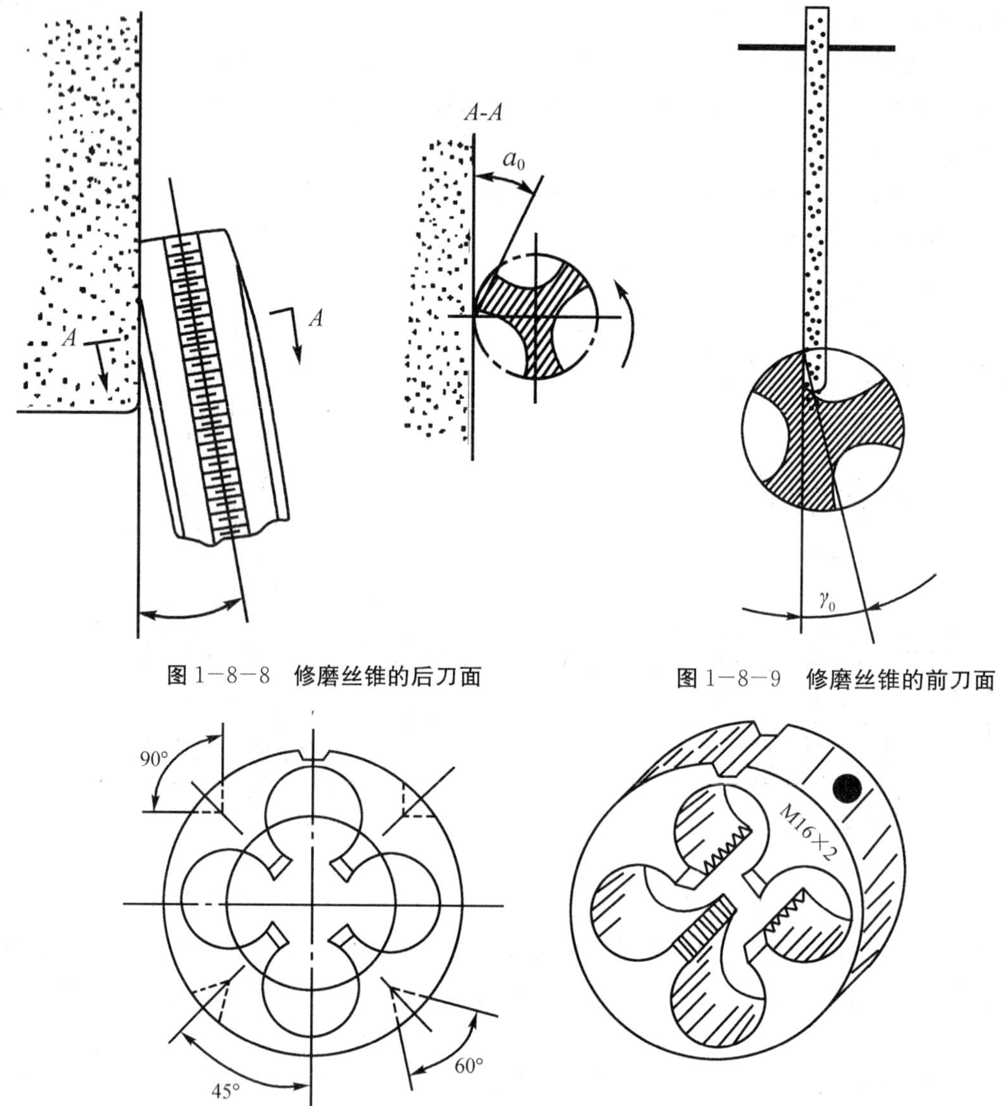

图 1－8－8　修磨丝锥的后刀面

图 1－8－9　修磨丝锥的前刀面

图 1－8－10　圆板牙

（二）套螺纹

用板牙在圆杆上切出外螺纹的加工方法称为套螺纹。

1. 板牙和板牙架

板牙是加工外螺纹的工具，它用合金工具钢或高速钢制作并经淬火处理。如图 1－8－10 所示为圆板牙的结构，由切削部分、校准部分和排屑孔组成。圆板牙就像一个圆螺母，只是在其上钻有几个排屑孔并形成刀刃。其外圆上有四个锥坑和一条 V 形槽，图中下面两个锥坑，其轴线与板牙直径方向一致，借助绞杠（如图 1－8－11 所示）上的两个相应位置的紧固螺钉顶紧后，用以套螺纹时传递扭矩。当板牙磨损，套出的螺纹尺寸变大以致超出公差范围时，可用锯片砂轮沿板牙 V 形槽将板牙磨割出一条通槽，将绞杠上的另两个紧固螺钉拧紧顶入板牙上面两个偏心的锥坑内，使板牙的螺纹中径变小。调整时，应使用标准样件进行尺寸校对。

板牙架是装夹板牙的工具，图 1－8－12 所示为圆板牙架。板牙放入后，用螺钉紧固。

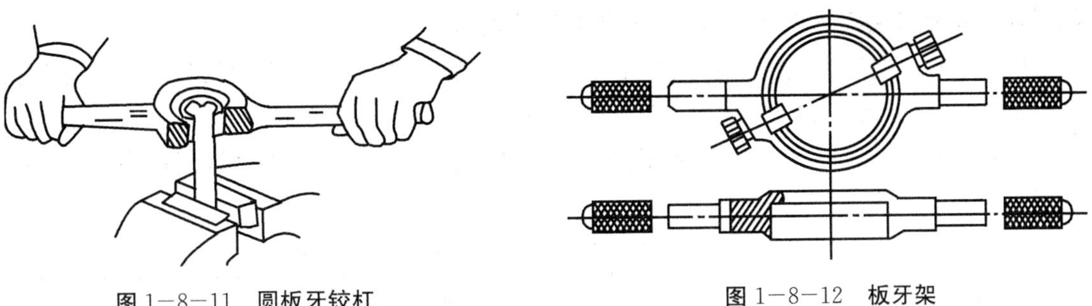

图 1－8－11　圆板牙铰杠　　　图 1－8－12　板牙架

2. 套螺纹前圆杆直径的确定

与用丝锥攻螺纹一样，用板牙在工件上套螺纹时，材料同样因受挤压而变形，牙顶将被挤高一些。所以套螺纹前圆杆直径应稍小于螺纹的大径尺寸，一般圆杆直径用下式计算：

$$d_{杆}=d-0.13P$$

式中：$d_{杆}$——套螺纹前圆杆直径，单位为 mm；

d——螺纹大径，单位为 mm；

P——螺距，单位为 mm。

3. 套螺纹的方法

(1) 套螺纹时，为了使板牙容易切入材料，圆杆端部要倒成锥角（如图 1－8－13 所示）。

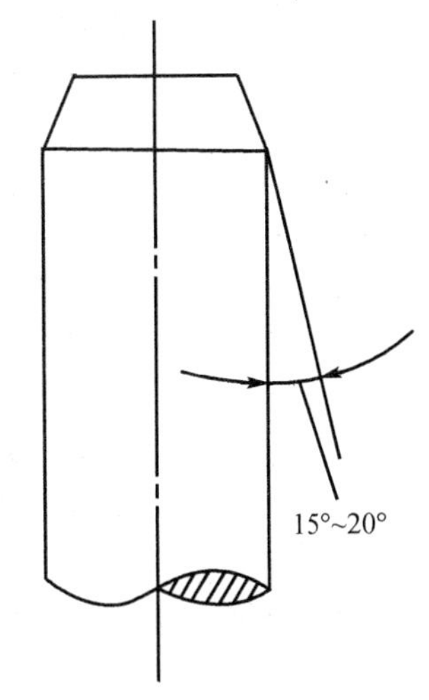

图 1－8－13　套螺纹时圆杆的倒角

(2) 套螺纹时切削力矩较大，圆杆内工件要用 V 形钳口或厚铜板作衬垫，才能够牢固夹持。

(3) 起套时，要使板牙的端面与圆杆垂直。要在转动板牙时施加轴向压力，转动要慢，压力要大。当板牙切入材料 2～3 圈时，要及时检查并校正螺牙端面与圆杆是否垂直，否则切出的螺纹牙型一面深一面浅，甚至出现乱牙。

(4) 进入正常套螺纹状态时，不要再加压，让板牙自然引进，以免损坏螺纹和板牙，并要经常倒转断屑。

(5) 在钢件上套螺纹时要加切削液，以提高螺纹表面质量和延长板牙寿命。切削液一般选用较浓的乳化液或机械油。

(6) 每次套螺纹前，应将板牙容屑孔内及螺纹内的切屑除净，将板牙用油清洗，否则会影响工件的粗糙度。

三、攻、套螺纹时的注意事项

（1）起攻、起套时，要从两个方向进行垂直度的及时校正，这是保证攻、套螺纹质量的重要一环。特别在套螺纹时，由于板牙切削部分的锥角较大，起套时的导向性较差，容易产生板牙端面与圆杆轴心线的不垂直，切出的螺纹牙型一面深一面浅，并随着螺纹长度的增加，其歪斜现象将明显增加，甚至不能继续切削。

（2）起攻、起套方法的正确性以及攻、套螺纹时能控制两手用力均匀和掌握好用力限度，是攻、套螺纹的基本功之一，必须用心掌握。

（3）熟悉攻、套螺纹中常见的问题及其产生的原因（表1−8−2），以便在练习时加以注意。

表1−8−2　攻、套螺纹时可能出现的问题及产生原因

出现的问题	产生原因
螺纹乱牙	1. 攻螺纹时底孔直径太小，起攻困难，左右摆动，孔口乱牙 2. 换用二、三锥时强行校正，或没旋合好就攻下 3. 圆杆直径过大，起套困难，左右摆动，杆端乱牙
螺纹滑牙	1. 攻不通孔的较小螺纹时，丝锥已到底仍继续转 2. 攻强度低或小孔径螺纹，丝锥已切出螺纹仍继续加压，或攻完时连同绞杠作自由的快速转出 3. 未加适当切削液及一直攻、套不倒转，切屑堵塞将螺纹啃坏
螺纹歪斜	1. 攻、套时位置不正，起攻、套时未作垂直度检查 2. 孔口、杆端倒角不良，两手用力不均，切入时歪斜
螺纹形状不完整	1. 攻螺纹底孔直径太大或套螺纹圆杆直径太小 2. 圆杆不直 3. 板牙经常摆动
丝锥折断	1. 底孔太小 2. 攻入时丝锥歪斜或歪斜后强行校正 3. 没有经常反转断屑和清屑，或不通孔攻到底还继续攻下 4. 使用绞杠不当 5. 丝锥牙齿爆裂或磨损过多而强行攻下 6. 工件材料过硬或夹有硬点 7. 两手用力不均或用力过猛

螺纹加工技能训练

攻螺纹

一、制件尺寸及技术要求

毛坯尺寸为 50mm×60mm×10mm，材料为 HT150。

制件其他尺寸及技术要求见图 1－8－14。

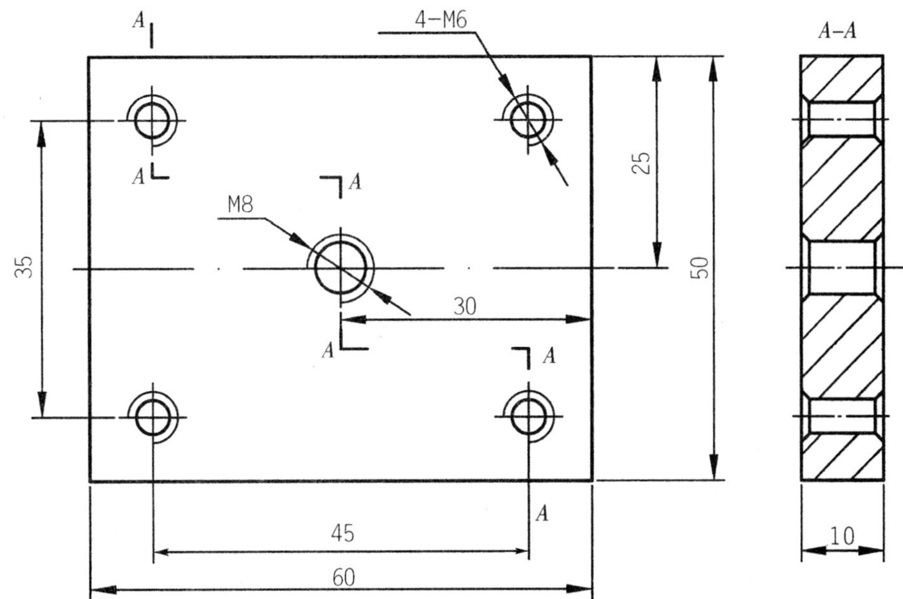

技术要求：螺纹加工后的表面粗糙度≤Ra12.5μm

图 1－8－14　**攻螺纹**

二、操作步骤

(1) 按制件图样要求划出各螺纹的加工位置线，钻各螺纹的底孔，并对孔口进行倒角。

(2) 选用丝锥，依次攻制 4－M6 和 M8 的螺纹，并用相应的螺钉进行配检。

三、注意事项

(1) 用钻床钻螺纹底孔时，必须先熟悉机床的使用、调整方法，然后再进行加工，并做到安全操作。

(2) 起攻时，要从两个方向进行垂直度的及时校正，这是保证螺纹质量的重要一环。

(3) 起攻的正确性以及攻螺纹时能控制两手用力均匀并掌握好用力限度，是攻螺纹的基本功之一，必须用心掌握。

思考与练习：

1. 试述丝锥的组成部分及各部分的作用。

2. 如何对丝锥进行修磨？

3. 分别在钢件和铸铁件上攻制 M12 的内螺纹，若螺纹的有效长度为 35 mm，试求攻螺纹前钻底孔钻头的直径及钻孔深度。

4. 简述攻、套螺纹时常见的问题以及产生的原因。

课题九　刮　削

一、教学要求

(1) 熟悉刮削原理、特点及应用；

(2) 了解刮削工具的使用；

(3) 掌握正确的刮削姿势及操作要领；

(4) 掌握刮削质量的检验方法；

(5) 了解刮削时的注意事项。

二、刮削概述

用刮刀在工件表面上刮掉一层很薄的金属，这种操作叫做刮削，如图 1-9-1 所示。

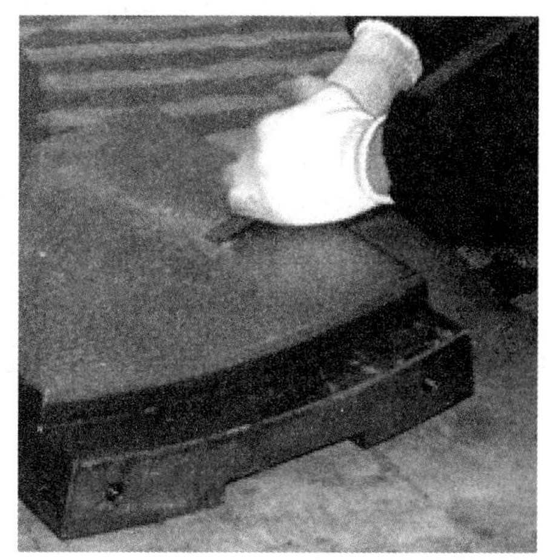

图 1-9-1　刮　削

1. 刮削原理

刮削是将工件与校准工具或与其相配合的工件之间涂上一层显示剂，经过对研，使工件上较高的部位显示出来，将高点刮去，经过多次循环研配，把高点、次高点刮去。刮刀对工件还有推挤和压光作用，这样反复地显示和刮削，就能使工件的加工精度达到预定的要求。

2. 刮削特点

刮削具有切削量小、切削力小、产生热量小、装夹变形小等特点，不存在车、铣、刨、磨等机械加工中不可避免的振动、热变形等因素，所以能获得很高的尺寸精度、形状和位置精度、接触精度、传动精度和很小的表面粗糙度值。

在刮削过程中，由于工件多次受到刮刀的推挤和压光作用，从而使工件表面组织变得比原来紧密，表面粗糙度变小。

刮削后的工件表面，还能形成比较均匀的微浅凹坑，可创造良好的存油条件，改善了相对运动零件之间的润滑状况。

3. 刮削应用

(1) 用于零件的形状精度和尺寸精度要求较高时。

(2) 用于互配件精度要求较高时。

(3) 用于装配精度要求较高时。

(4) 用于零件需要得到美观的表面时。

4. 刮削余量

刮削是一项繁重的操作，每次的刮削量很少。因此机械加工所留下的刮削余量不能太大，否则会耗费很多时间和不必要地增加劳动强度。但是刮削余量也不能太小，否则不能刮削出正确的形状、尺寸和很好的表面。合理的刮削余量与工件面积有关，其值见表1-9-1。当工件刚性较差，容易变形时，刮削余量可比表 9-1 中的推鉴值略大些，一般由经验确定。

表 1-9-1 刮削余量 (单位：mm)

平面的刮削余量					
平面宽度	平面长度				
	100～500	500～1000	1000～2000	2000～4000	4000～6000
100 以下	0.10	0.15	0.20	0.25	0.30
100～500	0.15	0.20	0.25	0.30	0.40

孔的刮削余量			
孔径	孔长		
	100 以下	100～200	200～300
80 以下	0.05	0.08	0.12
80～180	0.10	0.15	0.25
180～360	0.15	0.20	0.35

5. 刮削种类

刮削种类可分为平面刮削和曲面刮削两种。

1) 平面刮削

平面刮削又分为单个平面刮削（如平板）和组合平面刮削（如燕尾槽面）两种。

平面刮削一般要经过粗刮、细刮、精刮和刮花四道工艺。

(1) 粗刮。一般要进行粗刮的表面有以下三种情况：

①经过机械加工（如车、铣、刨等）的表面还留有较深的加工纹路；

②由于保养不妥，表面严重生锈；

③工件经测量，尚有较多的余量（如 0.05 mm 以上）。

粗刮是用粗刮刀在刮削面上均匀地铲去一层较厚的金属，可以采用连续推铲的方法，在长度方向刀迹要连成长片，刀迹的宽度应是刮刀宽度的2/3～3/4。刀迹越宽越好，这样刮削量大，粗刮能很快地去除刀痕、锈斑或过多的余量。一般均匀地刮削一遍或二遍后，机加工纹路基本上可以消除。当粗刮到每25 mm×25 mm的方框内有2～3个研点时，即可转入细刮。

(2) 细刮。经过粗刮后的表面，还不平整，与标准平板的接触点很少，因此需进行细刮。细刮是用细刮刀在刮削面上刮去稀疏的大块研点，目的是进一步改善表面不平现象。细刮时采用短刮法，刀痕宽而短，刀迹长度均为刀刃宽度，而且随着研点的增多，刀迹逐渐缩短。每刮一遍时，需按同一方向刮削（一般要与平面的边成一定角度），刮第二遍时要交叉刮削，以消除原方向刀迹。在整个刮削面上研点达到（12～15）个/（25 mm×25 mm）时，即可转入精刮。

(3) 精刮。在细刮的基础上，要通过精刮来增加接触面积，进一步提高表面质量。精刮就是用精刮刀更仔细地刮削研点，目的是增加研点，改善表面质量，使刮削面符合精度要求。精刮时采用点刮法（刀迹长度约为5 mm）。刮面越窄小，精度要求越高，刀迹越短。精刮时，更要注意压力要轻，提刀要快，在每个研点上只刮一刀，不要重复刮削，并始终交叉地进行刮削。当研点增加到20个/（25 mm×25 mm）以上时，精刮结束。注意交叉刀迹的大小应该一致，排列应该整齐，以增加刮削面的美观。

精刮时的清洁工作很重要，如果忽视它，往往在研磨研点时会在刮削面上拉出细纹或深痕来，那就要花很多时间才能够修复，严重的甚至还须从粗刮开始，若有尺寸要求时甚至因此而成废品。

(4) 刮花。刮花是在刮削面或机器外观表面上用刮刀刮出装饰性花纹，目的是使刮削面美观，并使滑动件之间形成良好的润滑条件。常见的刮花花纹如图1－9－2所示。

(a) 斜花纹

(b) 鱼鳞花

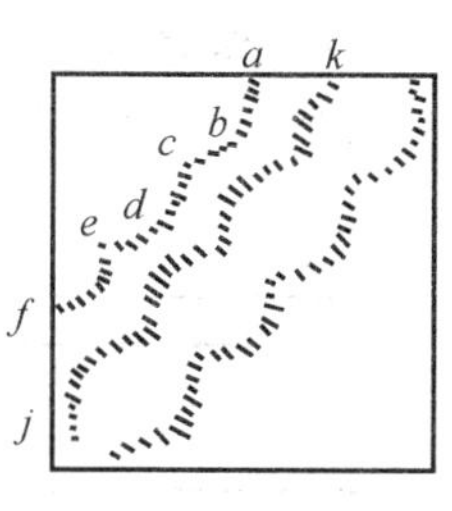

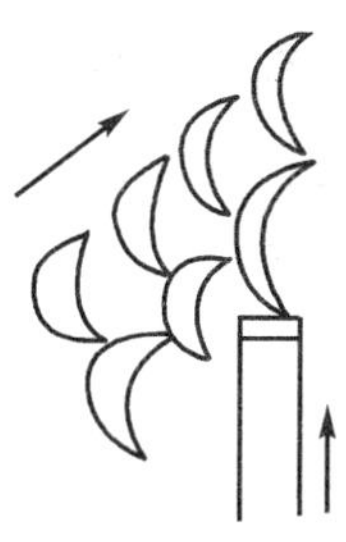

(c) 半月花

图1－9－2　刮花的花纹

2) 曲面刮削

曲面刮削的原理和平面刮削一样，但内曲面所用的工具跟平面刮削不同。内曲面刮削用三角刮刀或蛇头刮刀，刀具作螺旋运动，以标准心棒或相配合的轴作内曲面研点的校准工具。校准时将蓝油涂在心棒或轴上，将心棒或轴塞在轴承孔中来回旋转来显示研点（如图1－9－3 (a) 所示），然后就可以针对高研点进行刮削（如图1－9－3 (b) 所示）。

曲面刮削有内圆柱面、内圆锥面和球面刮削等。

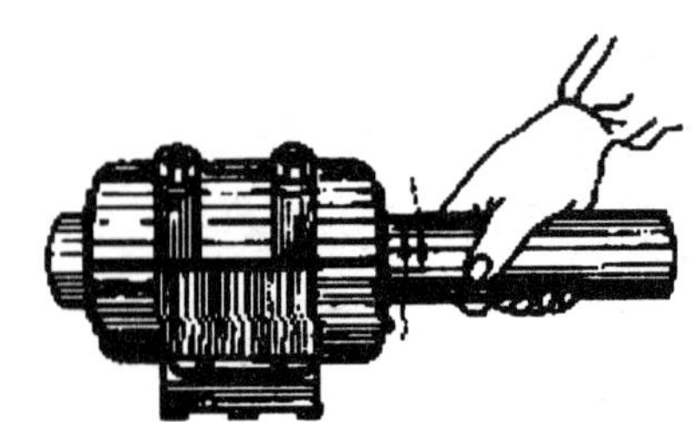

(a) 研点

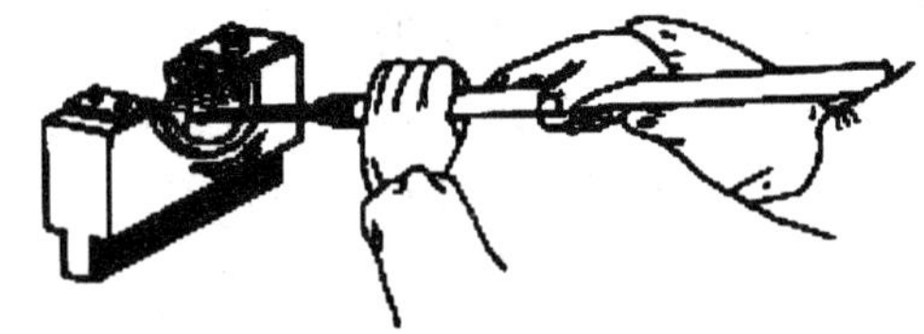

(b) 刮刀的握法

图 1—9—3 曲面刮削

三、刮削工具

1. 刮 刀

刮刀是刮削的主要工具，具有高的硬度，使刃口能经常保持锋利。刮刀的材料一般由 T12A 碳素工具钢或耐磨性较好的 GCr15 滚动轴承钢锻造，并经磨制和热处理淬硬而成。刮削硬工件时，也可焊上硬质合金刀头。

刮削时，由于工件的形状不同，因此要求刮刀有不同的形式，一般分为平面刮刀和曲面刮刀两大类。

（1）平面刮刀是用来刮削平面和外曲面的。平面刮刀又分普通刮刀和活头刮刀两种。

普通刮刀如图 1—9—4 所示，它是平面刮刀中最常见的一种。按刮刀头部的形状不同分为直头刮刀（图 1—9—4（a））和弯头刮刀（图 1—9—4（b））；按所刮表面精度的不同，又可分为粗刮刀、细刮刀和精刮刀三种。其尺寸见表 1—9—2。刮刀头部形状和角度如图 1—9—5所示。

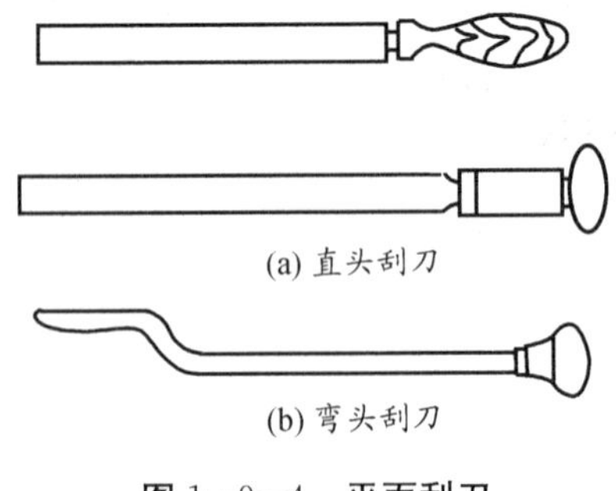

(a) 直头刮刀

(b) 弯头刮刀

图 1—9—4 平面刮刀

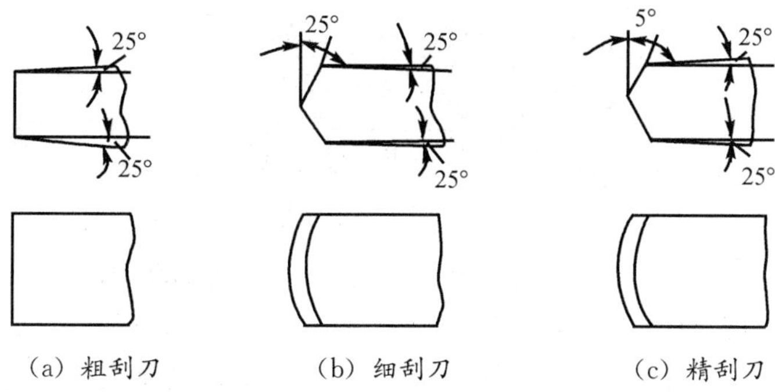

（a）粗刮刀　　（b）细刮刀　　（c）精刮刀

图 1—9—5　刮刀头部形状和角度

表 1—9—2　平面刮刀的规格　（单位：mm）

刮刀类型	全长 L	宽度 B	厚度 t	活动头长度 l
粗刮刀	450～600	25～30	3～4	100
细刮刀	400～500	15～20	2～3	80
精刮刀	400～500	10～12	1.5～2	70

活头刮刀如图 1—9—6 所示，刮刀刀头采用碳素工具钢或轴承钢，刀身则用中碳钢，刀头与刀杆采用焊接或机械夹固在一起，可以根据不同的需要调换各种形状的刀头。

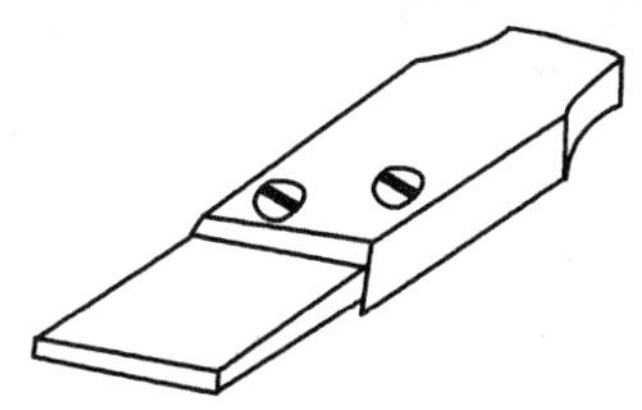

图 1—9—6　活头刮刀

（2）曲面刮刀是用来刮削内曲面，如滑动轴承等。曲面刮刀又分为三角刮刀、柳叶刮刀和蛇头刮刀三种，其形状如图 1—9—7 所示。

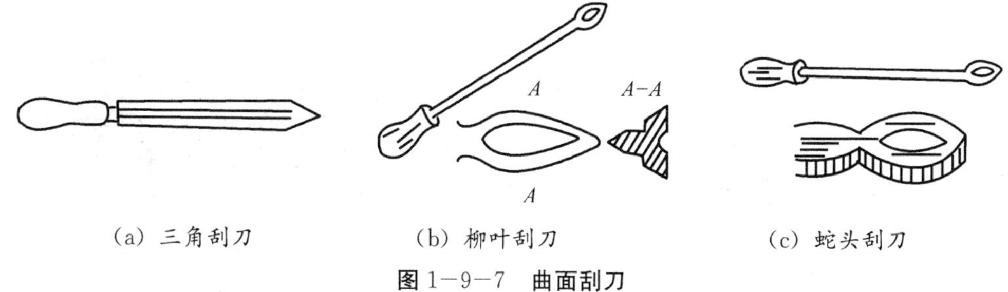

（a）三角刮刀　　（b）柳叶刮刀　　（c）蛇头刮刀

图 1—9—7　曲面刮刀

2. 校准工具

校准工具是用来推磨研点和检验刮削面准确性的工具。它有下列几种：

（1）标准平板：标准平板用来检验宽的平面，它的结构和形状如图 1—9—8 所示，是用一级铸铁制成的，经过粗刨、粗刮、细刮和精刮而达到较高的精度。

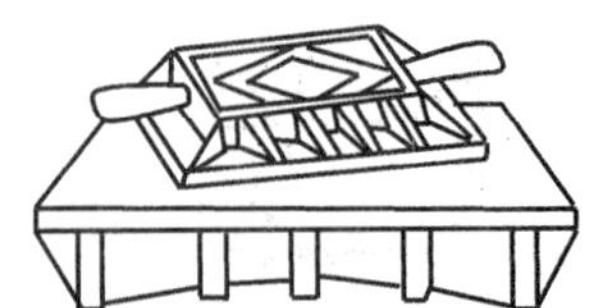

图 1－9－8　校准平板

（2）校准直尺：校准直尺用来检验狭长的平面，它的形状如图 1－9－9 所示。图中（a）是桥式直尺，用来检验较大导轨的平直度。（b）是工字形直尺，它有两种：一种是单面直尺，它的一面经过精刮，精度较高，用来检验较短导轨的平直度；另一种是两面都经过精刮并且互相平行的直尺，用来检验导轨相对位置的正确性。

（3）角度直尺：角度直尺用来检验燕尾导轨的角度，其形状如图 1－9－10 所示，尺的两面经过精刮并成所需的标准角度，如 60°。第三面只需刨光，此面在放置时作支撑面用。

刮削曲面时，往往用相配的轴作为校准工具。如无现成轴，可自制一根标准心棒来检验。

（a）桥式直尺

（b）工字形直尺

图 1－9－9　校准直尺

3. 显示剂

工件和校准工具对研时，所加的涂料叫显示剂，其作用是显示工件误差的位置和大小。利用显示剂校准的方法叫显示法，显点的方法应根据不同形状和刮削面积的大小有所区别。图 1－9－11 所示为平面与曲面显示方法。

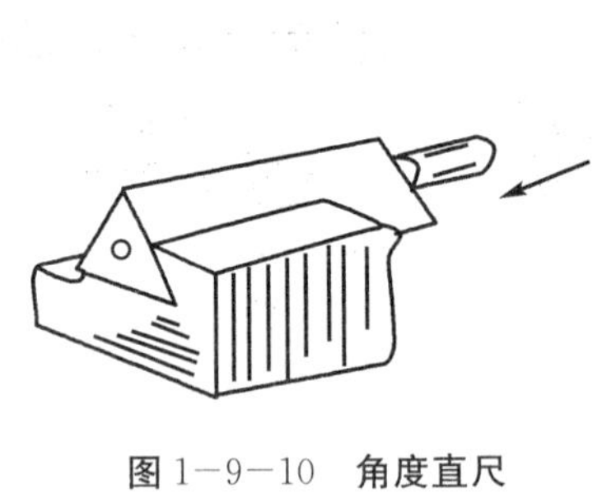

图 1－9－10　角度直尺

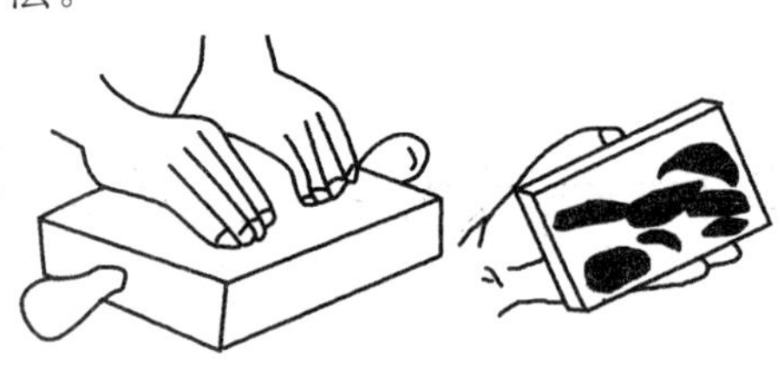

（a）平面显点

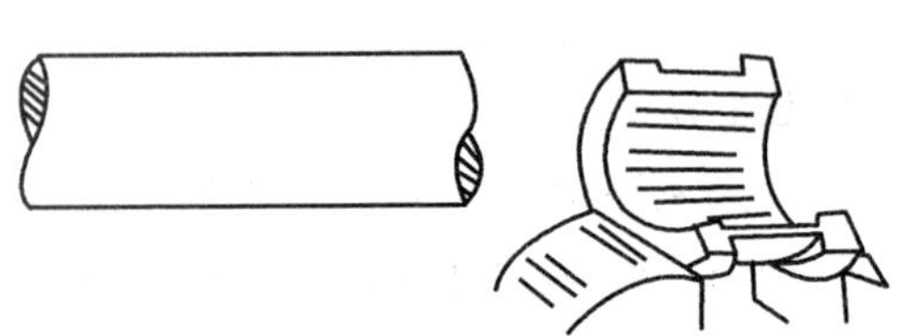

（b）曲面显点

图 1－9－11　平面和曲面的显示方法

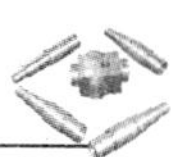

1）显示剂的种类

（1）红丹粉：红丹粉有铅丹和铁丹两种。铅丹（氧化铅，呈桔红色）和铁丹（氧化铁，呈红褐色）的粒度极细，用时与牛油和机油调和。红丹粉由于显示清晰，价格较低，因此使用最广，通常在铸铁和钢件上使用。

（2）蓝油：蓝油是用蓝粉和蓖麻油及适量机油调和而成的，呈深蓝色，其研点小而清楚，多用于精密工件和有色金属及其合金的工件。

2）显示剂的使用方法

显示剂使用的是否正确与刮削质量有很大的关系。红丹粉与牛油或机油调和时，油不能加的太多，只要能润开就可以了。粗刮时，可调的稀些，这样在刀痕较多的工件表面上，便于涂抹，显示的研点也大；精刮时，应调的浓些，涂抹要薄而均匀，这样显示的研点细小，否则，研点会模糊不清。

刮削时红丹粉可以涂在工件表面上，也可涂在标准平板上。涂在工件表面上，显示后呈红底黑点，不闪光，看得比较清楚。涂在标准平板上，工件只在高点处着色，显示也清楚，同时切削不易粘附在刀口上，刮削方便，且可减少涂抹次数。但随着刮削工作的进行，研点逐渐增多，尤其是在刮削的最后阶段和精刮时，显示研点就模糊，此时应将红丹粉涂在工件表面上。

3）显示剂使用注意事项

（1）显示剂在使用过程中必须保持清洁干净，不能混进污物、沙粒、铁屑和其他脏物，以免把工件表面划伤。因此装显示剂的器皿应有盖子，以保持显示剂的清洁和防止挥发（蓝油易挥发）。

（2）涂红丹粉用的棉布团或羊毛毡必须干净，涂抹时应均匀，才能显示真实的贴合情况。

四、刮削姿势

刮削时姿势很重要，如果姿势不正确，就很难发挥出力量，工作效率不高，质量也不能保证，因此必须掌握好正确的刮削姿势。目前常采用的刮削姿势有两种：一种是手推式刮法，另一种是挺刮式刮法。

1．手推式刮法

如图 1－9－12 所示，右手握刀柄，左手四指向下握住距刮刀头部 50 mm～70 mm 处。左手靠小拇指掌部贴在刀背上，刮刀与刮削面成 25°～30°角。同时，左脚前跨一步，上身前倾，身体重心偏向左脚。刮削时刀头找准研点，右臂利用上身摆动向前推，同时左手下压，落刀要轻并引导刮刀前进方向。左手随着研点被刮削的瞬间，以刮刀的反弹作用力迅速提起刀头，刀头提起的高度约为 5 mm～10 mm，如此完成一个刮削动作。

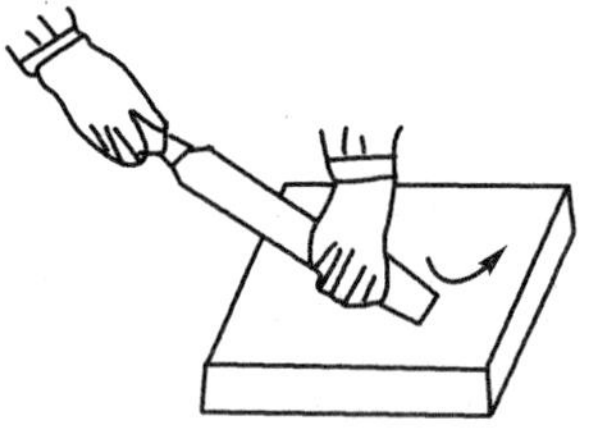

图 1－9－12　手推式刮法

2. 挺刮式刮法

如图 1－9－13 所示，将刮刀柄顶在小腹右下侧，左手在前，掌心向下；右手在后，掌心向上，在距刮刀头部 70 mm～80 mm 处握住刀身。刮削时刀头对准研点，左手下压，右手控制刀头方向，利用腿部和臀部的力量往前推动刮刀；随着研点被刮削的瞬间，双手利用刮刀的反弹作用力迅速提起刀头，刀头提起的高度约为 5 mm～10 mm。

挺刮式刮法便于用力，每刀刮削量大，但身体常弯曲着比较疲劳。手推式刮法推、压和提起的动作，都是依靠两手臂的力量来完成的。它与挺刮式刮法相比，要求臂力大，尤其是在工件误差较大时，若没有较大的臂力和锋利的刮刀，要完成工件的刮削工作需要很长的时间。但是在刮削很大面积的表面时，挺刮就有困难，甚至没法刮，这种情况只能用手推式刮法。

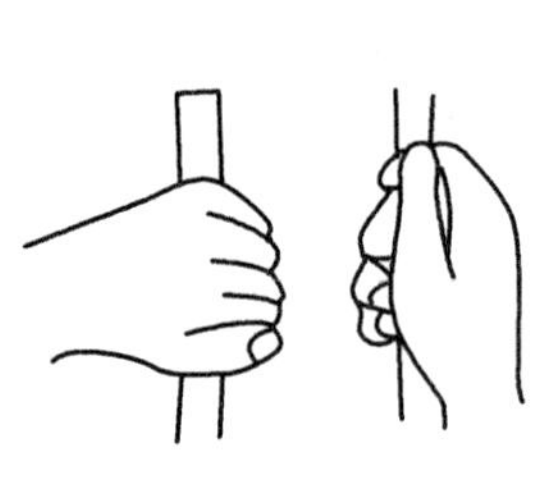

(a) 刮刀的握法　　(b) 挺刮姿势

图 1－9－13　挺刮式刮法

综上所述，两种方法各有其长处和短处，手推式刮法灵活性大，挺刮式刮法刮削量大。究竟采用哪一种方法，根据个人自身习惯而定。若能掌握这两种方法，则可根据工件刮削面的大小、高低情况采用某种刮削方法或两种方法混合使用，使刮削工作很快地进行，出色地完成任务。

五、刮削精度的检验

检验刮削精度的方法主要有下列三种：

（1）以接触点数目检验接触精度：就是用 25 mm×25 mm 的正方形方框罩在被检验的平面上（如图 1－9－14 所示），根据在正方形方框内的接触点数目的多少决定接触精度。

（2）用百分表检验平行度：测量时将工件基准平面放在标准平板上，百分表测杆头在加工表面上（如图 1－9－15 所示），触及测量表面时，应调整到使其有 0.3 mm 左右的初始读数，沿着工件被测表面的四周及两条对角线方向进行测量，测得最大读数与最小读数之差即为平行度误差。

（3）用标准圆柱检验垂直度，如图 1－9－16 所示。

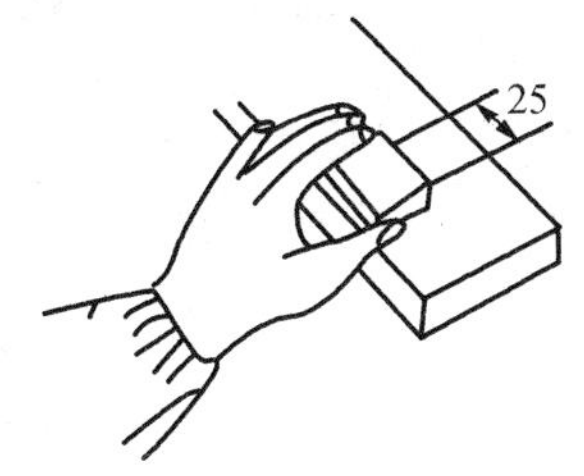

图 1－9－14　用方框检查接触点精度

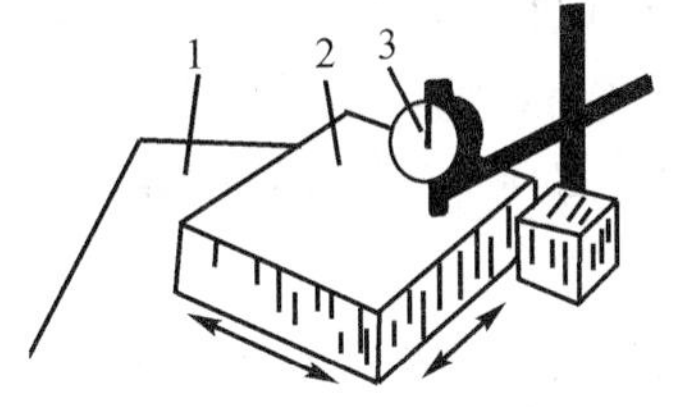

图 1－9－15　用百分表检查平行度

1－标准平板　2－工件　3－百分表

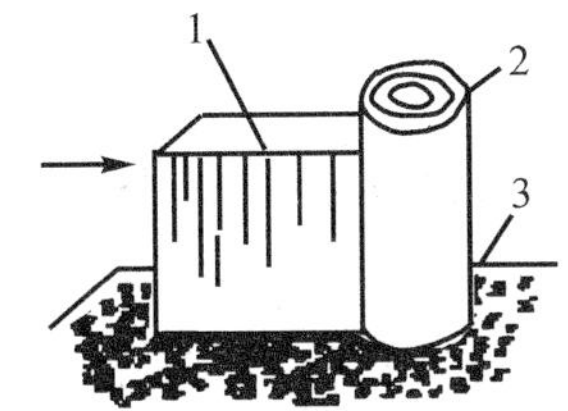

图 1－9－16　用标准圆柱检查垂直度

1－工件　2－圆柱直尺　3－标准平板

六、刮削时的注意事项

（1）刮削前，锐边、锐角必须倒钝，防止碰伤手。

（2）在显点研刮时，工件不可超出标准平板太多，以免掉下损伤工件或砸伤脚。

（3）挺刮时，因高度不够，人需站在垫脚板上工作时，必须将垫脚板放平稳后，才可上去操作。以免因垫脚板不稳，用力后，人跌倒而出事故。

（4）刮削工件边缘时，不可用力过猛，以免失控，发生事故。

（5）刮刀使用完毕后，刀头部位应用纱布包裹，妥善放置。

（6）标准平板使用完毕后，必须用纱布擦试干净，并涂抹机油防锈。

刮削技能训练

平板刮削

一、平板的种类和精度等级

平板分检验平板、划线平板以及用来检查研点和被刮面准确性的标准平板。前者有 6 个精度等级，最高级别为 0 级，依次降低，最低为 3 级；形状有矩形、正方形和圆形。后者有 4 个精度等级，最高级为 0 级，依次降低，最低为 3 级；形状仅有矩形 1 种，规格和检验平板中的矩形略有差异。

二、平板的刮研

1. 准备工作

(1) 备好粗、细、精平面刮刀、油石、机油和显示剂、毛刷。

(2) 将三块平板的四周倒角，去除毛刺并将三块平板单独粗刮一遍，去除刀痕和锈斑。

(3) 用油漆在平板醒目处分别编号 1、2、3。

2. 刮 研

刮研 300 mm×400 mm 原始平板，精度 2 级，平面度偏差±14μm，25 mm×25 mm内研点数不少于 20 点。采用三块平板互研互刮，才可达到精度。

1) 正研刮削法

正研刮削是用三块平板循环进行刮研，如图 1-9-17 所示。其研点方法为直向和横向。

(1) 一次循环（图中 I）：以 1 为过渡基准，1 与 2 互研互刮，使之互相贴合，再将 3 与 1 互研，单刮 3 与 1 贴合，然后 2 与 3 互研互刮至贴合。此时平面度误差有所减小。

(2) 二次循环：在上一次 2 与 3 互研互刮至贴合的基础上，按顺序以 2 为过渡基准，1 与 2 互研单刮 1，然后 3 与 1 互研互刮至贴合。平面度误差进一步减小。

(3) 三次循环：在上一次循环的基础上，以 3 为过渡基准，2 与 3 互研单刮 2，然后 1 与 2 互研互刮至完全贴合，则 1 与 2 平面度误差进一步减小。

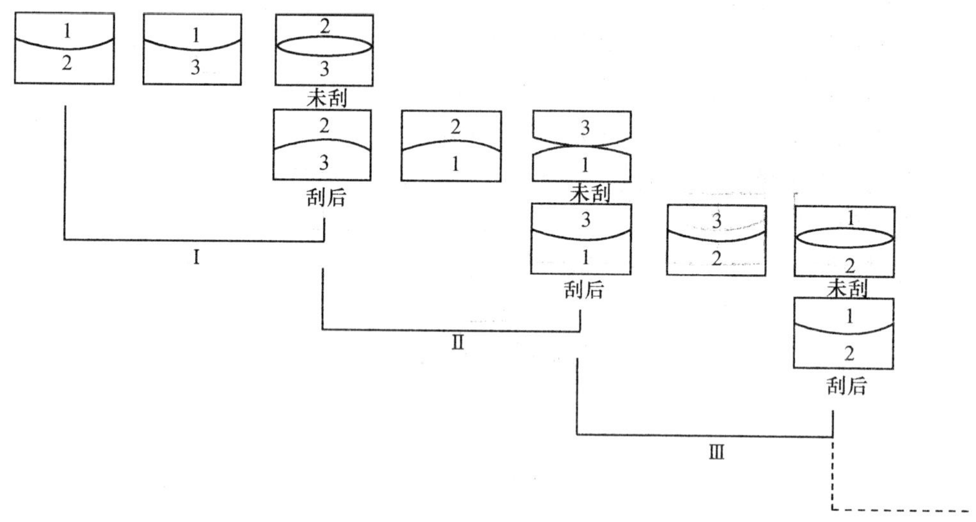

图 1-9-17 原始平板循环刮研

以后则重复，仍以 1 为过渡基准，按上述三个顺序依次循环进行刮削，平板平面的平面度误差逐渐减小，循环次数愈多，则平板愈精密。

通过正研显点刮削后，显点虽然符合要求，但有的显点不能反映平面的真实情况，容易给人以错觉。这是因为三块平板在相同的位置上出现扭曲，这种扭曲称为同向扭曲。如

图 1－9－18 所示，同向扭曲的三块平板都是 AB 对角高，CD 对角低。如果采取其中任意两块平板互研，则平板的高处（＋）正好与平板的低处（－）重合，经刮削后，其显点虽然分布得较好，但扭曲依然存在，而且越刮削，扭曲现象越严重。所以，此时正研刮削的方法已不能继续提高平板的精度。

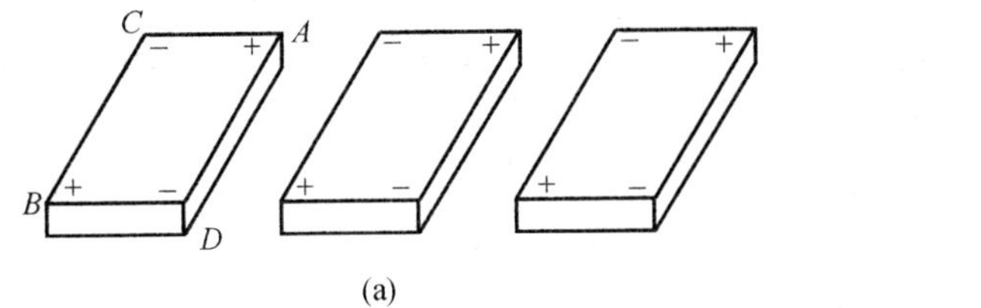

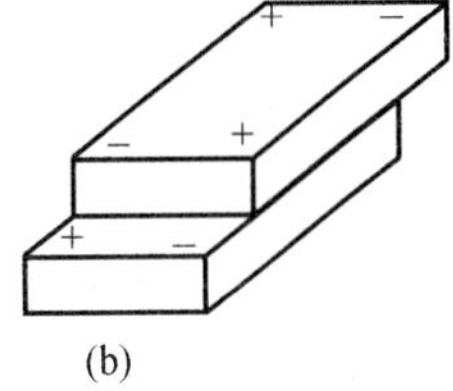

图 1－9－18　正研刮削法的同向扭曲

2）对角研刮削法

研点时，两块平板交叉成 45°角，沿对角线移动。平板的高处（＋）对高处（＋），低处（－）对低处（－），如图 1－9－19（a）所示。研后显点如图 1－9－19（b）所示。AB 角的研点重，中间的研点轻，CD 角无点，扭曲现象明显地显示出来。然后根据研点修刮，直至研点分布均匀和消除扭曲，使三块平板相互之间，无论是直研、横研、对角研，接触点完全相同，点数符合要求为止。

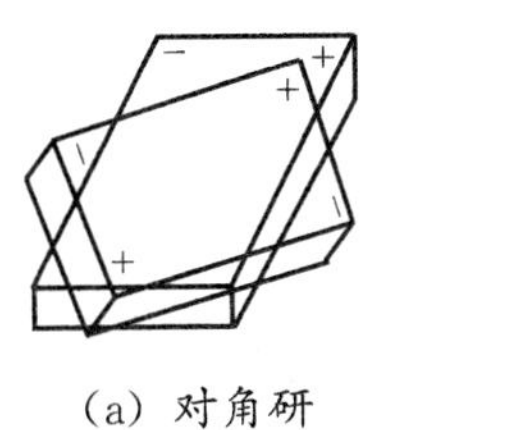

（a）对角研　　（b）显点情况

图 1－9－19　对角研刮削法的同向扭曲

对角刮研，一般限于正方形或长度尺寸相差不大的平板平面，长条形不宜采用，因为平板刮研显示的误差比希望得到的误差更大。

3. 注意事项

（1）平板对刮时，两块平板相互移动的距离不得超过平板的 1/3，以防止平板滑落，发生事故。

（2）每个研点刮削一次应改变刮削方向。

（3）落刀、提刀应防止振痕。

（4）每次研磨前平板都要擦拭干净，以避免细刮、精刮时研点有划痕。

（5）注意提高刮削质量，粗刮时研点数要达到（2～3）点/（25×25）mm^2，细刮时研点数要达到（12～15）点/（25×25）mm^2，精刮时研点数要达到 20 点/（25×25）mm^2 以上。尤其在细刮、精刮时，刀迹要清晰。

4. 检　查

5. 刮削面的缺陷分析

刮削面的缺陷分析见表 1－9－3。

表 1—9—3　刮削面的缺陷分析

缺陷形式	特征	产生原因
深凹痕	刀痕太深，局部研点稀少	1. 粗刮时用力不均匀，局部落差太重 2. 多次刀痕重叠 3. 刀痕弧形过小
撕　痕	刮削面上有粗糙的条状刮痕	1. 刀刃粗糙不锋利 2. 刀刃有齿纹或裂纹
振　痕	刮削面上有规则的波纹	多次同向刮削，刀痕没有交叉
划　痕	刮削面上有深浅不一的直线	研点时有沙粒、切屑等杂质，显示剂不清洁
刮削面精度不高	研点分布无规律	1. 推研时压力不均匀，研具伸出工件太多，而出现假点刮削 2. 研具本身不准确 3. 研具放置不平稳

思考与练习：

1. 什么是刮削？刮削有哪些特点？
2. 刮削有哪些应用？
3. 什么是粗刮、细刮、精刮？刮花有什么作用？
4. 简述刮刀的种类以及应用。
5. 校准工具有哪几种？
6. 显示剂的使用有哪些注意事项？
7. 刮削的接触精度用什么方法检验？
8. 刮削时有哪些注意事项？

课题十　研　磨

一、教学要求

(1) 熟悉研磨的原理、目的以及研磨余量；

(2) 能够准确地使用研磨材料和研磨剂；

(3) 掌握平面研磨的方法及其要点。

二、研磨概述

通过研磨工具（简称研具）和研磨剂，从工件表面磨去一层极薄的金属，使工件具有精确的尺寸、准确的几何形状和很高的表面粗糙度，这种对工件表面进行最后一道精加工的工序，叫做研磨。

1. 研磨原理

研磨时，加在研具上的磨料，在受到工件和研具的压力后，部分磨料被嵌入研具内。同时由于研具和工件作复杂的相对运动，磨料在工件和研具之间作滑动和滚动，产生切削、挤压作用，而每一磨粒不会在表面上重复自己的运动轨迹，这样磨料就在工件表面上切去很薄的一层金属（主要是前道工序在工件表面上留下的凸峰）。手工研磨的方法如图1－10－1所示。有些研磨剂还起化学作用，使工件被加工表面上形成一层氧化膜，这样研磨时，凸起的氧化膜首先被磨去，新的金属表面很快又被氧化，新形成的氧化膜又很易被磨掉。如此继续下去，凸峰逐渐被磨平，而工件表面凹处的氧化膜起了保护作用，使凹处不至于被继续氧化。有了化学作用将加速研磨过程。

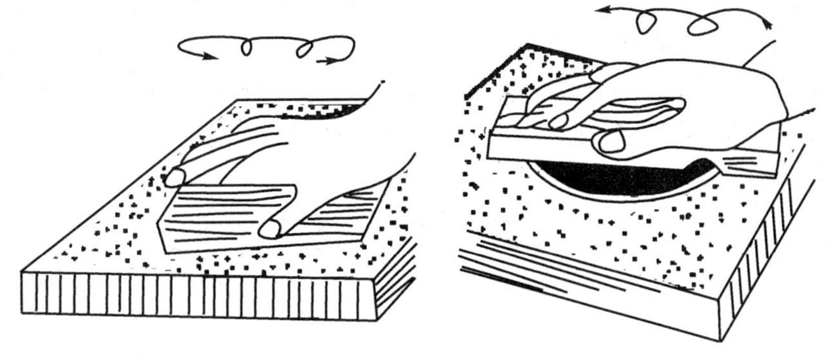

图 1－10－1　手工研磨

2. 研磨目的

(1) 减小表面粗糙度值。工件的表面粗糙度是由加工方法决定的。加工过的工件表面，粗看上去很光滑，但放大起来看它的表面是很粗糙的。表 1－10－1 为各种加工方法达到表面粗糙度要求的情况。与其他加工方法比较，经过研磨加工后的工件表面粗糙度最小，一般情况表面粗糙度为 Ra1.6～Ra0.1，最小可达 Ra0.012。

（2）能达到精确的尺寸精度。各种机械加工所控制的精度是有一定限度的。随着工业的发展，对零件精度的要求提高了，要达到高精度的要求，就必须经过研磨。研磨后的尺寸精度可达到 0.001 mm～0.005 mm。

（3）能改进工件的几何形状。有些工件要求表面几何形状准确，但是用其他机械方法加工，往往不能满足这个要求。例如，经无心磨床磨出的圆柱形工件，往往是弧多边形。当工件形状精度要求较高时，就需要用研磨的方法来校正。

研磨后的零件，由于表面粗糙度值小，形状准确，所以零件的耐磨性、抗腐蚀能力和疲劳强度相应地提高，延长了零件的使用寿命。

表 1－10－1　各种加工方法获得表面粗糙度的比较

加工方法	加工情况	表面放大的情况	表面粗糙度
车			Ra1.5～Ra80
磨			Ra0.9～Ra5
压光			Ra0.15～Ra2.5
珩磨			Ra0.15～Ra1.5
研磨			Ra0.1～Ra1.6

3. 研磨余量

研磨是工件最后的一道精加工工序，要使工件达到精度和表面粗糙度要求，研磨余量要适当，一般每研磨一遍所磨去的金属层厚度不超过 0.002 mm，因此研磨余量不宜过大，通常研磨余量在 0.005 mm～0.030 mm 范围内比较适宜。研磨余量的大小应根据工件尺寸大小和精度高低有所不同，有时研磨余量就留在工件的公差之内。具体可参见表 1－10－2、表 1－10－3、表 1－10－4。

表 1－10－2　研磨平面余量　（单位：mm）

	平面长度	平面宽度		
		≥25	26～75	76～150
研磨平面余量	25	0.005～0.007	0.007～0.010	0.010～0.014
	26～75	0.007～0.010	0.010～0.014	0.014～0.020
	76～150	0.010～0.014	0.014～0.020	0.020～0.024
	151～260	0.014～0.018	0.020～0.024	0.024～0.030

表 1—10—3　研磨外圆余量　（单位：mm）

	直径	余量	直径	余量
研磨外圆余量	≤10	0.005～0.003	51～80	0.008～0.012
	11～18	0.006～0.008	81～120	0.010～0.014
	19～30	0.007～0.010	121～180	0.012～0.016
	31～50	0.008～0.010	181～260	0.015～0.020

表 1—10—4　研磨内孔余量　（单位：mm）

	孔径	余量（铸铁）	余量（钢）
研磨内孔余量	25～125	0.020～0.100	0.010～0.040
	150～275	0.080～0.100	0.020～0.050
	300～500	0.120～0.200	0.040～0.060

三、研具材料

在研磨加工中，研具是保证研磨工件几何形状准确的主要因素，因此对研具的材料、几何精度要求较高，而表面粗糙度值要小。

研磨时，要使磨料嵌入研具，而不会嵌入工件内，研具的材料要比工件软，但不要太软，否则会使磨料全部嵌入研具而失去研磨的作用。

常用的研磨材料有以下几种：

（1）灰铸铁。它有润滑性好、磨耗较慢、硬度适中、研磨剂在其表面容易涂抹均匀等优点，是一种研磨效果较好、价廉易得的研具材料，因此得到广泛的应用。

（2）球墨铸铁。它比一般灰铸铁更容易嵌存磨料，且更均匀、牢固、适度，同时还能增加研具的耐用度。采用球墨铸铁制作研具已得到广泛应用，尤其用于精密工件的研磨。

（3）软钢。它的韧性较好，不容易折断，常用来做小型的研具，如研磨螺纹和小直径工具、工件等。

（4）铜。它的性质较软，表面容易被磨料嵌入，适于作研磨软钢类工件的研具。

四、研磨剂

研磨剂是由磨料和研磨液混合而成的一种混合剂。

1．磨　料

磨料在研磨中起切削作用，研磨工作的效率、工件的精度和表面粗糙度都与磨料有密切的关系。常用的磨料有以下三类：氧化物磨料、碳化物磨料和金刚石磨料。磨料的系列与用途见表 1—10—5。

磨料的粗细用粒度表示，粒度有两种表示方法。颗粒尺寸大于 50 μm 的磨粒，粒度号代表的是磨粒所通过的筛网在每 25.4 mm 长度上所含的孔眼数。例如，60 号粒度是指它可以通过每 25.4 mm 长度上有 60 个孔眼的筛网，但不能通过每 25.4 mm 长度上有 70 个孔眼的筛网。因此用这种方法表示的粒度号越大，磨粒就越细。尺寸很小的磨粒，成微粉状，一般用显微镜测量的方法测定其粒度，粒度号 W 表示微粉，阿拉伯数字表示磨粒的实际宽度尺寸。例如 W40 表示颗粒大小为 40 μm～28 μm。

表 1—10—5　磨料的系列与用途

系列	磨料名称	代号	特性	适用范围
氧化铝系	棕刚玉	GZ（A）	棕褐色，硬度高，韧性大，价格便宜	粗、精研磨钢、铸铁和黄铜
	白刚玉	GB（WA）	白色，硬度比棕刚玉高，韧性比棕刚玉差	精研磨淬火钢、高速钢、高碳钢及薄壁零件
	铬刚玉	GG（PA）	玫瑰红或紫红色，韧性比白刚玉高，磨削粗糙度值低	研磨量具、仪表零件等
	单晶刚玉	GD（SA）	淡黄色或白色，硬度和韧性比白刚玉高	研磨不锈钢、高钒高速钢等强度高、韧性大的材料
氧化物系	黑碳化硅	TH（C）	黑色有光泽，硬度比白刚玉高，脆而锋利，导热性和导电性良好	研磨铸铁、黄铜、铝、耐火材料及非金属材料
	绿碳化硅	TL（GG）	绿色，硬度和脆性比黑碳化硅高，具有良好的导热性和导电性	研磨硬质合金、宝石、陶瓷、玻璃等材料
	碳化硼	TP（BC）	灰黑色，硬度仅次于金刚石，耐磨性好	精研磨和抛光硬质合金、人造宝石等硬质材料
金刚石系	人造金刚石		无色透明或淡黄色、黄绿色、黑色，硬度高，比天然金刚石略脆，表面粗糙	粗、精研磨硬质合金、人造宝石、半导体等高硬度脆性材料
	天然金刚石		硬度最高，价格昂贵	
其他	氧化铁		红色至暗红色，比氧化铬软	精研磨或抛光钢、玻璃等材料
	氧化铬		深绿色	

2. 研磨液

研磨液在研磨过程中，起四个作用：

（1）起调和磨料的作用，使磨料分布均匀；

（2）起润滑作用，使研磨时推动轻松；

（3）起冷却作用，降低因摩擦而产生的工件温度；

（4）有的还起化学作用，加速研磨过程。

研磨液必须有一定的黏度和稀释能力，并且对个人健康无害，对工件无腐蚀作用，且

易于洗净。常用的研磨液有煤油、汽油、10 号和 20 号机油、工业用甘油等。

目前工厂在研磨时，还采用自配的研磨膏（研磨膏由磨料和研磨液调和而成，但较稠），因此在使用时，用少许机油将研磨膏稀释后再进行研磨。

3. 油 石

除了用研磨剂研磨外，还可用各种形状的油石来进行研磨。例如许多刀具、模具、量规以及其他淬火的工件往往用油石进行研磨。

五、研磨要点

1. 手工研磨运动轨迹

（1）直线往复式。常用于研磨有台阶的狭长平面，如平面样板、角尺的测量面等，能获得较高的几何精度（如图 1－10－2（a）所示）。

（2）直线摆动式。用于研磨某些圆弧面，如样板角尺、双斜面直尺的圆弧测量面（如图 1－10－2（b）所示）。

（3）螺旋式。用于研磨圆片或圆柱形工件的端面，能获得较好的表面粗糙度和平面度（如图 1－10－2（c）所示）。

（4）8 字形或仿 8 字形式。常用于研磨小平面工件，如量规的测量面等（如图 1－10－2（d）所示）。

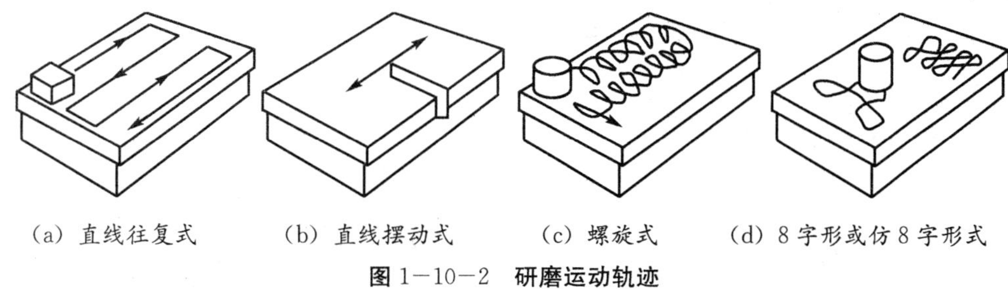

（a）直线往复式　（b）直线摆动式　（c）螺旋式　（d）8 字形或仿 8 字形式

图 1－10－2　研磨运动轨迹

2. 圆柱面研磨

圆柱面研磨一般是手工与机器配合进行研磨。

外圆柱面的研磨如图 1－10－3（a）、（b）所示，工件由车床带动，并均匀涂抹研磨剂，用手推动研磨环，通过工件的旋转和研磨环在工件上沿轴线方向作往复运动进行研磨。一般工件的转速，在直径小于 80 mm 时为 100 r/min；直径大于 100 mm 时为 50 r/min。研磨环的往复移动速度，可根据工件在研磨时出现的网纹来控制。当出现 45°交叉网纹时，说明研磨环的移动速度适当（如图 1－10－3（c）所示）。

3. 圆锥面研磨

研磨锥形表面的工件，必须用如图 1－10－4 所示的带有锥度的研磨棒。研磨棒的锥度应与工件内孔或轴的锥度相同。在研磨棒上开有螺旋槽，以嵌入研磨剂。

研磨圆锥形表面时，在研磨棒上均匀地涂上一层研磨剂，把研磨棒插入工件孔内，用手顺着同一方向旋转（也可在车床或钻床上进行），大约旋转 4～5 次后，将研磨棒稍微拔出一些，然后再推入研磨（如图 1－10－5 所示）。研磨一定时间后，取下研磨棒，擦干研磨棒和被研磨的表面，然后重复研磨，一直到被加工的表面呈现银灰色或发光为止。有些工件是直接用彼此接触的表面进行研磨来达到精度要求的，不必用研磨棒。

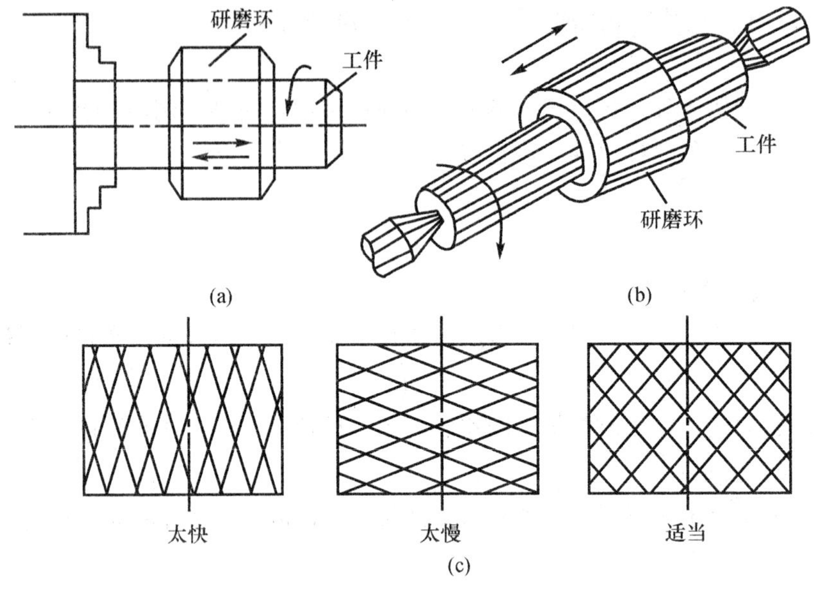

图1 10 3 研磨外圆柱面

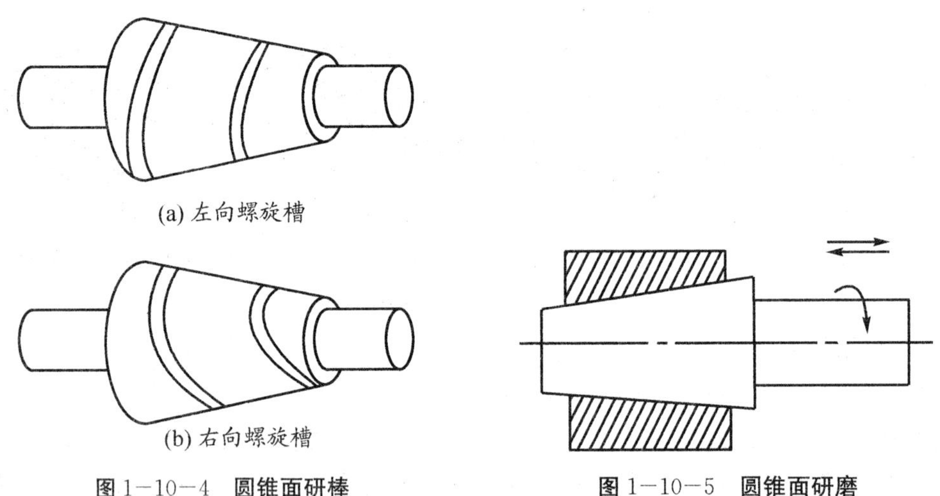

图 1−10−4 圆锥面研棒

图 1−10−5 圆锥面研磨

4. 研磨压力和速度

(1) 研磨时，压力和速度对研磨效率和研磨质量有很大影响。压力太大，研磨切削量虽大，但表面粗糙度差，且容易把磨料压碎而使表面划出深痕。一般情况粗磨时压力可大些，精磨时压力应小些。

(2) 速度也不应过快，否则会引起工件发热变形。尤其是研磨薄形工件和形状规则的工件时更应注意。一般情况，粗研磨时速度为 40~60 次/分；精研磨时速度为 20~40 次/分。

六、研磨注意事项

(1) 研磨工具材料的硬度不能高于被研磨工件材料的硬度。

（2）研磨剂不宜涂得太厚，否则会影响研磨质量也浪费研磨剂。

（3）在研磨中必须重视清洁工作，才能研磨出高质量的工件表面。若忽视了清洁工作，轻则工件表面拉毛，重则会拉出深痕而造成废品。

（4）研磨完毕后，应及时清洗研具，擦净后上油妥善保管。

研磨技能训练

研　磨

一、研磨要求

（1）采用手工研磨平行平面，掌握磨料的选择和研磨剂的配制及研磨平板、工具的正确使用和研磨操作技能。

（2）制作实例及技术要求如图 1－10－6 所示。材料 45 号钢，热处理 HRC28～HRC30。原始尺寸为 25.016 mm，表面粗糙度 Ra=0.8 μm。

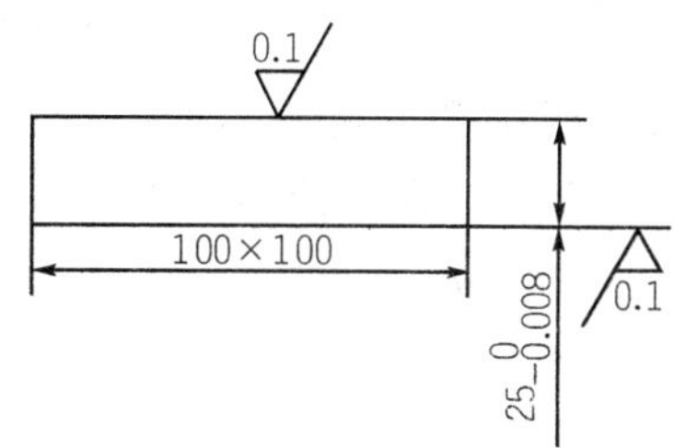

图 1－10－6　研磨制件

二、准备工作

1. 研磨剂

研磨剂的配制应根据制件实例中的要求进行。

（1）粗研磨时研磨剂的配制：

白刚玉（W14）　16g
硬脂酸　8g
蜂蜡　1g
油酸　15g
航空汽油　80g
煤油　80g

（2）精研磨时研磨剂的配制：

白刚玉（W5）　16g
煤油　95g
蜂蜡　1g

硬脂酸　　　　　8g

航空汽油　　　　80g

2. 研磨平板

材料灰铸铁，粗研磨用带槽平板 1 块，精研磨用光面平板 1 块。

3. 量　具

百分表、刀口尺、粗糙度样板。

三、研磨要点

(1) 用煤油或汽油将研磨平板和加工平面清洗干净，并除去表面毛刺。

(2) 将配制的研磨剂均匀涂敷在研磨平板的平面上。

(3) 将制件的表面贴合在研磨平板上，沿研磨平板的表面，采用 8 字形或螺旋形及直线往复式进行研磨，并不断改变制件的方向。采用无周期性的运动，可使磨料在各种运动下产生微量的切削作用。

(4) 研磨好一个平面以后，用同样的研磨方法研磨另一平面，此时，应注意两平面的平面度和平行度应均在尺寸公差内。

在控制两面平行度时，应采用高低结合（指高处增加压力，低处减少压力）研磨。

(5) 在研磨时注意研磨压力和研磨速度，粗研时压力可大些，控制在 0.1MPa～0.2MPa 之内，研磨速度为 40～60 次/分。精研时压力小一些，控制在 0.001MPa～0.05MPa，研磨速度控制在 20～40 次/分。

四、检查质量

(1) 用刀口尺以透光法检查平面的平面度。

(2) 用百分表检查两平面的平行度，检查时把工件置于检验平台上，在全部受检范围内进行检查。

(3) 用千分尺（刻度值 0.001 mm）检查研磨后的平板尺寸（25 mm）是否合格。

(4) 用粗糙度样板，采用对比法检查两平面粗糙度是否达到 Ra0.1μm。

五、检　验

思考与练习：

1. 简述研磨的原理。
2. 试述研磨的目的。
3. 研磨余量应如何确定？
4. 对研具材料有哪些要求？常用研具材料有哪几种？
5. 研磨液在研磨过程中起什么作用？
6. 影响研磨质量的因素有哪些？
7. 研磨时有哪些注意事项？

课题十一　综合技能训练——錾口锤子制作

一、教学要求

（1）掌握锉腰孔及连接内外圆弧面的方法，达到连接圆滑、位置及尺寸正确的要求；

（2）提高推锉技能，达到纹理齐整、表面光洁；

（3）通过训练，要求掌握已学课题的基本技能并达到能进行一般的手工工具制作，同时在对工件各形面的加工步骤、使用工具及有关基准、测量方法的确定方面能基本的掌握。

二、生产实习图

生产实习图如图1－11－1所示。

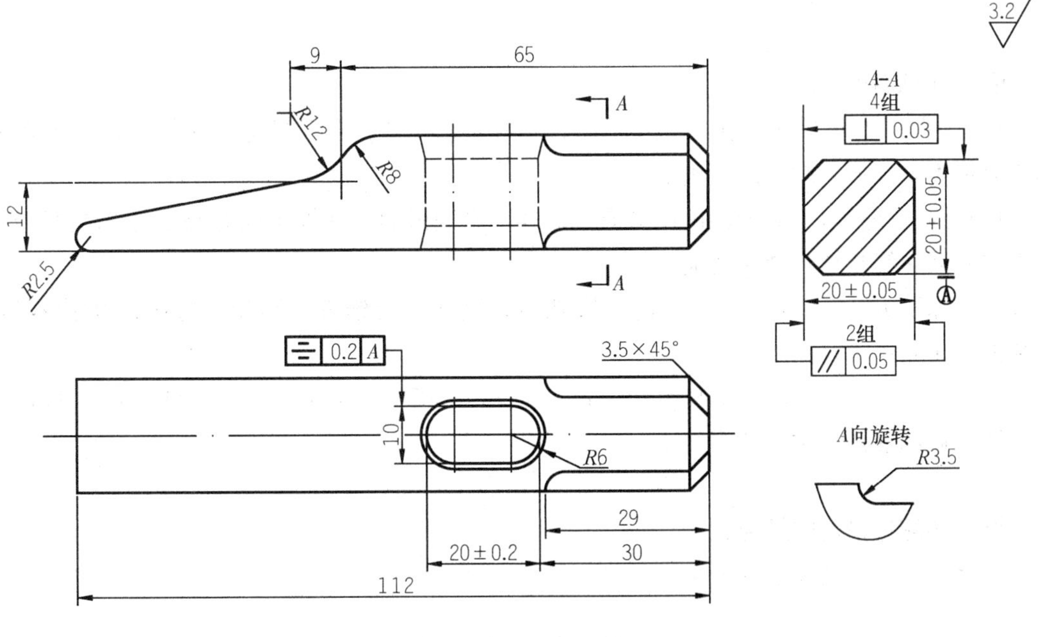

图1－11－1　錾口锤子

三、实习步骤

（1）检查来料尺寸。

（2）按图样要求锉准20 mm×20 mm长方体。

（3）以长面为基准锉一端面，达到基本垂直，表面粗糙度Ra≤3.2 μm。

（4）以一长面及端面为基准，用錾口锤子样板划出形体加工线（两端面同时划出），并按图样尺寸划出 4 处 3.5 mm×45°倒角加工线。

（5）锉 4－3.5 mm×45°倒角达到要求。方法：先用圆锉粗锉出 R3.5 mm 圆弧，然后分别用粗、细板锉先粗锉再细锉倒角，再用圆锉细加工 R3.5 mm 圆弧，最后用推锉法修整，并用砂布打光。

（6）按图样划出腰孔加工线及钻孔检查线，并用 9.7 mm 钻头钻孔。

（7）用圆锉锉通两孔，然后用圆锉按图样要求锉好腰孔。

（8）按划线在 R12 mm 处钻 5 mm 深孔，然后用手锯按加工线锯去多余部分（留锉削余量）。

（9）用半圆锉按线粗锉 R12 mm 内圆弧面，用板锉粗锉斜面与 R8 mm 圆弧面至划线处。然后用细板锉细锉斜面，用半圆锉细锉 R12 mm 内圆弧面，再用细板锉细锉 R8 mm 外圆弧面。最后用细板锉及半圆锉作推锉修整，达到各型面连接圆滑、光洁、纹理齐整。

（10）锉 R2.5 mm 圆头，并保证工件总长 112 mm。

（11）八角端部棱边倒角 3.5 mm×45°。

（12）用砂布将各加工面全部打光，交件待验。

（13）待工件检验后，再将腰孔各面倒出 1 mm 弧形叭口，20 mm 端面锉成略凸弧面，然后将工件两端热处理淬硬。

四、注意事项

（1）用 9.7 mm 钻头钻孔时，要求钻孔位置正确，钻孔孔径没有明显扩大，以免造成加工余量不足，影响腰孔的正确加工。

（2）锉削腰孔时，应先锉两侧平面，后锉两端圆弧面。在锉平面时要注意控制好锉刀的横向移动，防止锉坏两端孔面。

（3）加工 R3.5 mm 的 4 个角的凹圆弧时，横向锉要锉准、锉光，这样推光就容易，且圆弧尖角处也不易塌角。

（4）在加工 R12 mm 与 R8 mm 内外圆弧面时，横向必须平直，并与侧平面垂直，这样才能使弧面连接正确、外形美观 。

五、实习记录及成绩评定

实习记录及成绩评定见表 1－11－1。

表 1-11-1　錾口锤子制作评分表

项次	项目与技术要求	实测记录				单次配分	得分
1	尺寸要求（20±0.05）mm（2 处）					4	
2	平行度 0.05mm（2 处）					3	
3	垂直度 0.03 mm（4 处）					3	
4	3.5 mm×45°倒角尺寸正确（4 处）					3	
5	R3.5 mm 内圆弧连接圆滑，尖端无塌角（4 处）					3	
6	R12 mm 与 R8 mm 圆弧面连接圆滑					14	
7	舌部斜面平行度 0.03 mm					10	
8	腰孔长度要求（20±0.2）mm					10	
9	腰形孔对称度 0.2 mm					8	
10	R2.5 mm 圆弧面圆滑					8	
11	倒角均匀、各棱线清晰					每一棱线不合要求扣 1 分	
12	表面粗糙度 Ra≤3.2，纹理齐整					每一面不合要求扣 1 分	
13	文明生产与安全生产					违者每次扣 2 分	
14	时间定额 16 h	开始时间				超额 1 h 扣 5 分	
		结束时间					
		实际工时					

课题十二 中级技能考核训练

一、Y 形模

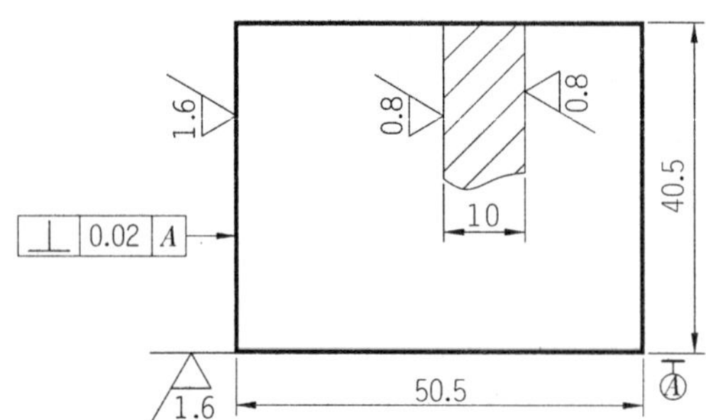

技术要求：

未注公差尺寸按 IT12。

图 1-12-1 Y 形模毛坯图（凸模）

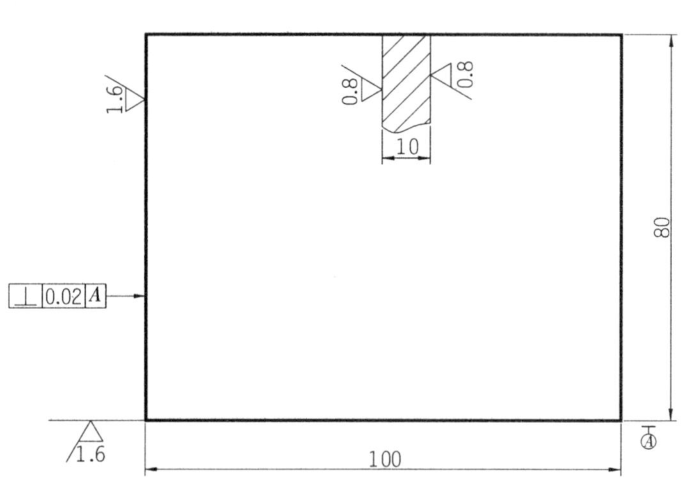

技术要求：

未注公差尺寸按 IT12。

图 1-12-2 Y 形模毛坯图（凹模）

表 1－12－1 Y 形模工、量具和刃具清单

序号	名称	规格	数量	序号	名称	规格	数量
1	游标高度尺/mm	0～300（0.02）	1	13	丝锥	M8	1 副
2	千分尺/mm	0～25（0.01）	1	14	铰杠		1
3	千分尺/mm	25～50（0.01）	1	15	划线工具		1 套
4	游标卡尺/mm	0～150（0.02）	1	16	芯棒	ϕ8H7	1
5	平板	1 级	1	17	光面塞规	ϕ8H7	1
6	万能量角器	0°～320°（2′）	1	18	螺纹塞规	M8	1
7	90°角尺/mm	100×63　1 级	1	19	锯弓		1
8	塞尺/mm	0.02～0.5	1	20	锯条/mm	300	自定
9	平锉	自定	自定	21	锤子、錾子		各 1
10	三角锉/mm	150	1	22	粗糙度样板		1 套
11	钻头/mm	ϕ4，ϕ6.8，ϕ7.8	各 1	23	油石		若干
12	铰刀	ϕ8H7	1	24	机油、煤油		若干

注：量具规格栏括号中的数值为精度。

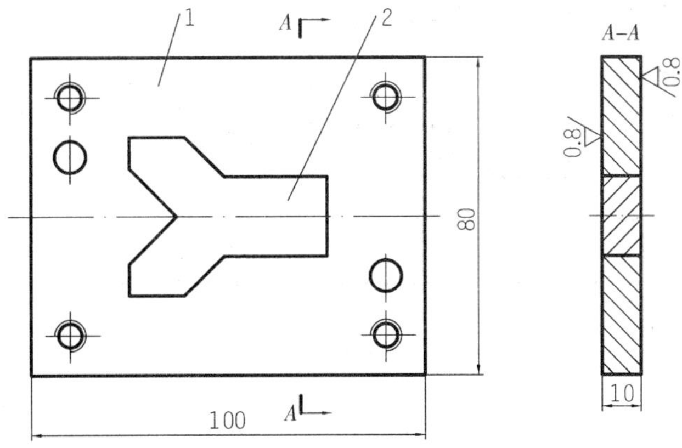

技术要求：

1. 配合间隙≤0.05；　2. 翻面间隙≤0.05。

图 1－12－3 Y 形模工作图（组合图）

1—凹模　2—凸模

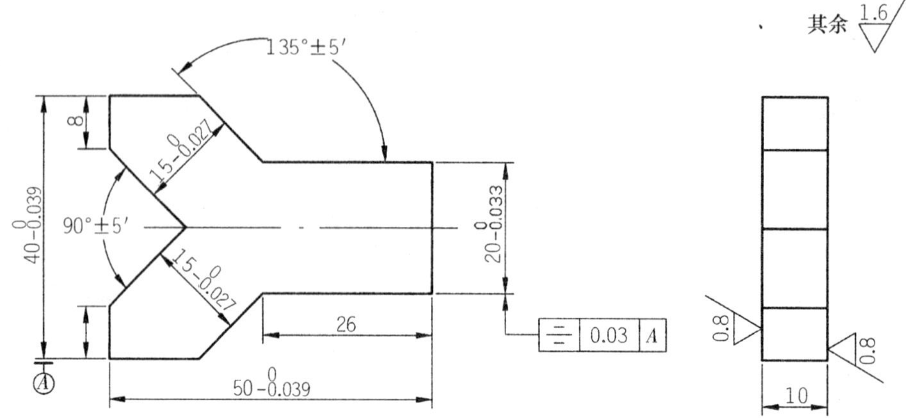

技术要求：

未注公差尺寸按 IT12。

图 1－12－4　Y 形模工作图（凸模）

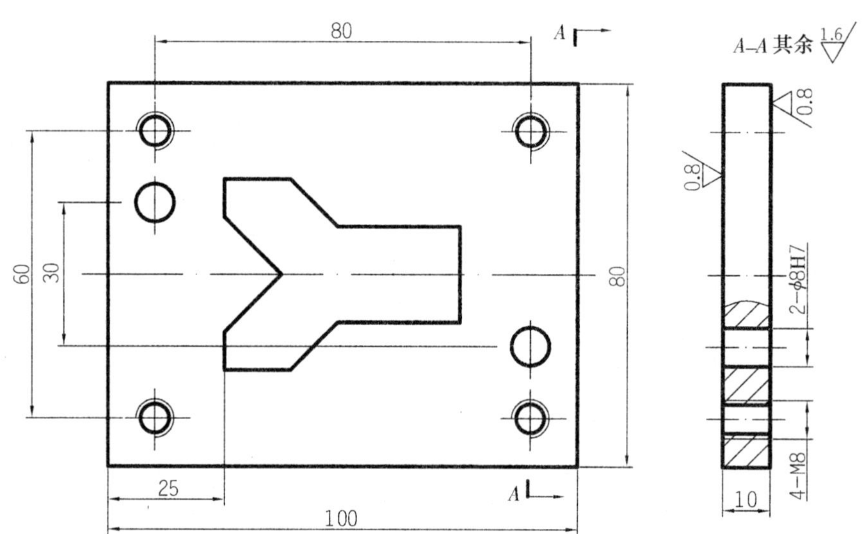

技术要求：

1. 内型腔按凸模配做；
2. 未注公差尺寸按 IT12。

图 1－12－5　Y 形模工作图（凹模）

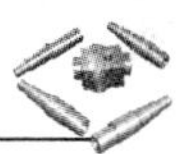

表 1－12－2　Y 形模评分表

考件编号	座号		姓名		总得分		
序号	考核要求	配分		评分标准	实际结果	扣分	得分
		T	Ra				
1	$(50_{-0.039}^{0})$ mm Ra1.6μm（3 处）	3	3	超差不得分			
2	$(40_{-0.039}^{0})$ mm Ra1.6μm（2 处）	3	2	超差不得分			
3	$(15_{-0.027}^{0})$（2 处）	6		超差 1 处扣 3 分			
4	$(20_{-0.033}^{0})$ mm Ra1.6μm（2 处）	3	2	超差不得分			
5	$135°\pm5'$ Ra1.6μm（2 处）	3	2	超差不得分			
6	$90°\pm5'$ Ra1.6μm（2 处）	3	2	超差不得分			
7	⌯ 0.03 A	3		超差不得分			
8	25 mm	2		超差不得分			
9	30 mm	4		超差不得分			
10	60 mm（2 处）	4		超差不得分			
11	80 mm（3 处）	3		超差不得分			
12	配合间隙≤0.05 mm（11 处）	22		超差不得分			
13	翻面间隙≤0.05 mm（11 处）	11		超差不得分			
14	4－M8	8		超差不得分			
15	2－ϕ8H8	6		超差不得分			
16	外观	5		毛刺、划伤、压伤酌情扣 1～5 分			
17	安全文明生产			酌情扣 1～5 分			

二、耳片冲模

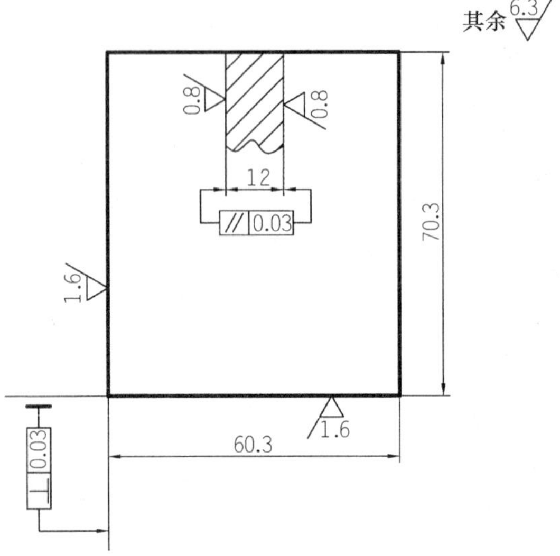

技术要求：

未注公差尺寸按 IT12。

图 1-12-6　耳片冲模毛坯图（凹模）

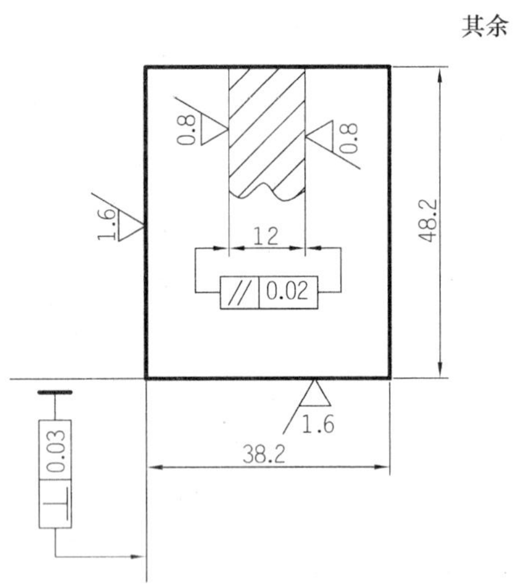

技术要求：

未注公差尺寸按 IT12。

图 1-12-7　耳片冲模毛坯图（凸模）

表 1－12－3　耳片冲模工、量具和刃具清单

序号	名　称	规　格	数量	序号	名　称	规　格	数量
1	游标高度尺/mm	0～300（0.02）	1	12	平锉	自定	自定
2	千分尺/mm	0～25（0.01）	1	13	整形锉		1 套
3	千分尺/mm	25～50（0.01）	1	14	钻头/mm	$\phi4$ $\phi5$	各 1
4	千分尺/mm	50～75（0.01）	1	15	划线工具		1 套
5	游标卡尺/mm	0～150（0.02）	1	16	锯弓		1
6	平板	1 级	1	17	锯条/mm	300	自定
7	90°角尺/mm	100×63　1 级	1	18	锤子、錾子		各 1
8	塞尺/mm	0.02～0.5	1	19	红丹粉		若干
9	三角锉/mm	150（2 号纹）		20	粗糙度样板		1 套
10	半圆锉/mm	125（3 号纹）	1	21	油石		若干
11	圆锉/mm	300（2 号纹）	1	22	机油、煤油		若干

注：量具规格栏括号中的数值为精度。

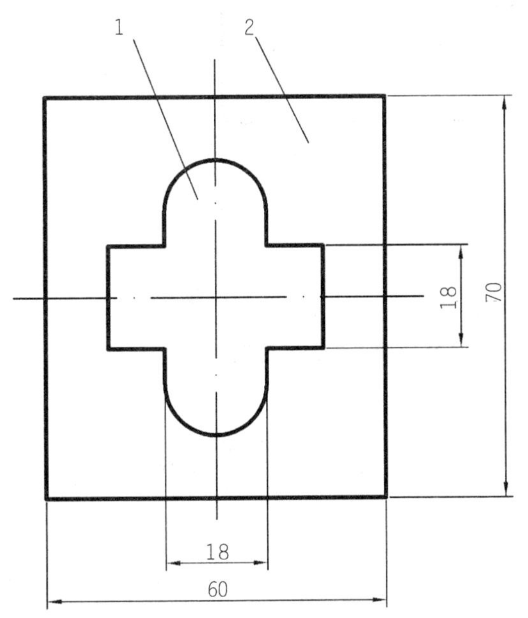

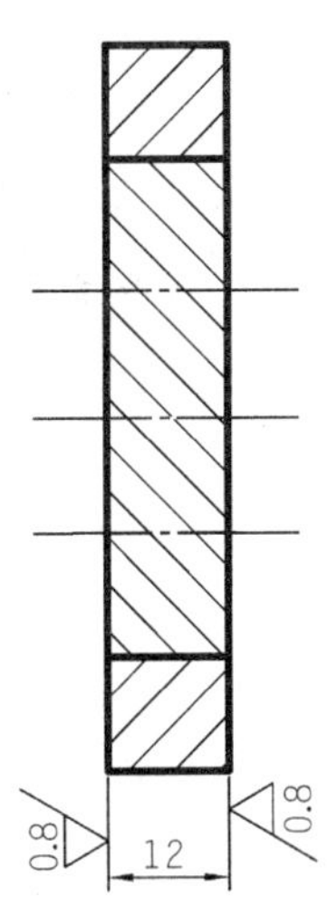

技术要求：

1. 配合间隙≤0.05；　2. 翻面间隙≤0.05。

图 1－12－8　耳片冲模工作图（组合图）

1—凸模　2—凹模

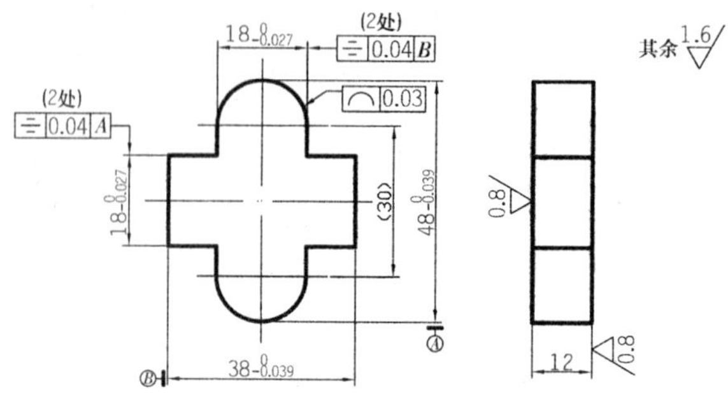

技术要求：

未注公差尺寸按 IT12。

图 1—12—9　耳片冲模工作图（凸模）

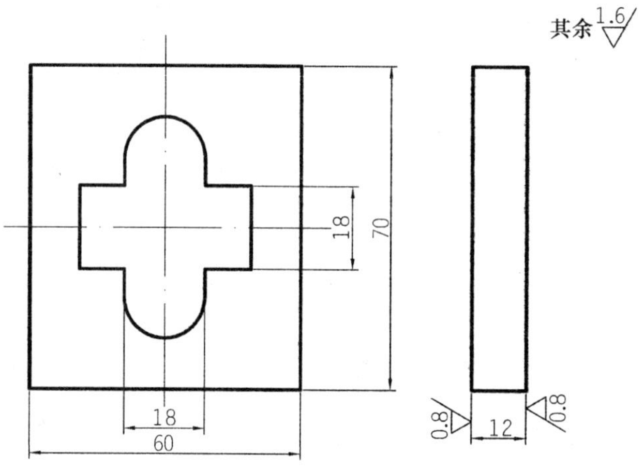

技术要求：

1. 内型腔按凸模配做；
2. 未注公差尺寸按 IT12。

图 1—12—10　耳片冲模工作图（凹模）

表 1－12－4　耳片冲模评分表

考件编号	座号		姓名		总得分		
序号	考核要求	配分		评分标准	实际结果	扣分	得分
		T	Ra				
1	($48_{-0.039}^{0}$) mm Ra1.6μm（2 处）	5	4	超差不得分			
2	($38_{-0.039}^{0}$) mm Ra1.6μm（2 处）	4	2	超差不得分			
3	($18_{-0.027}^{0}$)（2 处） Ra1.6μm（8 处）	8	8	超差不得分			
4	⌒ | 0.03	8		超差不得分			
5	⌯ | 0.04 | A（2 处）	8		超差 1 处扣 4 分			
6	⌯ | 0.04 | B（2 处）	8		超差 1 处扣 4 分			
7	60 mm，70 mm	4		超差不得分			
8	配合间隙≤0.05 mm（12 处）	24		超差 1 处扣 2 分			
9	翻面间隙≤0.05 mm（12 处）	12		超差 1 处扣 1 分			
10	外观	5		毛刺、划伤、压伤酌情扣 1～5 分			
11	安全文明生产			酌情扣 1～5 分			

附录一　装配钳工国家职业标准

职业定义

操作机械设备或使用工装、工具，进行机械设备零件、组件或成品组合装配与调试的人员。

职业等级

本职业共设五个等级，分别为：初级（国家职业资格五级）、中级（国家职业资格四级）、高级（国家职业资格三级）、技师（国家职业资格二级）、高级技师（国家职业资格一级）。

鉴定方式

分为理论知识考试和技能操作考试。理论知识考试采用闭卷笔试方式，技能操作考核采用现场实际操作方式。理论知识考试和技能操作考核均实行百分制，成绩皆达 60 分以上者为合格。

钳工中级理论知识鉴定考核重点表

行为领域	鉴定范围	鉴定比重	鉴定点	重要程度
基础知识	识图知识	5	装配基本知识	X
			零件图的形位公差	Y
			零件图的表面粗糙度	X
			零件图的技术要求	Y
			机件形状的表达方式	Z
			绘制零件图	X
			几何作图和投影作图的方法	X
			常用零件的规定画法	X
	量具	2	千分尺的结构原理及使用	X
			内径千分尺的结构、原理及使用	X
			内径百分表的结构、原理及使用	Y
			水平仪的结构、原理及使用	Z
			常用量具的维护及保养	X
	公差	2	公差配合知识	X
			形位公差知识	X
			表面粗糙度的知识	X
	机械传动	2	机械传动的基本知识	X
			带传动的工作原理及特点	X
			齿轮传动的工作原理及特点	Y

续表

行为领域	鉴定范围	鉴定比重	鉴定点	重要程度
基础知识25%	液压传动	3	液压传动的工作原理	X
			液压传动的组成及功能	X
			液压传动的特点	X
			液压传动的故障及排除	Y
			液压油的使用	Y
	刀具	3	刀具材料的基本要求	X
			刀具材料的种类、代号及用途	X
			金属的切削过程	Y
			刀具的磨钝标准	X
			刀具的耐用度	X
			磨削的原理	Y
			砂轮的特性及选择	Y
	夹具	3	工件六点定位及定位原理和方法	X
			夹具定位元件的使用及作用	X
			夹紧结构、夹紧力的分析	Z
			钻床夹具类型	Y
	电工知识	1	常用设备电器的一般知识	X
			安全用电常识	X
	热处理	3	表面热处理	X
			退火工艺知识	X
			正火工艺知识	Y
			回火工艺知识	Y
	机制工艺	1	加工精度的概念	X
			装配尺寸链的概念	X
			产生加工误差的原因及减少误差的方法	Y
专业知识	划线	2	划线工具的使用	X
			划线基准的确定	X
			分度头划线	Y
	錾削	2	錾子的角度及热处理	Y
			錾削方法	X
	锉削	2	锉刀的构造及种类	X
			锉刀的选择	X
			锉削方法	X

续表

行为领域	鉴定范围	鉴定比重	鉴定点	重要程度
专业知识	锯削	2	锯路	X
			锯条的选择	X
			锯割方法	X
	孔加工	3	麻花钻各组成部分的名称及作用	Y
			麻花钻的刃磨和修磨	X
			各种特殊孔的钻削要求	X
			钻孔冷却润滑液选用	X
			扩孔、锪孔、铰孔的方法及刀具选择	Y
			钻削用量的选择	X
	攻丝与套丝	3	螺纹的基本知识	X
			攻丝工具与攻丝方法	X
			套丝的工具及方法	X
			攻丝前底孔直径的确定	X
			套丝前圆杆直径的确定	X
	刮削	3	刮削的作用	X
			刮学常用显示剂的种类和使用	X
			刮削精度的检查	Y
			刮削工具及刃磨	X
			刮削方法	X
	研磨	2	研磨的原理	X
			研具材料	X
			磨料的种类及应用	X
			研磨液的种类及应用	X
			研磨方法	X
	矫正	2	棒料及轴类的校直	X
			板料的校平	X
	弯曲	2	板料与管子的弯曲	X
			弯曲前毛坯长度的计算	X
			绕弹簧	Y

续表

行为领域	鉴定范围	鉴定比重	鉴定点	重要程度
专业知识	装配工艺规程	5	装配基本知识	X
			装配方法	Y
			装配要点	X
			装配的工艺过程及内容	X
			装配前的准备工作	Y
			旋转体的不平稳形式及平稳方法	Z
			装配精度的内容	Y
			装配尺寸链的基本知识	X
			装配尺寸链的基本计算	X
			装配尺寸链的解决	Y
			装配工艺规程的内容	Y
			装配工艺规程的依据	Z
			装配工艺规程的方法	Y
	分度头	2	分度头的结构	X
			分度头的分度计算	X
			分度头的分度原理	X
	钻床	2	立钻、摇臂钻的构造	X
			钻床转速的计算	X
			钻床的一、二级保养	X
	螺纹连接	2	螺纹连接的预紧	X
			螺纹连接的装配	X
			螺纹连接的装配要点	X
	键连接	2	松键连接的装配要点	X
			紧键连接的装配要点	X
			花键连接的装配要点	X
			键连接的修理	Y
	销连接	2	销连接的作用	X
			销连接的装配	X
			销连接的类型、特点	X
	过盈连接	2	过盈连接的原理	X
			过盈连接的类型及应用	X
			过盈连接的装配方法	X
			过盈连接的装配要点	X

续表

行为领域	鉴定范围	鉴定比重	鉴定点	重要程度
专业知识	皮带传动	2	带传动的原理及特点	X
			带传动的装配要点	X
			张紧力的调整	X
			两带轮相对位置的调整	X
			带传动机构的修理	Y
			带传动机构的损坏形式	Y
			带轮装配后的检查	Z
	链传动	1	链传动装配技术要求	X
			链传动机构的损坏形式及修理	X
	齿轮传动	3	影响齿轮传动精度的因素	Y
			齿轮传动装配要求	X
			齿轮啮合质量的检查	Y
			齿轮传动的跑合	Y
			圆柱、圆锥齿轮的装配方法	Y
	蜗杆传动	2	蜗杆传动的精度	Y
			蜗杆传动装配技术要求	X
			蜗杆传动啮合质量的检验	Y
			蜗杆传动装配工艺过程	Y
	联轴器	2	联轴器装配技术要求	X
			联轴器的装配方法	X
			联轴器的种类及作用	X
			各种联轴器的特点	Y
	离合器	1	离合器的装配技术要求	X
			离合器的装配方法	X
			离合器的种类及作用	X
	滑动轴承	2	滑动轴承的种类	X
			整体式滑动轴承的装配要点	Y
			剖分式滑动轴承的装配要点	X
			滑动轴承的修理	Y
			滑动轴承的特点	X
			滑动轴承的装配要求	X

续表

行为领域	鉴定范围	鉴定比重	鉴定点	重要程度
专业知识 65%	滚动轴承	3	静压轴承的工作原理和特点	X
			轴承合金性能常用材料种类	Y
			滚动轴承的种类及结构	X
			滚动轴承的代号	X
			滚动轴承的轴向固定	X
			滚动轴承的密封	X
			滚动轴承的装拆	Y
			精密轴的装配	Y
			滚动轴承游隙的调整方法	Y
			滚动轴承的定向装配	Y
			轴组及其装配	Z
	内燃机	3	内燃机的分类及型号	X
			内燃机的工作原理	X
			内燃机的构造	X
			内燃机供给系统的组成及作用	X
			内燃机配气机构的功能	Y
			内燃机配气机构的组成、功能及布置形式	Y
			内燃机点火系统	Z
	常用设备的磨损与维修	3	修理工作要点	X
			修理工艺	Y
			设备磨损的基本概念	X
			机械设备维修及恢复精度的措施	Y
	螺旋传动	3	螺旋传动机构的特点	X
			螺旋传动机构的调整	Y
			螺旋传动机构装配的技术要求	Z
相关知识	安全知识	3	正确使用和管理个人劳动防护用品	X
			遵守操作规程	X
			消防知识	X
			灭火器的使用	X
			一般起吊的安全知识	X
			“起重机械安全规程”的主要内容	Z

续表

行为领域	鉴定范围	鉴定比重	鉴定点	重要程度
相关知识10%	文明生产	3	正确使用钳工工具	X
			正确操作钳工车间设备	X
			工具与工件摆放	X
			劳保用品的要求	X
			工作场地的要求	X
	电气传动	2	低压电器的结构及在控制电路中的作用	Z
			异步电动机电器控制知识	Z
			直流电动机电气控制的方法	Z
	其他	2	车间生产管理知识	Y
			生产技术管理知识	Y

钳工中级操作技能鉴定考核重点表

行为领域	鉴定范围			鉴定点		
	代码	名称	比重	代码	名称	重要程度
操作技能（A+D）或（B+D）或（C+D）100%	A	单一基本操作	90	01	锉削	X
				02	立体划线	Y
				03	孔加工	X
				04	刮削	X
				05	研磨	Y
				06	锉配	X
	B	组合基本操作	90	01	锉削、钻孔	X
				02	锉削、铰孔	X
				03	锉削、攻螺纹	X
				04	锉削、钻孔、攻螺纹	X
				05	锉削、钻孔、锯削	X
				06	锉配、钻孔	X
				07	锉配、铰孔	X
				08	锉配、攻螺纹	X
				09	锉配、钻孔、攻螺纹	X
				10	锉配、铰孔、攻螺纹	X
				11	锉配、刮削	X
				12	锉配、锯削	X
				13	锉配、铰孔、锯削	X
				14	锉配、钻孔、锯削	X
				15	锉配、锯削、攻螺纹	X
	C	装配操作	90	01	轴套类装配	X
				02	箱体类装配	X
				03	其他类装配	Y
	D	现场考核	10	01	设备使用	X
				02	工具、量具使用	Y
				03	安全文明生产	X

注：1. 表中，“X”表示“核心要素”，是考核中最重要、出现频率最高的内容；“Y”表示“一般要素”，是考核中出现频率一般的内容；“Z”表示“辅助要素”，在考核中出现的频率较小。

2. “鉴定考核重点表”中，每个鉴定范围都有其鉴定比重指标，它表示在一份试卷中该鉴定范围所占的分数比例。

附录二 钳工中级理论知识试卷

职业技能鉴定国家题库

钳工中级理论知识试卷

注意事项

1. 考试时间：120 分钟。
2. 请首先按要求在试卷的标封处填写您的姓名、准考证号和所在单位的名称。
3. 请仔细阅读各种题目的回答要求，在规定的位置填写您的答案。
4. 不要在试卷上乱写乱画，不要在标封区填写无关的内容。

	一	二	总分
得分			

得分	
评卷人	

一、单项选择（第 1 题~第 80 题。选择一个正确的答案，将相应的字母填入题内的括号中。每题 1 分，满分 80 分。）

1. 一张完整的装配图的内容包括一组图形、必要的尺寸、（　　）、零件序号和明细栏、标题栏。

A. 技术要求　　B. 必要的技术要求
C. 所有零件的技术要求　　D. 粗糙度及形位公差

2. 标注形位公差代号时，形位公差数值及有关符号应填写在形位公差框格左起（　　）。

A. 第一格　　B. 第二格　　C. 第三格　　D. 任意

3. 表面粗糙度评定参数，规定省略标注符号的是（　　）。

A. 轮廓算术平均偏差　　B. 微观不平度+点高度
C. 轮廓最大高度　　D. 均可省略

4. 孔的最大极限尺寸与轴的最小极限尺寸之代数差为正值叫（　　）。

A. 间隙值　B. 最小间隙　C. 最大间隙　D. 最小过盈

5. 下列（　）为形状公差项目符号。

A. ⊥　B. //　C. ◎　D. ○

6. 液压传动是依靠（　）来传递运动的。

A. 油液内部的压力　B. 密封容积的变化

C. 活塞的运动　D. 油液的流动

7. 液压系统中的辅助部分指的是（　）。

A. 液压泵　B. 液压缸

C. 各种控制阀　D. 输油管、油箱等

8. 刀具材料的硬度越高，耐磨性（　）。

A. 越差　B. 越好　C. 不变　D. 消失

9. 形状复杂、精度较高的刀具应选用的材料是（　）。

A. 工具钢　B. 高速钢　C. 硬质合金　D. 碳素钢

10. （　）是靠刀具和工件之间作相对运动来完成的。

A. 焊接　B. 金属切削加工　C. 锻造　D. 切割

11. 长方体工件定位，在止推基准面上应分布（　）支承点。

A. 一个　B. 两个　C. 三个　D. 四个

12. 外圆柱工件在套筒孔中的定位，当选用较短的定位心轴时，可限制（　）自由度。

A. 两个移动　B. 两个转动

C. 两个移动和两个转动　D. 一个移动一个转动

13. 在夹具中，夹紧力的作用方向应与钻头轴线的方向（　）。

A. 平行　B. 垂直　C. 倾斜　D. 相交

14. 感应加热表面淬火淬硬层深度与（　）有关。

A. 加热时间　B. 电流频率　C. 电压　D. 钢的含碳量

15. 退火的目的是（　）。

A. 提高硬度和耐磨性　B. 降低硬度，提高塑性

C. 提高强度和韧性　D. 改善回火组织

16. 将钢件加热、保温，然后在空气中冷却的热处理工艺叫（　）。

A. 回火　B. 退火　C. 正火　D. 淬火

17. 零件的加工精度和装配精度之间（　）。

A. 有直接影响　B. 无直接影响　C. 可能有影响　D. 可能无影响

18. 用划针划线时，针尖要紧靠（　）的边沿。

A. 工件　B. 导向工具　C. 平板　D. 角尺

19. 划线时，都应从（　）开始。

A. 中心线　B. 基准面　C. 设计基准　D. 划线基准

20. 錾子的前刀面与后刀面之间夹角称（　）。

A. 前角　B. 后角　C. 楔角　D. 副后角

21. 当錾削接近尽头约（　　）mm 时，必须调头錾去余下的部分。
A. 0～5　　B. 5～10　　C. 10～15　　D. 15～20

22. 锉刀的主要工作面指的是（　　）。
A. 有锉纹的上、下两面　　B. 两个侧面
C. 全部表面　　D. 顶端面

23. 双齿纹锉刀适用锉（　　）材料。
A. 软　　B. 硬　　C. 大　　D. 厚

24. 锯条在制造时，使锯齿按一定的规律左右错开，排列成一定形状，称为（　　）。
A. 锯齿的切削角度　　B. 锯路
C. 锯齿的粗细　　D. 锯割

25. 标准麻花钻的后角是：在（　　）内后刀面与切削平面之间的夹角。
A. 基面　　B. 主截面　　C. 柱截面　　D. 副后刀面

26. 标准群钻的形状特点是三尖七刃（　　）。
A. 两槽　　B. 三槽　　C. 四槽　　D. 五槽

27. 常用螺纹按（　　）可分为三角螺纹、方形螺纹、条形螺纹、半圆螺纹和锯齿螺纹等。
A. 螺纹的用途　　B. 螺纹轴向剖面内的形状
C. 螺纹的受力方式　　D. 螺纹在横向剖面内的形状

28. 攻丝进入自然旋进阶段时，两手旋转用力要均匀并要经常倒转（　　）圈。
A. 1～2　　B. 1/4～1/2　　C. 1/5～1/8　　D. 1/8～1/10

29. 起套结束进入正常套丝时（　　）。
A. 要加大压力　　B. 不要加压　　C. 适当加压　　D. 可随意加压

30. 检查用的平板其平面度要求 0.03，应选择（　　）方法进行加工。
A. 磨　　B. 精刨　　C. 刮削　　D. 锉削

31. 粗刮时，显示剂调的（　　）。
A. 干些　　B. 稀些　　C. 不干不稀　　D. 稠些

32. 检查曲面刮削质量，其校准工具一般是与被检曲面配合的（　　）。
A. 孔　　B. 轴　　C. 孔或轴　　D. 都不是

33. 刮刀头一般由（　　）锻造并经磨制和热处理淬硬而成。
A. A3 钢　　B. 45 钢　　C. T12A　　D. 铸铁

34. 矫直棒料时，为消除因弹性变形所产生的回翘可（　　）一些。
A. 适当少压　　B. 用力小
C. 用力大　　D. 使其反向弯曲塑性变形

35. 当金属薄板发生对角翘曲变形时，其矫平方法是沿（　　）锤击。
A. 翘曲的对角线　　B. 没有翘曲的对角线
C. 周边　　D. 四周向中间

36. 板料在宽度方向上的弯曲，可利用金属材料的（　　）。

A. 塑性 B. 弹性 C. 延伸性能 D. 导热性能

37. 在计算圆弧部分中性层长度的公式 $A=\pi(r+X_0t)\cdot\alpha/180$ 中，X_0 指的是材料的（ ）。

A. 内弯曲半径 B. 中间层系数

C. 中性层位置系数 D. 弯曲直径

38. 按规定的技术要求，将若干零件结合成部件或若干个零件和部件结合成机器的过程称为（ ）。

A. 装配 B. 装配工艺过程

C. 装配工艺规程 D. 装配工序

39. 产品装配的常用方法有（ ）、选择装配法、调整装配法和修配装配法。

A. 完全互换装配法 B. 直接选配法

C. 分组选配法 D. 互换装配法

40. 零件的清理、清洗是（ ）的工作要点。

A. 装配工艺过程 B. 装配工作

C. 部件装配工作 D. 装配前准备工作

41. 产品的装配工作包括部件装配和（ ）。

A. 总装配 B. 固定式装配 C. 移动式装配 D. 装配顺序

42. 对于生产出的零件还需进行平衡试验，这种工作属于（ ）。

A. 装配前准备工作 B. 装配工作

C. 调整工作 D. 精度检验

43. 壳体、壳体中部的鼓形回转体、主轴、分度机构和分度盘组成（ ）。

A. 分度头 B. 套筒 C. 手柄芯轴 D. 螺旋

44. 要在一圆盘面上划出六边形，应选用的分度公式为（ ）。

A. 20/Z B. 30/Z C. 40/Z D. 50/Z

45. 立式钻床的主要部件包括主轴变速箱、进给变速箱、（ ）和进给手柄。

A. 进给机构 B. 操纵机构 C. 齿条 D. 主轴

46. 用（ ）使预紧力达到给定值的方法是控制扭矩法。

A. 套筒扳手 B. 测力扳手 C. 通用扳手 D. 专业扳手

47. （ ）装配在键长方向、键与轴槽的间隙是 0.1 mm。

A. 紧键 B. 花键 C. 松键 D. 平键

48. 销连接在机械中除起到连接作用外，还起（ ）和保险作用。

A. 定位作用 B. 传动作用 C. 过载剪断 D. 固定作用

49. 圆柱销一般靠过盈固定在孔中，用以（ ）。

A. 定位 B. 连接 C. 定位和连接 D. 传动

50. 过盈连接装配后（ ）的直径被压缩。

A. 轴 B. 孔 C. 包容件 D. 圆

51. 过盈连接的类型有（ ）和圆锥面过盈连接装配。

A. 螺尾圆锥过盈连接装配　　B. 普通圆柱销过盈连接装配
C. 普通圆锥销过盈连接　　D. 圆柱面过盈连接装配

52. 在（　　）传动中，不产生打滑的是齿形带。
A. 带　　B. 链　　C. 齿轮　　D. 螺旋

53. 影响齿轮（　　）的因素包括齿轮加工精度，齿轮的精度等级，齿轮副的侧隙要求及齿轮副的接触斑点要求。
A. 运动精度　　B. 传动精度　　C. 接触精度　　D. 工作平稳性

54. 转速（　　）的大齿轮装在轴上后应作平衡检查，以免工作时产生过大振动。
A. 高　　B. 低　　C. 1500 r/min　　D. 1440 r/min

55. 轮齿的接触斑点应用（　　）检查。
A. 涂色法　　B. 平衡法　　C. 百分表测量　　D. 直尺测量

56. 普通圆柱蜗杆传动的精度等级有（　　）个。
A. 18　　B. 15　　C. 12　　D. 10

57. 蜗杆与蜗轮的（　　）相互间有垂直关系。
A. 重心线　　B. 中心线　　C. 轴心线　　D. 连接线

58. （　　）的装配技术要求要联接可靠，受力均匀，不允许有自动松脱现象。
A. 牙嵌式离合器　　B. 磨损离合器
C. 凸缘式联轴器　　D. 十字沟槽式联轴器

59. （　　）装配时，首先应在轴上装平键。
A. 牙嵌式离合器　　B. 磨损离合器
C. 滑块式联轴器　　D. 凸缘式联轴器

60. 联轴器只有在机器停车时，用拆卸的方法才能使两轴（　　）。
A. 脱离传动关系　　B. 改变速度
C. 改变运动方向　　D. 改变两轴相互位置

61. 整体式、剖分式、内柱外锥式向心滑动轴承是按轴承的（　　）形式不同划分的。
A. 结构　　B. 承受载荷　　C. 润滑　　D. 获得液体摩擦

62. 整体式向心滑动轴承装配时对轴套的检验除了测定圆度误差及尺寸外，还要检验轴套孔中心线对轴套端面的（　　）。
A. 位置度　　B. 垂直度　　C. 对称度　　D. 倾斜度

63. 液体静压轴承是用油泵把高压油送到轴承间隙里，（　　）形成油膜。
A. 即可　　B. 使得　　C. 强制　　D. 终于

64. 常用的轴瓦材料是（　　）。
A. 轴承钢　　B. 巴氏合金　　C. 铝合金　　D. 铜合金

65. 内燃机型号最右边的字母 K 表示（　　）。
A. 汽车用　　B. 工程机械用　　C. 船用　　D. 飞机用

66. 内燃机是将热能转变成（　　）的一种热力发动机。
A. 机械能　　B. 动能　　C. 运动　　D. 势能

67. （　　）是内燃机各机构各系统工作和装配的基础，承受各种载荷。
    A. 配合机构　　B. 供给系统　　C. 关火系统　　D. 机体组件
68. 按工作过程的需要，（　　）向气缸内喷入一定数量的燃料，并使其良好雾化，与空气形成均匀可燃气体的装置叫供给系统。
    A. 不定时　　B. 随意　　C. 每经过一次　　D. 定时
69. 拆卸时的基本原则：拆卸顺序与装配顺序（　　）。
    A. 相同　　B. 相反　　C. 也相同也不同　　D. 基本相反
70. 对于形状简单的静止配合件拆卸时，可用（　　）。
    A. 拉拔法　　B. 顶压法　　C. 温差法　　D. 破坏法
71. 传动精度高、工作平稳、无噪音、易于自锁，能传递较大的扭矩，这是（　　）特点。
    A. 螺旋传动机构　　B. 蜗轮蜗杆传动机构
    C. 齿轮传动机构　　D. 带传动机构
72. 丝杠螺母传动机构只有一个螺母时，使螺母和丝杠始终保持（　　）。
    A. 双向接触　　B. 单向接触
    C. 单向或双向接触　　D. 三向接触
73. 用（　　）校正丝杠螺母副同轴度时，为消除检验棒在各支承孔中的安装误差，可将检验棒转过后再测量一次，取其平均值。
    A. 百分表　　B. 卷尺　　C. 卡规　　D. 检验棒
74. 操作钻床时不能戴（　　）。
    A. 帽子　　B. 手套　　C. 眼镜　　D. 口罩
75. 钻床开动后，操作中允许（　　）。
    A. 用棉纱擦钻头　　B. 测量工作　　C. 手触钻头　　D. 钻孔
76. 使用锉刀时不能（　　）。
    A. 推锉　　B. 来回锉　　C. 单手锉　　D. 双手锉
77. 钻床钻孔时，车（　　）不准捏停钻夹头。
    A. 停稳　　B. 未停稳　　C. 变速时　　D. 变速前
78. 钳工车间设备较少，工件摆放时要（　　）。
    A. 整齐　　B. 放在工件架上　　C. 随便　　D. 混放
79. 熔断器的作用是（　　）。
    A. 保护电路　　B. 接道、断开电源
    C. 变压　　D. 控制电流
80. 一般零件的加工工艺线路（　　）。
    A. 粗加工　　B. 精加工
    C. 粗加工—精加工　　D. 精加工—粗加工

得分	
评卷人	

二、判断题（第 81 题～第 100 题。将判断结果填入括号中，正确的填“√”，错误的填“×”。每题 1 分，满分 20 分。）

（　　）81. 一张完整的装配图的内容包括：一组图形、必要的尺寸、必要的技术要求、零件序号和明细栏、标题栏。

（　　）82. 标注形位公差代号时，形位公差项目符号应写入形位公差框格左起第一格内。

（　　）83. 千分尺当作卡规使用时，要用锁紧装置把测微螺杆锁住。

（　　）84. 内径千分尺在使用时温度变化对示值误差的影响不大。

（　　）85. 将能量由原动机转换到工作机的一套装置称为传动装置。

（　　）86. 带传动由于带是挠性件，富有弹性，故有吸振和缓冲作用，且可保证传动比准确。

（　　）87. 液压传动是以油液作为工作价质，依靠密封容积的变化来传递运动，依靠油液内部的压力来传递动力。

（　　）88. 工作电压为 220V 的手电钻因采用双重绝缘，故操作时可不必采取绝缘措施。

（　　）89. 锯路就是锯条在工件上锯过的轨迹。

（　　）90. 当麻花钻主切削刃上各点的前角大小相等时，切削条件较好。

（　　）91. 刮削具有切削量小、切削力小、产生热量小、装夹变形小等特点。

（　　）92. 立式钻床的主要部件包括主轴变速箱、主轴、进给变速箱和齿条。

（　　）93. 用测力扳手使预紧力达到给定值的方法是控制扭角法。

（　　）94. 松键装配在键长方向，键与轴槽的间隙是 0.1 mm。

（　　）95. 在带传动中，不产生打滑的皮带是平带。

（　　）96. 链传动中，链的下垂度以 $0.2L$ 为宜。

（　　）97. 液体静压轴承是用油泵把高压油送到轴承间隙，强制形成油膜，靠液体的静压平衡外载荷。

（　　）98. 拆卸时注意拆卸方法是设备修理工作重点之一。

（　　）99. 操作钻床时，不能戴眼镜。

（　　）100. 熔断器的作用是保护电路。

职业技能鉴定国家题库

钳工中级理论知识试卷答案

一、单项选择（第1题~第80题。选择一个正确的答案，将相应的字母填入题内的括号中。每题1分，满分80分。）

1. B 2. B 3. A 4. C 5. D 6. B 7. D 8. B 9. B 10. B 11. A 12. A
13. A 14. B 15. B 16. C 17. A 18. B 19. D 20. C 21. C 22. A
23. B 24. B 25. C 26. A 27. B 28. B 29. B 30. C 31. B 32. B
33. C 34. C 35. B 36. C 37. C 38. A 39. A 40. B 41. A 42. A
43. A 44. C 45. D 46. B 47. C 48. A 49. C 50. A 51. D 52. A
53. B 54. A 55. A 56. C 57. C 58. C 59. D 60. A 61. A 62. B
63. C 64. B 65. B 66. A 67. D 68. D 69. B 70. A 71. A 72. B
73. D 74. B 75. D 76. B 77. B 78. B 79. A 80. C

二、判断题（第81题~第100题。将判断结果填入括号中，正确的填“√”，错误的填“×”。每题1分，满分20分。）

81. √ 82. √ 83. × 84. × 85. × 86. × 87. √ 88. √ 89. × 90. ×
91. √ 92. × 93. × 94. √ 95. × 96. × 97. √ 98. √ 99. × 100. √

钳工实训与技能考核

初级工考核练习件

项目一 样 板

一、教学目的

（1）掌握薄板零件的加工及测量方法；

（2）掌握较高精度样板的制作方法。

二、工、量、刃具清单

名称	规格	精度	数量	名称	规格	精度	数量	名称	规格	精度	数量
高度游标卡尺	（0～300）mm	0.02 mm	1	锯条			自定	细扁锉	150 mm		1
游标卡尺	（0～150）mm	0.02 mm	1	锤子			1	中三角锉	150 mm		1
游标万能角度尺	0°～300°	2′	1	样冲			1	细三角锉	150 mm		1
90°角尺	（100×63）mm	一级	1	划规			1	整形锉	细		1套
刀口形直尺	100 mm		1	划针			1	软钳口			1副
R规	（15～25）mm		1	钢直尺	150 mm		1	锉刀刷			1
麻花钻/mm	ϕ2		1	粗扁锉	250 mm		1	毛刷			1
锯弓			1	中扁锉	200 mm，150 mm		各1				

三、坯料图(见图 2－1－1)

材料为 Q235

其余 6.3

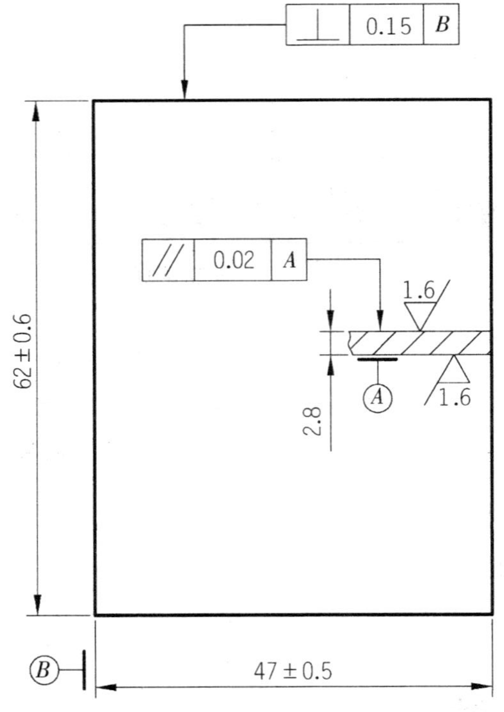

图 2－1－1　样板坯料

四、考核练习件图(见图 2－1－2)

工时为 180 min

技术要求： 1. 118°中分线应与端面垂直；

2. 未注公差按±(IT14) /2。

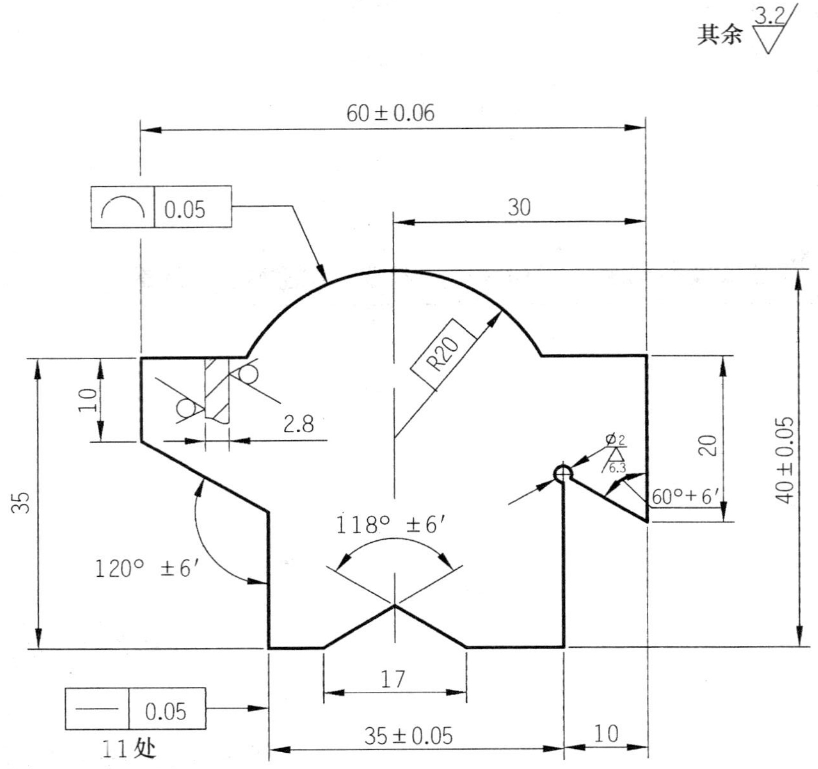

其余 3.2

图 2－1－2　样　板

五、检测评分表(样板)

项目	序号	考核要求	配分	评分标准	检测结果	得分
锉削	1	60±0.06	7	超差全扣		
	2	45±0.05	7	超差全扣		
	3	35±0.05	8	超差全扣		
	4	⌒ 0.05	8	超差全扣		
	5	— 0.05 (11处)	22	超差1处扣2分		
	6	120°±6′	10	超差全扣		
	7	118°±6′	10	超差全扣		
	8	60°±6′	10	超差全扣		
	9	Ra≤3.2μm (12处)	18	超差1处扣1.5分		
其他	10	安全文明生产	违者酌情扣1~10分			
总分						

项目二 底 板

一、教学目的

（1）巩固对称形体的加工方法；　（2）熟练掌握游标卡尺的使用；　（3）掌握圆弧直槽的加工方法。

二、工、量、刃具清单

名称	规格	精度	数量	名称	规格	精度	数量	名称	规格	精度	数量
高度游标卡尺	（0～300）mm	0.02 mm	1	锯条			自定	细扁锉	200 mm，150 mm		各 1
游标卡尺	（0～150）mm	0.02 m	1	锤子			1	狭錾子			1
游标万能角度尺	0°～300°	2′	1	样冲			1	铰杠			1
外径千分尺	（0～25）mm	0.01 mm	1	划规			1	整形锉	中		1 套
	（25～50）mm	0.01 mm	1	划针			1	软钳口			1 副
	（50～75）mm	0.01 mm	1	钢直尺	150 mm		1	锉刀刷			1
麻花钻/mm	ϕ4.2，ϕ5.8，ϕ9.5		各 1	粗扁锉	250 mm		1	毛刷			1
锯弓			1	中扁锉	200 mm，150 mm		各 1	丝锥	M5		1 副
90°角尺	（100×63）mm	一级	1	刀口直尺	100 mm		1	塞规	ϕ6	H9	1
中圆锉	250 mm，200 mm		各 1	直铰刀	ϕ6	H9	1	半径样板	（7～14.5）mm		1

三、坯料图(见图 2-2-1)

四、考核练习件图(见图 2-2-2)

技术要求： 工件去毛刺，倒棱，螺纹孔倒角 C1。

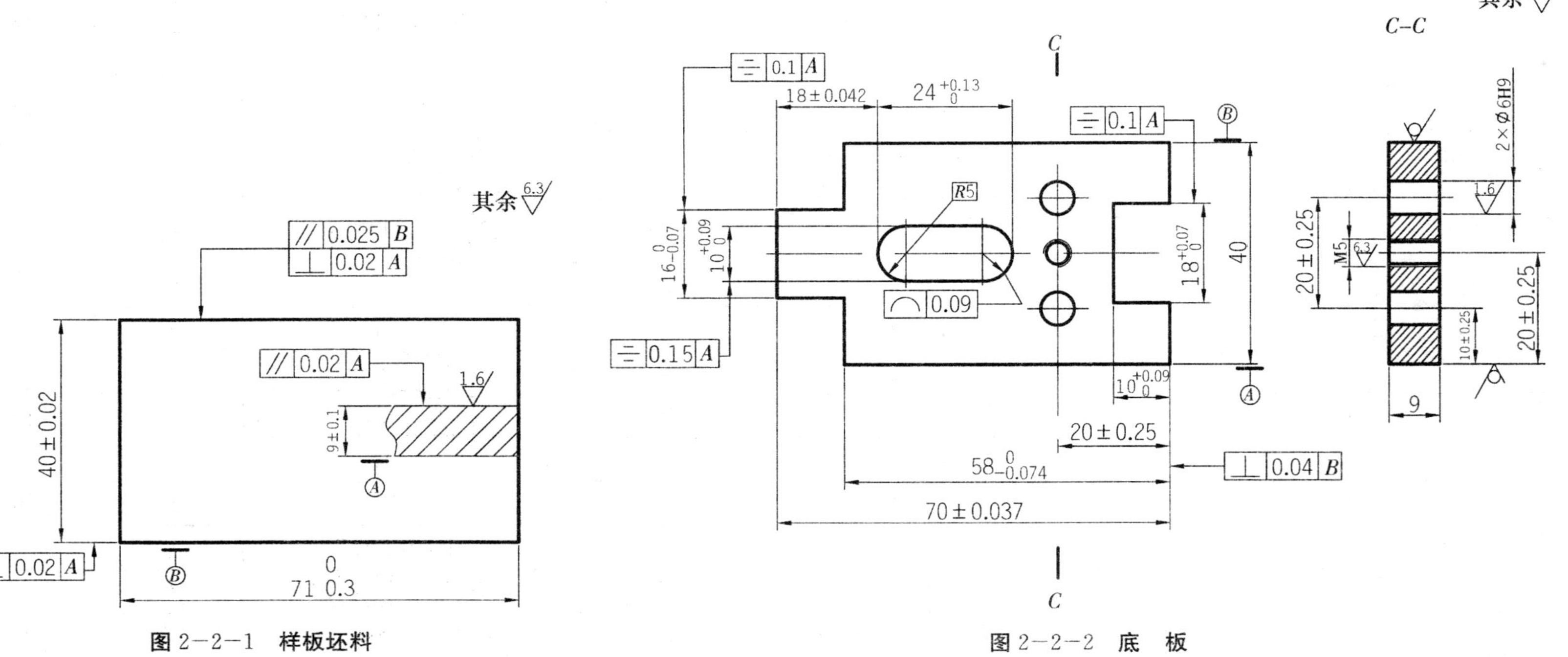

图 2-2-1 样板坯料

图 2-2-2 底 板

五、检测评分表(底板)

项目	序号	考核要求	配分	评分标准	检测结果	得分
锉削	1	70 ± 0.037	4	超差全扣		
	2	$16_{-0.07}^{\ 0}$	5	超差全扣		
	3	$58_{-0.074}^{\ 0}$（2处）	6	超差1处扣3分		
	4	⌯ 0.1 A（2处）	10	超差1处扣5分		
	5	18 ± 0.042	3	超差全扣		
	6	$24_{\ 0}^{+0.13}$	4	超差全扣		
	7	$10_{\ 0}^{+0.09}$	5	超差全扣		
	8	⌒ 0.09	8	超差1处扣4分		
	9	⌯ 0.15 A	5	超差全扣		
	10	$18_{\ 0}^{+0.07}$	5	超差全扣		
	11	$10_{\ 0}^{+0.09}$	5	超差全扣		
	12	⊥ 0.04 B	4	超差全扣		
	13	$Ra\leqslant3.2\mu m$（13处）	13	超差1处扣1分		
铰削	14	20 ± 0.25（2处）	4	超差1处扣2分		
	15	10 ± 0.25	2	超差全扣		
	16	20 ± 0.25	4	超差全扣		
	17	$\phi6H9$（2处）	4	超差1处扣2分		
	18	$Ra\leqslant1.6\mu m$（2处）	3	超差1处扣1.5分		
攻螺纹	19	20 ± 0.25（2处）	4	超差1处扣2分		
	20	M5	2	超差全扣		
其他	21	安全文明生产	违者酌情扣1~10分			
总分						

项目三 单斜配合副

一、教学目的

（1）掌握单斜度工件的锉配方法；

（2）熟练掌握钝角清角方法。

二、工、量、刃具清单

名称	规格	精度	数量	名称	规格	精度	数量	名称	规格	精度	数量
高度游标卡尺	（0～300）mm	0.02 mm	1	塞尺	（0.02～1）mm	H8	1	样冲	1		
游标卡尺	（0～150）mm	0.02 mm	1	麻花钻/mm	ϕ4，ϕ9.8，ϕ12		各 1	划针			1
外径千分尺	（0～25）mm	0.01 mm	1	直铰刀	ϕ10	H8	1	钢直尺	150 mm		1
	（25～50）mm	0.01 mm	1	铰杠			1	粗扁锉	250 mm		1
	（50～75）mm	0.01 mm	1	锯弓			1	中扁锉	200 mm，150 mm		各 1
游标万能角度尺	0°～320°	2′	1	锯条			自定	细扁锉	150 mm		1
90°角尺	（100×63）mm	0 级	1	锤子			1	细三角锉	150 mm		1
刀口形直尺	100 mm		1	狭錾子			1	软钳口			1 副
锉刀刷			1	毛刷			1				

三、坯料图(见图 2-3-1)

其余 6.3

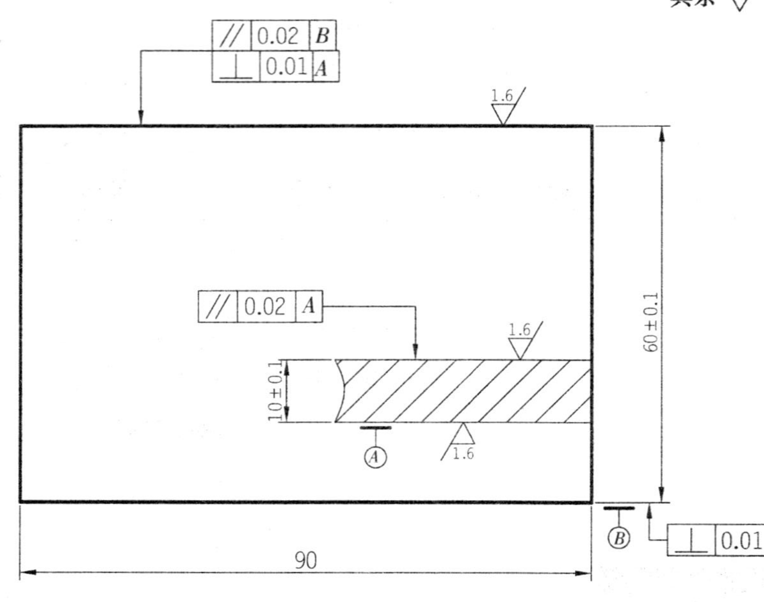

图 2-3-1　样板坯料

四、考核练习件图(见图 2-3-2)

技术要求：1. 以凸件（下）为基准，凹件（上）配作，配合间隙≤0.05 mm，两侧错位量≤0.08 mm；

2. 工件去毛刺，孔口倒角 C0.5。

其余 3.2

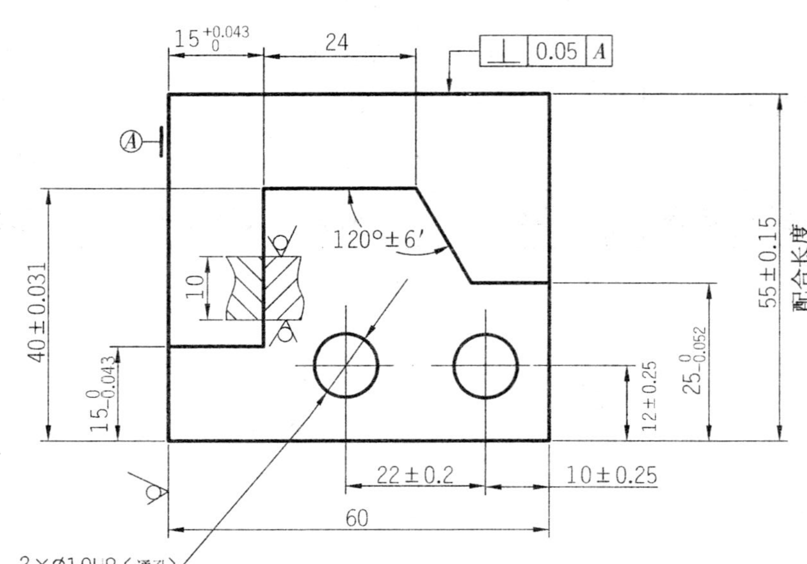

图 2-3-2　单斜配合副

五、检测评分表(单斜配合副)

项目	序号	考核要求	配分	评分标准	检测结果	得分
凸件	1	40±0.031	7	超差全扣		
	2	$25_{-0.052}^{0}$	4	超差全扣		
	3	$15_{-0.043}^{0}$	4	超差全扣		
	4	$15_{0}^{+0.043}$	5	超差全扣		
	5	120°±6′	4	超差全扣		
	6	Ra≤3.2μm（6处）	6	超差1处扣1分		
	7	ϕ10H8（2处）	4	超差1处扣2分		
	8	22±0.2	8	超差全扣		
	9	10±0.25	2	超差全扣		
	10	12±0.25	2	超差1处扣1分		
	11	Ra≤1.6μm（2处）	4	超差1处扣2分		
凹件	12	⊥ 0.05 A	3	超差全扣		
	13	Ra≤3.2μm（6处）	6	超差1处扣1分		
配件	14	配合间隙≤0.05（5处）	25	超差1处扣5分		
	15	错位量≤0.08	8	超差全扣		
	16	55±0.15	8	超差全扣		
其他	17	安全文明生产	违者酌情扣1~10分			
总分						

项目四 燕尾板

一、教学目的

掌握燕尾的计算、加工和检测方法，提高锉削技能。

二、工、量、刃具清单

名称	规格	精度	数量	名称	规格	精度	数量	名称	规格	精度	数量
高度游标卡尺	（0～300）mm	0.02 mm	1	测量棒/mm	$\phi10\times15$	H8	2	样冲			1
游标卡尺	（0～150）mm	0.02 mm	1	麻花钻/mm	$\phi3$，$\phi6$，$\phi9.8$，$\phi12$		各 1	划针			1
深度游标卡尺	（0～125）mm	0.02 mm	1	手用直铰刀/mm	$\phi10$	H8	1	钢直尺	150 mm		1
外径千分尺	（25～50）mm	0.01 mm	1	铰杠			1	粗扁锉	250 mm		1
	（50～75）mm	0.01 mm	1	锯弓			1	中扁锉	200 mm，150 mm		各 1
游标万能角度尺	0°～320°	2′	1	锯条			自定	细扁锉	150 mm		1
90°角尺	（100×63）mm	0 级	1	锤子			1	细三角锉	150 mm		1
刀口形直尺	100 mm		1	狭錾子			1	软钳口			1 副
锉刀刷			1	毛刷			1	粗三角锉	150 mm		1

三、坯料图（见图 2-4-1）

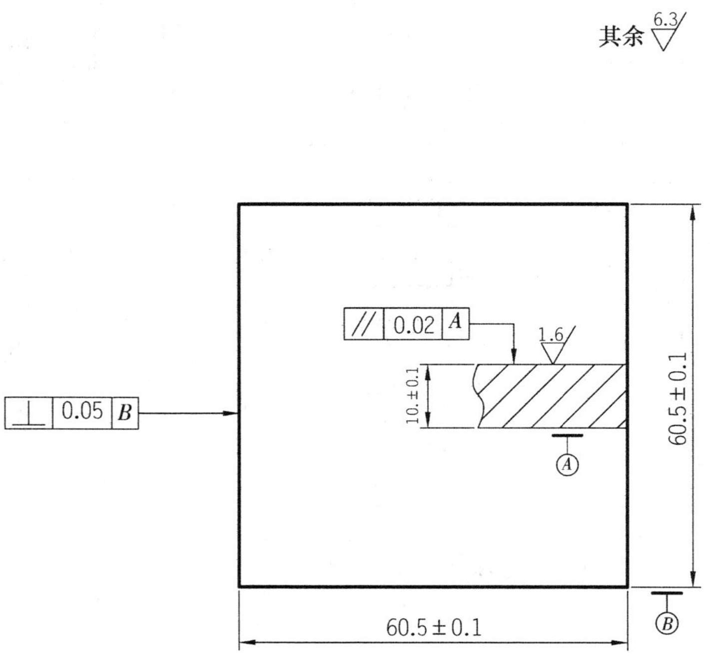

图 2-4-1　样板坯料

四、考核练习件图（见图 2-4-2）

技术要求： 下面 60°±6′内锯成 1.2 mm×1.2 mm 的清角槽，槽内表面粗糙度不考核。

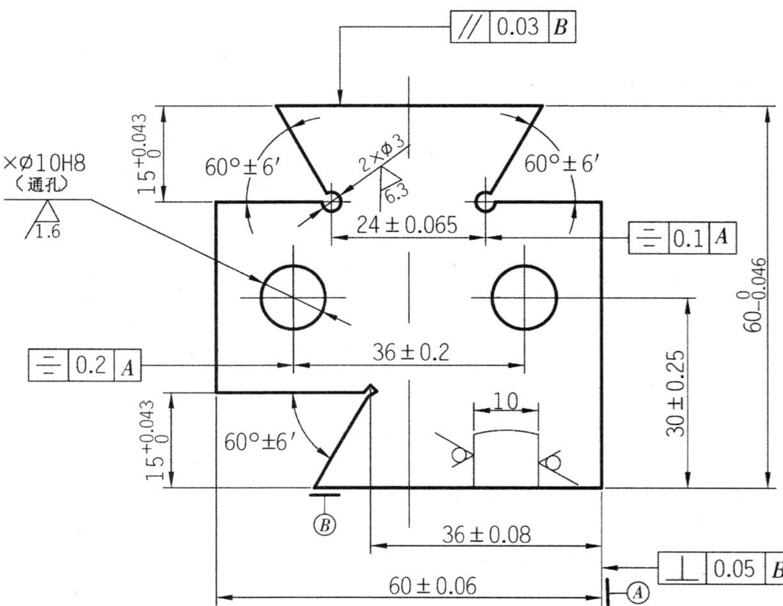

图 2-4-2　燕尾板

五、检测评分表（燕尾板）

项目	序号	考核要求	配分	评分标准	检测结果	得分
锉削	1	$60_{-0.046}^{0}$	8	超差全扣		
	2	$15_{0}^{+0.043}$（3处）	18	超差1处扣6分		
	3	24 ± 0.065	10	超差全扣		
	4	36 ± 0.08	8	超差全扣		
	5	$60^{\circ}\pm6'$（3处）	12	超差1处扣4分		
	6	∥ 0.03 B	4	超差全扣		
	7	⊥ 0.05 B	3	超差全扣		
	8	⌯ 0.1 A	8	超差全扣		
	9	Ra≤3.2μm（10处）	10	超差1处扣1分		
铰削	10	$\phi10H8$（2处）	4	超差1处扣2分		
	11	36 ± 0.2	6	超差全扣		
	12	⌯ 0.2 A	6	超差全扣		
	13	Ra≤1.6μm（2处）	4	超差1处扣1.5分		
其他	14	安全文明生产（2处）	违者酌情扣1～10分			

项目五 三角镶配

一、教学目的

(1) 掌握三角形镶配操作技能；

(2) 初步掌握圆盘类工件的划线及测量方法。

二、工、量、刃具清单

名称	规格	精度	数量	名称	规格	精度	数量	名称	规格	精度	数量
高度游标卡尺	(0～300) mm	0.02 mm	1	粗三角锉	200 mm		1	样冲			1
游标卡尺	(0～150) mm	0.02 mm	1	麻花钻/mm	ϕ3，ϕ7.8，ϕ11		各1	划针			1
外径千分尺	(25～50) mm	0.02 mm	1	直铰刀/mm	ϕ8	H8	1	钢直尺	150 mm		1
游标万能角度尺	0°～320°	2′	1	铰杠			1	粗扁锉	250 mm		1
90°角尺	(100×63) mm	0级	1	锯弓			1	中扁锉	200 mm，150 mm		各1
刀口形直尺	100 mm		1	锯条			自定	细扁锉	150 mm		1
塞尺	(0.02～1) mm		1	锤子			1	细三角锉	150 mm		1
V形铁			1	狭錾子			1	软钳口			1副
塞规/mm	ϕ8	H8	1	毛刷			1				

三、坯料图（见图 2-5-1）

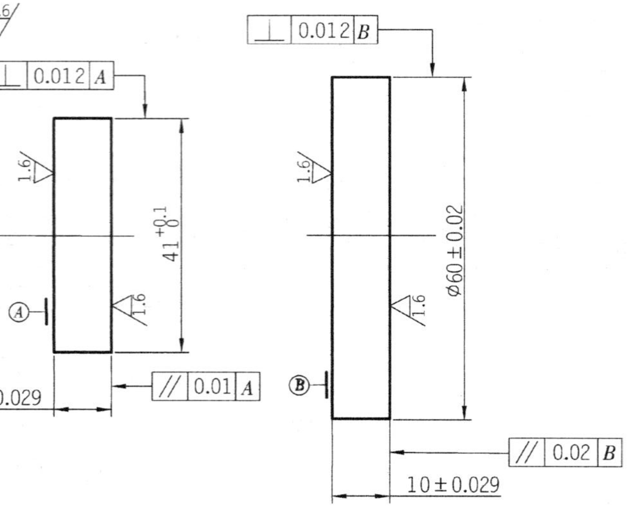

图 2-5-1　样板坯料

四、考核练习件图（见图 2-5-2）

技术要求： 件 2 按件 1 配作，互换配合间隙≤0. 06 mm。

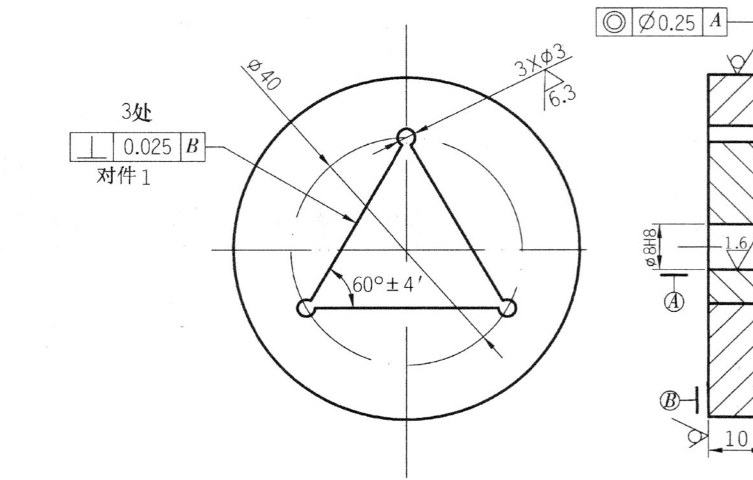

图 2-5-2　三角镶配

五、检测评分表（三角镶配）

项目	序号	考核要求	配分	评分标准	检测结果	得分
件 1	1	10±0.036（3 处）	24	超差 1 处扣 8 分		
	2	60°±4′（3 处）	12	超差 1 处扣 4 分		
	3	ϕ8H8	3	超差全扣		
	4	Ra≤1.6μm	3	超差全扣		
	5	⊥ 0.025 B（3 处）	9	超差 1 处扣 3 分		
	6	Ra≤3.2μm（3 处）	6	超差 1 处扣 2 分		
件 2	7	Ra≤3.2μm（3 处）	6	超差 1 处扣 2 分		
配合	8	配合间隙≤0.06μm（9 处）	27	超差 1 处扣 3 分		
	9	◎ Ø0.25 A	10	超差全扣		
其他	10	安全文明生产	违者酌情扣 1~10 分			
总分						

项目六 直角斜边配合副

一、教学目的

（1）提高锉配技能和熟练程度；　（2）熟练掌握清角锉削方法。

二、工、量、刃具清单

名称	规格	精度	数量	名称	规格	精度	数量	名称	规格	精度	数量
高度游标卡尺	（0～300）mm	0.02 mm	1	塞尺	（0.02～1）mm	H8	1	样冲			1
游标卡尺	（0～150）mm	0.02 mm	1	麻花钻/mm	ϕ4，ϕ7.8，ϕ12		各1	划针			1
外径千分尺	（0～25）mm	0.01 mm	1	直铰刀/mm	ϕ18	H8	1	钢直尺	150 mm		1
	（25～50）mm	0.01 mm	1	铰杠			1	粗扁锉	250 mm		1
	（50～75）mm	0.01 mm	1	锯弓			1	中扁锉	200 mm，150 mm		各1
游标万能角度尺	0°～320°	2′	1	锯条			自定	细扁锉	150 mm		1
90°角尺	（100×63）mm	0级	1	锤子			1	细三角锉	150 mm		1
刀口形直尺	100 mm		1	狭錾子			1	软钳口			1副
锉刀刷			1	毛刷			1	塞规/mm	ϕ8	H8	1
粗三角锉	150 mm		1								

三、坯料图（见图 2−6−1）

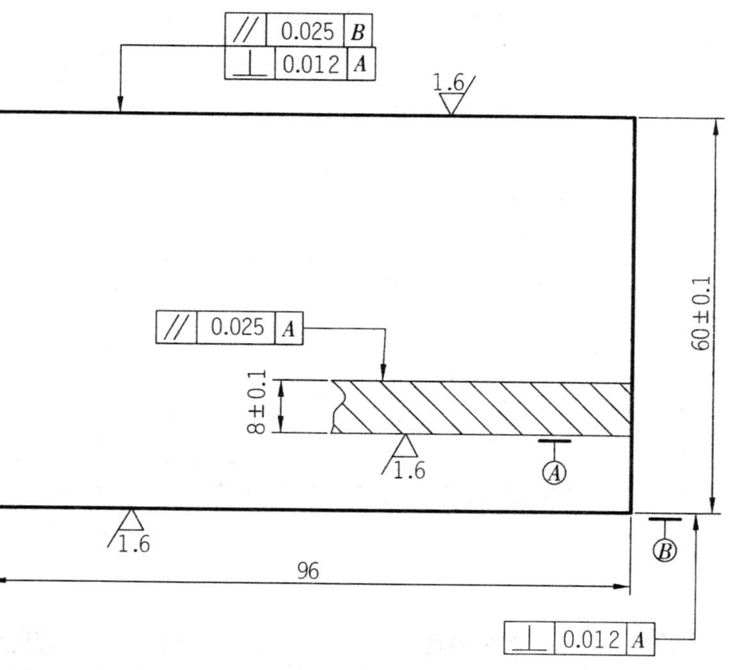

图 2−6−1　样板坯料

四、考核练习件图（见图 2−6−2）

技术要求： 以凸件（上）为基准，凹件（下）配作，配合间隙≤0.05 mm，两侧错位量≤0.08 mm。

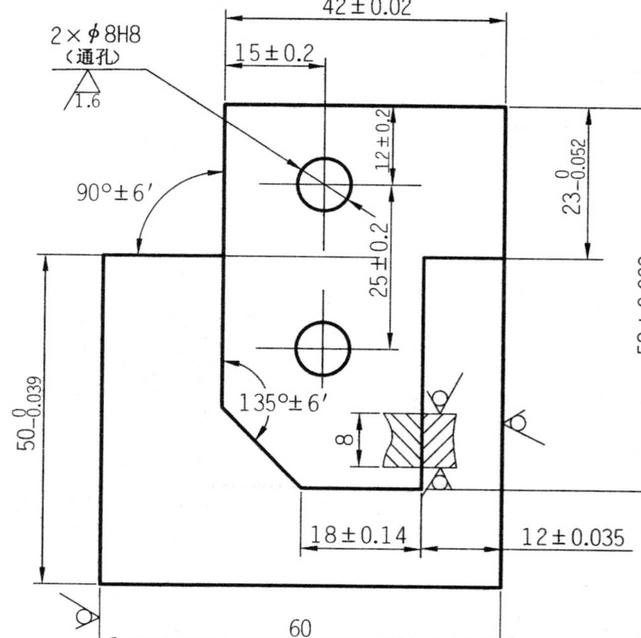

图 2−6−2　直角斜边配合副

五、检测评分表（直角斜边配合副）

项目	序号	考核要求	配分	评分标准	检测结果	得分
凸件	1	42±0.02	6	超差全扣		
	2	$23_{-0.052}^{0}$	6	超差全扣		
	3	58±0.023	6	超差全扣		
	4	12±0.035	6	超差全扣		
	5	18±0.14	3	超差全扣		
	6	135°±6′	5	超差全扣		
	7	Ra≤3.2μm （7处）	7	超差1处扣1分		
	8	ϕ8H8 （2处）	4	超差1处扣2分		
	9	25±0.2	4	超差全扣		
	10	15±0.2 （2处）	4	超差1处扣2分		
	11	12±0.2	2	超差全扣		
	12	Ra≤1.6μm（2处）	4	超差1处扣2分		
凹件	13	$50_{-0.039}^{0}$	6	超差全扣		
	14	Ra≤3.2μm（6处）	6	超差1处扣1分		
配合	15	配合间隙≤0.05（5处）	20	超差1处扣4分		
	16	错位量≤0.08	5	超差全扣		
	17	90°±6′	6	超差全扣		
其他	18	安全文明生产	违者酌情扣1～10分			
总分						

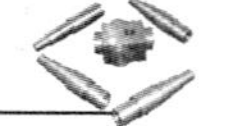

中级工考核练习件

项目七 单燕尾凸形镶配

一、教学目的

掌握半封闭较高精度的锉配方法和技能。

二、工、量、刃具清单

名称	规格	精度	数量	名称	规格	精度	数量	名称	规格	精度	数量
高度游标卡尺	（0～300） mm	0.02 mm	1	测量棒/mm	ϕ10×15	H8	2	样冲			1
游标卡尺	（0～150） mm	0.02 mm	1	麻花钻/mm	ϕ3，ϕ5，ϕ7.8，ϕ12		各 1	划针			1
塞规/mm	ϕ8	H7	1	直铰刀/mm	ϕ8	H7	1	钢直尺	150 mm		1
外径千分尺	（0～25） mm	0.01 mm	1	铰杠			1	粗扁锉	250 mm		1
	（25～50） mm	0.01 mm	1	锯弓			1	中扁锉	200 mm，150 mm		各 1
游标万能角度尺	0°～320°	2′	1	锯条			自定	细扁锉	150 mm		1
90°角尺	（100×63） mm	0 级	1	锤子			1	细三角锉	150 mm		1
刀口形直尺	100 mm		1	狭錾子			1	软钳口			1 副
锉刀刷			1	毛刷			1	粗三角锉	150 mm		1
塞尺	（0.02～1） mm		1	粗方锉	200 mm		1	细方锉	200 mm		1
整形锉			1 副								

三、坯料图（见图 2-7-1）

图 2-7-1　样板坯料

四、考核练习件图（见图 2-7-2）

技术要求： 以凸件（下）为基准，凹件（上）配作，配合间隙≤0.04 mm，两侧错位量≤0.06 mm。

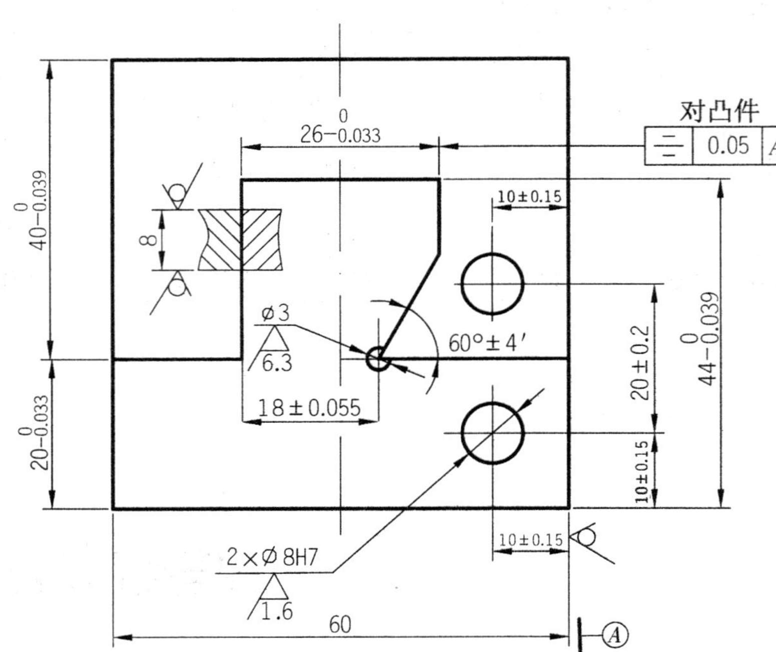

图 2-7-2　单燕尾凸形镶配

五、检测评分表（单燕尾凸形镶配）

项目	序号	考核要求	配分	评分标准	检测结果	得分
凸件	1	$26_{-0.033}^{0}$	8	超差全扣		
	2	$20_{-0.033}^{0}$（2 处）	8	超差 1 处扣 4 分		
	3	$44_{-0.039}^{0}$	5	超差全扣		
	4	18±0.055	6	超差全扣		
	5	60°±4′	4	超差全扣		
	6	⌯ 0.05 A	5	超差全扣		
	7	Ra≤3.2μm（7 处）	3.5	超差 1 处扣 0.5 分		
	8	ϕ8H7	2	超差全扣		
	9	10±0.15（2 处）	4	超差 1 处扣 2 分		
	10	Ra≤1.6μm	2	超差全扣		
凹件	11	$40_{-0.039}^{0}$	5	超差全扣		
	12	Ra≤3.2μm（7 处）	3.5	超差 1 处扣 0.5 分		
	13	ϕ8H7	2	超差全扣		
	14	10±0.15	2	超差全扣		
	15	Ra≤1.6μm	2	超差全扣		
配合	16	配合间隙≤0.04(6 处）	24	超差 1 处扣 4 分		
	17	错位量≤0.06	6	超差全扣		
	18	20±0.2	8	超差全扣		
其他	19	安全文明生产	违者酌情扣 1~10 分			
总分						

项目八 三件镶配

一、教学目的

（1）初步掌握三件镶配锉配方法；

（2）提高锉配熟练程度。

二、工、量、刃具清单

名称	规格	精度	数量	名称	规格	精度	数量	名称	规格	精度	数量
高度游标卡尺	（0～300）mm	0.02 mm	1	测量棒/mm	$\phi10\times15$	H8	2	样冲			1
游标卡尺	（0～150）mm	0.02 mm	1	麻花钻/mm	$\phi4$，$\phi6$，$\phi7.8$，$\phi12$		各 1	划针			1
塞规/mm	$\phi8$	H7	1	直铰刀/mm	$\phi8$	H7	1	钢直尺	150 mm		1
外径千分尺	（0～25）mm	0.01 mm	1	铰杠			1	粗扁锉	250 mm		1
	（25～50）mm	0.01 mm	1	锯弓			1	中扁锉	200 mm，150 mm		各 1
游标万能角度尺	0°～320°	2′	1	锯条			自定	细扁锉	150 mm		1
90°角尺	（100×63）mm	0 级	1	锤子			1	细三角锉	150 mm		1
刀口形直尺	100 mm		1	狭錾子			1	软钳口			1 副
锉刀刷			1	毛刷			1	塞尺	（0.02～1）mm		1

三、坯料图（见图 2－8－1）

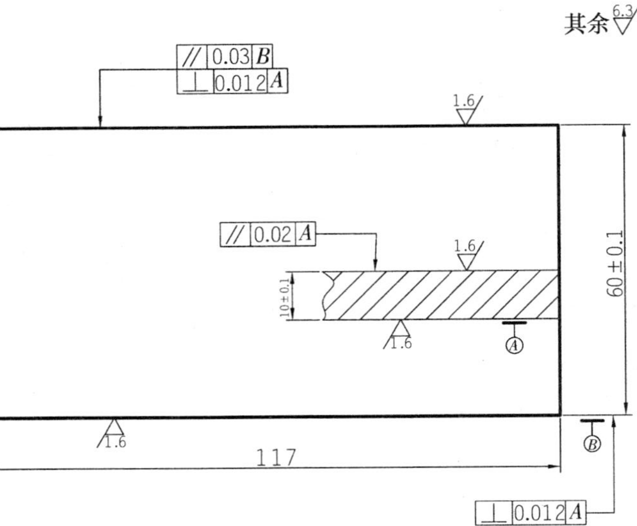

图 2－8－1　样板坯料

四、考核练习件图（见图 2－8－2）

技术要求： 1. 件 2 按件 1 配作，件 3 按件 1、件 2 配作；

2. 按图示配合以及将件 1 翻转 180°后和件 2 配合，然后一起旋转 180°再与件 3 配合，互换配合间隙≤0.04 mm；

3. 件 1、件 2 孔距和配合长度按互换检测二次。

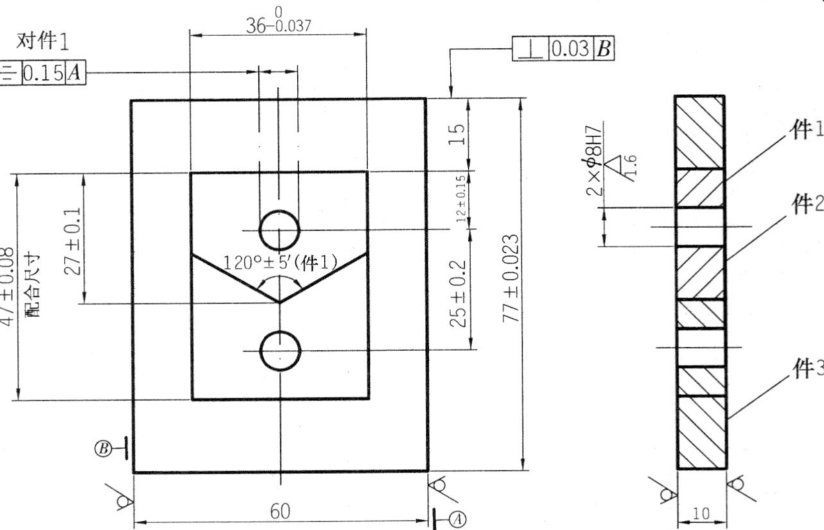

图 2－8－2　三件镶配

五、检测评分表（三角镶配）

项目	序号	考核要求	配分	评分标准	检测结果	得分
件 1	1	$36_{-0.037}^{0}$	5	超差全扣		
	2	27±0.1	4	超差全扣		
	3	120°±5′	4	超差全扣		
	4	Ra≤3.2μm（5 处）	2.5	超差 1 处扣 0.5 分		
	5	φ8H7	2	超差全扣		
	6	12±0.15	4	超差全扣		
	7	⌯ 0.15 A	5	超差全扣		
	8	Ra≤1.6 μm	2	超差全扣		
件 2	9	$36_{-0.037}^{0}$	5	超差全扣		
	10	Ra≤3.2μm（5 处）	2.5	超差 1 处扣 0.5 分		
	11	φ8H7	2	超差全扣		
	12	Ra≤1.6μm	2	超差全扣		
件 3	13	77±0.023	4	超差全扣		
	14	⊥ 0.03 B	3	超差全扣		
	15	Ra≤3.2μm（6 处）	3	超差 1 处扣 0.5 分		
配合	16	25±0.2（2 处）	10	超差 1 处扣 5 分		
	17	47±0.08（2 处）	8	超差 1 处扣 4 分		
	18	配合间隙≤0.04（16 处）	32	超差 1 处扣 2 分		
其他	19	安全文明生产	违者酌情扣 1~10 分			
总分						

项目九　V 形对配

一、教学目的

（1）掌握较复杂对称件的加工方法；　　（2）提高测量和锉配技能。

二、工、量、刃具清单

名称	规格	精度	数量	名称	规格	精度	数量	名称	规格	精度	数量
高度游标卡尺	（0～300）mm	0.02 mm	1	杠杆百分表	（0～10）mm	H8	2	样冲			1
游标卡尺	（0～150）mm	0.02 mm	1	麻花钻/mm	$\phi4$，$\phi7.8$，$\phi12$		各 1	划针			1
塞规/mm	$\phi8$	H7	1	直铰刀/mm	$\phi8$	H7	1	钢直尺	150 mm		1
外径千分尺	（0～25）mm	0.01 mm	1	铰杠			1	粗扁锉	250 mm		1
	（25～50）mm	0.01 mm	1	锯弓			1	中扁锉	200 mm，150 mm		各 1
游标万能角度尺	0°～320°	2′	1	锯条			自定	细扁锉	150 mm		1
90°角尺	（100×63）mm	0 级	1	锤子			1	细三角锉	150 mm		1
刀口形直尺	100 mm		1	狭錾子			1	软钳口			1 副
锉刀刷			1	毛刷			1	塞尺	（0.02～1）mm		1
磁性表座			1	V 形铁			1				

三、坯料图（见图 2−9−1）

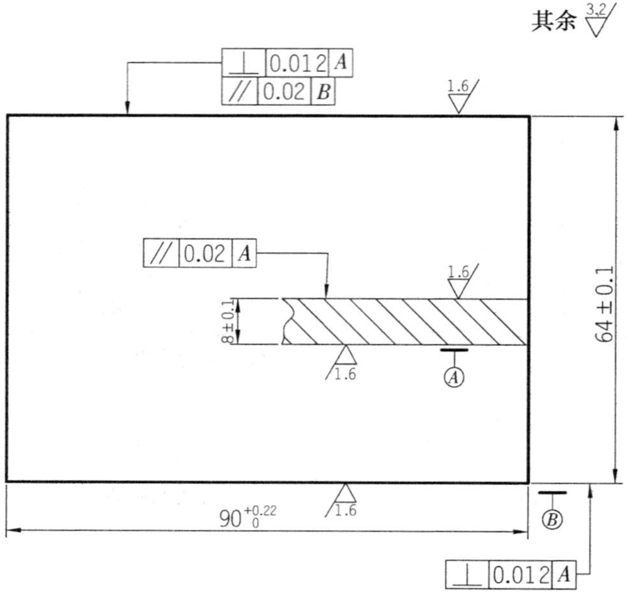

图 2−9−1　样板坯料

四、考核练习件图（见图 2−9−2）

技术要求： 1. 以件 1 为基准，件 2 配作。互换配合间隙≤0.05 mm，两侧错位量≤0.06 mm；

2. 孔距 43 mm±0.2 mm 互换检测两次。

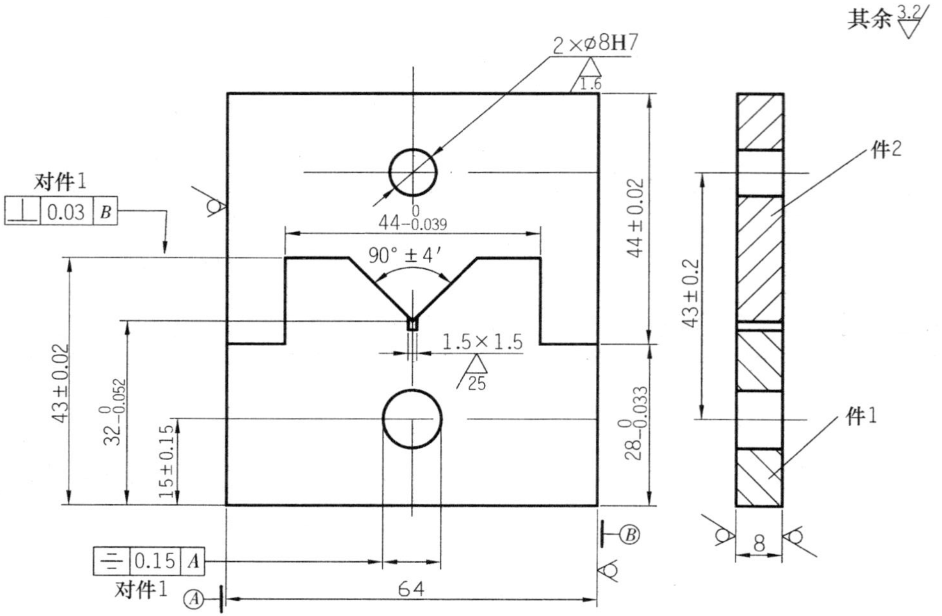

图 2−9−2　V 形对配

五、检测评分表（V 形对配）

项目	序号	考核要求	配分	评分标准	检测结果	得分
件 1	1	$44_{-0.039}^{0}$	6	超差全扣		
	2	$32_{-0.052}^{0}$	5	超差全扣		
	3	$28_{-0.033}^{0}$（2 处）	8	超差 1 处扣 4 分		
	4	43±0.02	4	超差全扣		
	5	90°±4′	4	超差全扣		
	6	⊥ 0.03 B	3	超差全扣		
	7	Ra≤3.2μm（9 处）	4.5	超差 1 处扣 0.5 分		
	8	ϕ8H7	2	超差全扣		
	9	15±0.15	3	超差全扣		
	10	⌯ 0.15 A	6	超差全扣		
	11	Ra≤1.6μm	1.5	超差全扣		
件 2	12	44±0.02	5	超差全扣		
	13	Ra≤3.2μm（9 处）	4.5	超差 1 处扣 0.5 分		
	14	ϕ8H7	2	超差全扣		
	15	Ra≤1.6μm	1.5	超差全扣		
配合	16	配合间隙≤0.05（16 处）	24	超差 1 处扣 1.5 分		
	17	错位量≤0.06（2 处）	8	超差 1 处扣 4 分		
	18	43±0.2（2 处）	8	超差 1 处扣 4 分		
其他	19	安全文明生产	违者酌情扣 1～10 分			
总分						

项目十 梯形拼块

一、教学目的

掌握较高精度的锉配，提高锉配技能。

二、工、量、刃具清单

名称	规格	精度	数量	名称	规格	精度	数量	名称	规格	精度	数量
高度游标卡尺	(0～300) mm	0.02 mm	1	杠杆百分表	(0～0.8) mm	H7	1	样冲			1
游标卡尺	(0～150) mm	0.02 mm	1	麻花钻/mm	ϕ4，ϕ7.8，ϕ12		各 1	划针			1
塞规/mm	ϕ8	H7	1	直铰刀/mm	ϕ8	H7	1	钢直尺	150 mm		1
外径千分尺	(25～50) mm	0.01 mm	1	铰杠			1	粗扁锉	250 mm		1
	(50～75) mm	0.01 mm	1	锯弓			1	中扁锉	200 mm，150 mm		各 1
游标万能角度尺	0°～320°	2′	1	锯条			自定	细扁锉	150 mm		1
90°角尺	(100×63) mm	0 级	1	锤子			1	细三角锉	150 mm		1
刀口形直尺	100 mm		1	狭錾子			1	软钳口			1 副
锉刀刷			1	毛刷			1	塞尺	(0.02～1) mm		1
磁性表座			1	V 形铁			1	细三角锉			1

三、坯料图（见图 2-10-1）

图 2-10-1　样板坯料

四、考核练习件图（见图 2-10-2）

技术要求：1. 件 2 按件 1 配作，件 3 按件 2 配作，互换配合间隙≤0.04 mm；

2. 件 2 和件 3 配合后 $\phi62$ 外圆圆度误差≤0.074 mm。

其余 3.2

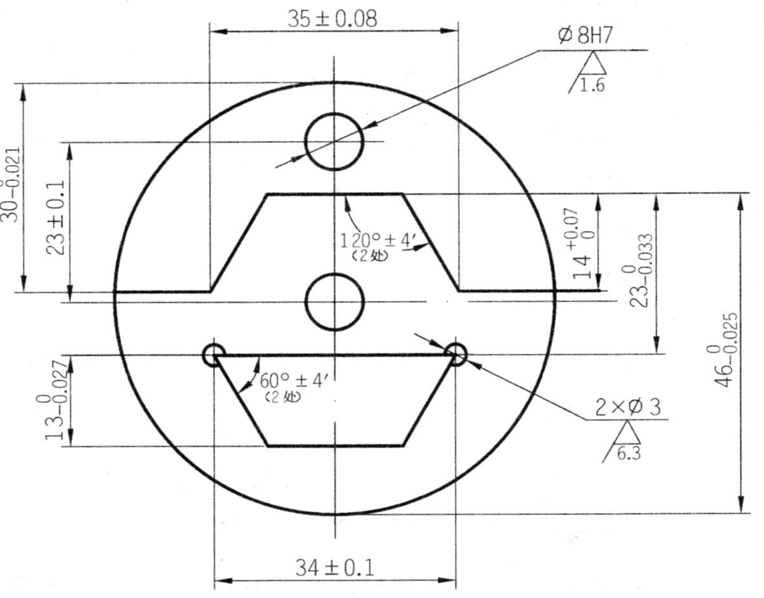

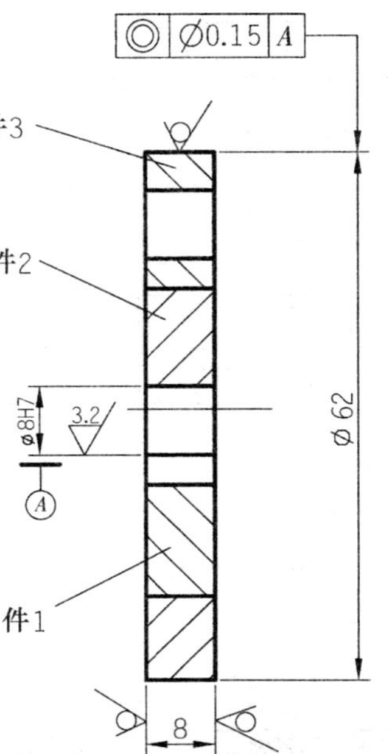
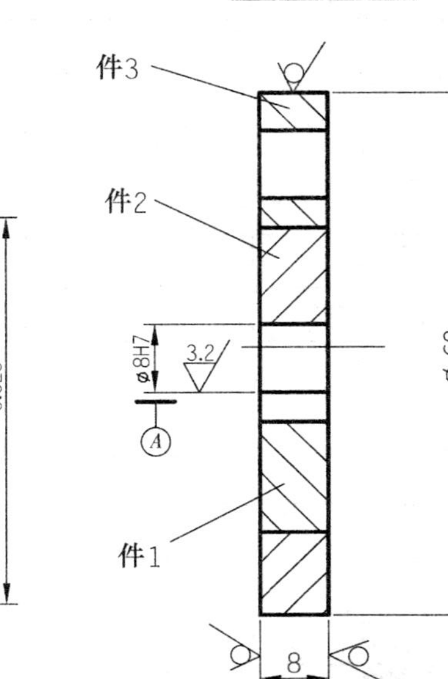

图 2-10-2　梯形拼块

五、检测评分表（梯形拼块）

项目	序号	考核要求	配分	评分标准	检测结果	得分
件 1	1	34±0.1	3	超差全扣		
	2	$13_{-0.027}^{0}$	5	超差全扣		
	3	60°±4′（2 处）	6	超差 1 处扣 3 分		
	4	Ra≤3.2μm（4 处）	2	超差 1 处扣 0.5 分		
件 2	5	$46_{-0.025}^{0}$	5	超差全扣		
	6	$14_{0}^{+0.07}$（2 处）	6	超差 1 处扣 3 分		
	7	$23_{-0.033}^{0}$	4	超差全扣		
	8	35±0.08	3	超差全扣		
	9	120°±4′（2 处）	6	超差 1 处扣 3 分		
	10	ϕ8H7	1.5	超差全扣		
	11	Ra≤1.6μm	1	超差全扣		
	12	Ra≤3.2μm（9 处）	4.5	超差 1 处扣 0.5 分		
件 3	13	$30_{-0.021}^{0}$	5	超差全扣		
	14	ϕ8H7	1.5	超差全扣		
	15	Ra≤1.6μm	1	超差全扣		
	16	Ra≤3.2μm(5 处)	2.5	超差 1 处扣 0.5 分		
配合	17	配合间隙≤0.04(18 处)	27	超差 1 处扣 1.5 分		
	18	圆度误差≤0.074(2 处)	6	超差 1 处扣 3 分		
	19	◎ Ø 0.15 A	5	超差全扣		
	20	23±0.1（2 处）	5	超差 1 处扣 2.5 分		
其他	21	安全文明生产	违者酌情扣 1~10 分			
总分						

项目十一 燕尾对配

一、教学目的

（1）提高分析图样能力，并能确定合理的加工步骤；（2）会利用 V 形铁进行划线。

二、工、量、刃具清单

名称	规格	精度	数量	名称	规格	精度	数量	名称	规格	精度	数量
高度游标卡尺	（0～300）mm	0.02 mm	1	杠杆百分表	（0～0.8）mm	H7	1	样冲			1
游标卡尺	（0～150）mm	0.02 mm	1	麻花钻/mm	ϕ3，ϕ5，ϕ7.8，ϕ12		各 1	划针			1
外径千分尺	（0～25）mm	0.01 mm	1	直铰刀/mm	ϕ8	H7	1	钢直尺	150 mm		1
	（25～50）mm	0.01 mm	1	铰杠			1	粗扁锉	250 mm		1
	（50～75）mm	0.01 mm	1	锯弓			1	中扁锉	200 mm，150 mm		各 1
游标万能角度尺	0°～320°	2′	1	锯条			自定	细扁锉	150 mm		1
90°角尺	（100×63）mm	0 级	1	锤子			1	细三角锉	150 mm		1
刀口形直尺	100 mm		1	狭錾子			1	软钳口			1 副
锉刀刷			1	毛刷			1	塞尺	（0.02～1）mm		1
磁性表座			1	塞规	ϕ8	H7	1	细三角锉			1
深度千分尺	（0～25）mm	0.01 mm	1	V 形铁			1	测量棒/mm	ϕ10×15		2

三、坯料图（见图 2-11-1）

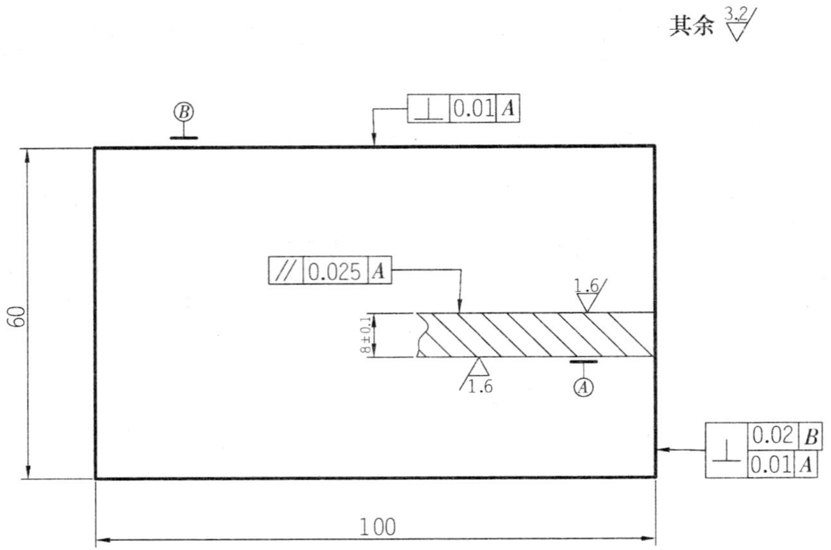

图 2-11-1　样板坯料

四、考核练习件图（见图 2-11-2）

技术要求： 1. 以件 1 为基准，件 2 配作；

2. 按图示，两件配合及相对翻转 180°间隙≤0.04 mm。外形错位量≤0.04 mm。所有配合尺寸和形位公差均按两件配合检测 2 次。

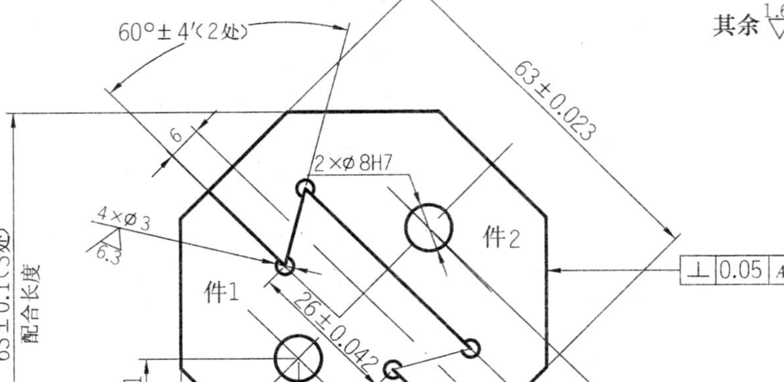

图 2-11-2　燕尾对配

五、检测评分表（燕尾配对）

项目	序号	考核要求	配分	评分标准	检测结果	得分
件 1	1	63±0.023	4	超差全扣		
	2	26±0.042	7.5	超差全扣		
	3	$12^{+0.043}_{0}$（2 处）	8	超差 1 处扣 4 分		
	4	60°±4′（2 处）	8	超差 1 处扣 4 分		
	5	Ra≤1.6μm 面（10 处）	5	超差 1 处扣 0.5 分		
	6	20±0.1（2 处）	4	超差 1 处扣 2 分		
	7	ϕ8H7	2	超差全扣		
	8	Ra≤1.6μm 孔	2	超差全扣		
件 2	9	63±0.023	4	超差全扣		
	10	Ra≤1.6μm 面（9 处）	4.5	超差 1 处扣 0.5 分		
	11	ϕ8H7	2	超差全扣		
	12	Ra≤1.6μm 孔	2	超差全扣		
配合	13	配合间隙≤0.04（10 处）	15	超差 1 处扣 1.5 分		
	14	错位量≤0.04（4 处）	8	超差 1 处扣 2 分		
	15	63±0.1（6 处）	12	超差 1 处扣 2 分		
	16	32±0.15（2 处）	6	超差 1 处扣 3 分		
	17	⊥ 0.05 A（2 处）	6	超差 1 处扣 3 分		
其他	18	安全文明生产	违者酌情扣 1~10 分			
总分						

项目十二 R 对配

一、教学目的

（1）熟练 V 形铁的使用；（2）明确对称度误差对配合的影响。

二、工、量、刃具清单

名称	规格	精度	数量	名称	规格	精度	数量	名称	规格	精度	数量
高度游标卡尺	（0～300）mm	0.02 mm	1	杠杆百分表	（0～0.8）mm	0.01 mm	1	样冲			1
游标卡尺	（0～150）mm	0.02 mm	1	麻花钻/mm	ϕ3，ϕ5，ϕ7.8，ϕ12		各 1	划针			1
外径千分尺	（0～25）mm	0.01 mm	1	直铰刀/mm	ϕ8	H7	1	钢直尺	150 mm		1
	（25～50）mm	0.01 mm	1	铰杠			1	粗扁锉	250 mm		1
	（50～75）mm	0.01 mm	1	锯弓			1	中扁锉	200 mm，150 mm		各 1
游标万能角度尺	0°～320°	2′	1	锯条			自定	细扁锉	150 mm		1
90°角尺	（100×63）mm	0 级	1	锤子			1	细三角锉	150 mm		1
刀口形直尺	100 mm		1	狭錾子			1	软钳口			1 副
锉刀刷			1	毛刷			1	塞尺	（0.02～1）mm		1
磁性表座			1	塞规/mm	ϕ8	H7	1	细三角锉			1
深度千分尺	（0～25）mm	0.01 mm	1	V 形铁			1	测量棒/mm	ϕ10×15		1

三、坯料图（见图 2-12-1）

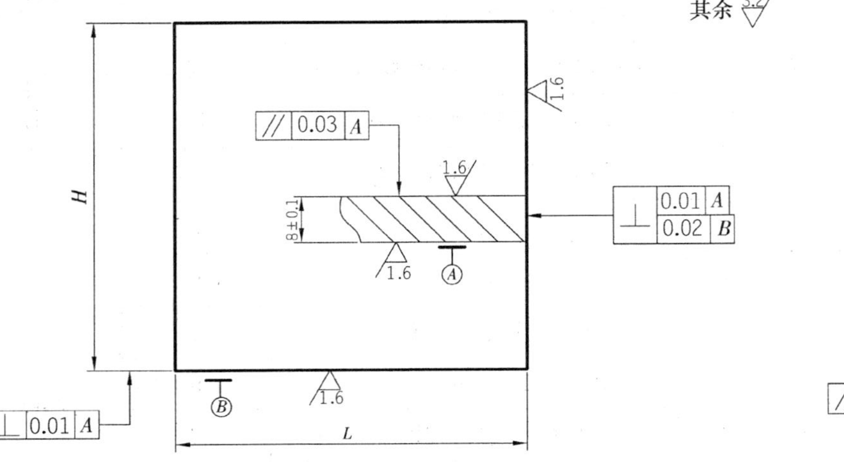

序号	L	H	数量
1	60.5±0.15	60.5±0.15	1
2	45.5±0.12	45.5±0.12	1

图 2-12-1　样板坯料

四、考核练习件图（见图 2-12-2）

技术要求： 以件 1 为基准，件 2 配作；互换配合间隙均≤0.04 mm，两侧错位量≤0.05 mm。

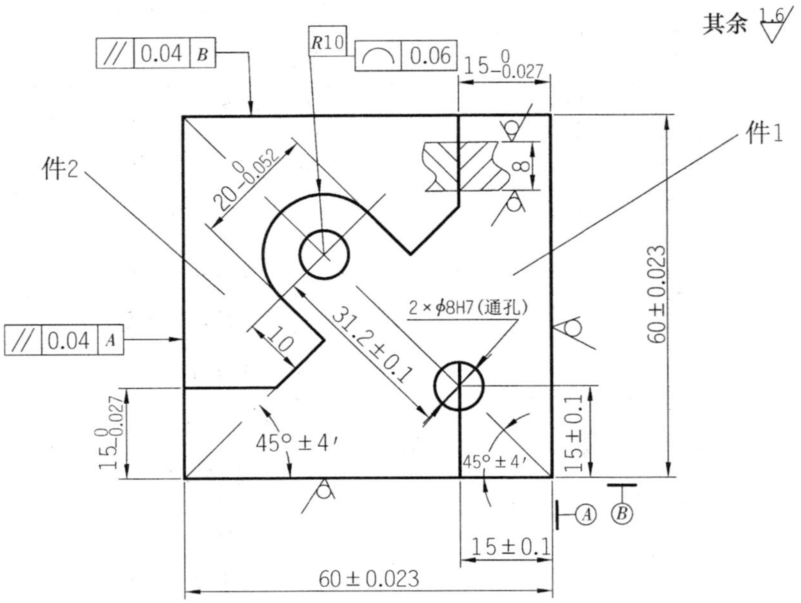

图 2-12-2　R 对配

五、检测评分表（*R* 对配）

项目	序号	考核要求	配分	评分标准	检测结果	得分
件 1	1	60±0.023（2 处）	10	超差 1 处扣 5 分		
	2	$15_{-0.027}^{0}$（2 处）	10	超差 1 处扣 5 分		
	3	$20_{-0.052}^{0}$	5	超差全扣		
	4	⌒ 0.06	7.5	超差全扣		
	5	45°±4′（2 处）	6	超差 1 处扣 3 分		
	6	Ra≤1.6μm 面（9 处）	4.5	超差 1 处扣 0.5 分		
	7	15±0.1（2 处）	4	超差 1 处扣 2 分		
	8	31.2±0.1	4	超差全扣		
	9	φ8H7（2 处）	2	超差 1 处扣 1 分		
	10	Ra≤1.6μm 孔（2 处）	2	超差 1 处扣 1 分		
件 2	11	Ra≤1.6μm 面（8 处）	4	超差 1 处扣 0.5 分		
件 3	12	配合间隙≤0.04（14 处）	21	超差 1 处扣 1.5 分		
	13	错位量≤0.05（4 处）	12	超差 1 处扣 3 分		
	14	// 0.04 *A*（2 处）	4	超差 1 处扣 2 分		
	15	// 0.04 *B*（2 处）	4	超差 1 处扣 2 分		
其他	16	安全文明生产		违者酌情扣 1～10 分		
总分						

项目十三　异形件

一、教学目的

提高锉削和钻孔综合操作技能。

二、工、量、刃具清单

名称	规格	精度	数量	名称	规格	精度	数量	名称	规格	精度	数量
高度游标卡尺	（0～300）mm	0.02 mm	1	杠杆百分表	（0～0.8）mm	0.01	1	样冲			1
游标卡尺	（0～150）mm	0.02 mm	1	麻花钻/mm	ϕ3，ϕ5，ϕ7.8，ϕ12		各 1	划针			1
外径千分尺	（0～25）mm	0.01 mm	1	直铰刀/mm	ϕ8	H7	1	钢直尺	150 mm		1
	（25～50）mm	0.01 mm	1	铰杠			1	粗扁锉	250 mm		1
	（50～75）mm	0.01 mm	1	锯弓			1	中扁锉	200 mm，150 mm		各 1
游标万能角度尺	0°～320°	2′	1	锯条			自定	细扁锉	150 mm		1
90°角尺	（100×63）mm	0 级	1	锤子			1	细三角锉	150 mm		1
刀口形直尺	100 mm		1	狭錾子			1	软钳口			1 副
锉刀刷			1	毛刷			1	塞尺	（0.02～1）mm		1
深度千分尺	（0～25）mm	0.01 mm	1	塞规/mm	ϕ8	H7	1	粗三角锉	150 mm		1
	（25～50）mm	0.01 mm	1	V 形铁			1	测量棒/mm	ϕ10×15		1
磁性表座			1	正弦规			1	量块	自选		1 盒

三、坯料图（见图 2-13-1）

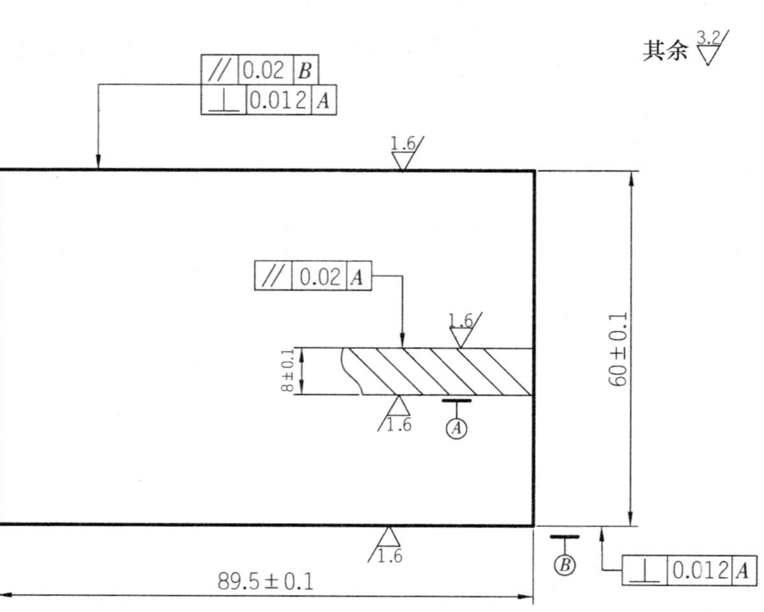

图 2-13-1　样板坯料

四、考核练习件图（见图 2-13-2）

技术要求：1. 以凸件（上）为基准，凹件（下）配作，配合间隙≤0.08 mm；

2. 两侧错位量≤0.08 mm（检测时将此件沿锯缝断开）。

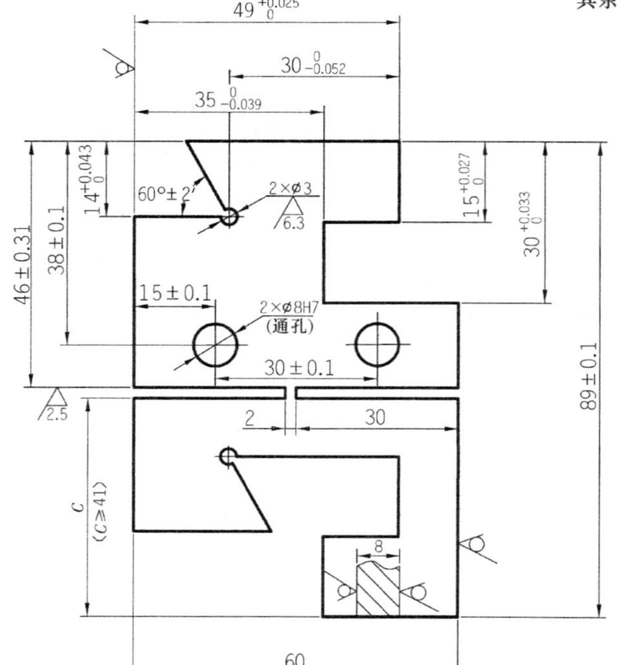

图 2-13-2　异形件

五、检测评分表（异形件）

项目	序号	考核要求	配分	评分标准	检测结果	得分
凸件	1	$49^{+0.025}_{0}$	7	超差全扣		
	2	$35^{0}_{-0.039}$	6	超差全扣		
	3	$30^{0}_{-0.052}$	7	超差全扣		
	4	$14^{+0.043}_{0}$	3	超差全扣		
	5	$15^{+0.027}_{0}$	4	超差全扣		
	6	$30^{+0.033}_{0}$	5	超差全扣		
	7	$60°\pm2'$	4	超差全扣		
	8	Ra≤1.6μm 面（7 处）	3.5	超差 1 处扣 0.5 分		
	9	46±0.31（2 处）	6	超差 1 处扣 3 分		
	10	ϕ8H7（2 处）	3	超差 1 处扣 1.5 分		
	11	38±0.1（2 处）	2	超差 1 处扣 1 分		
	12	15±0.1	2	超差全扣		
	13	30±0.1	6	超差全扣		
	14	Ra≤1.6μm 孔（2 处）	3	超差 1 处扣 1.5 分		
凹件	15	$C\geqslant41$	3	超差全扣		
	16	Ra≤1.6μm 面（7 处）	3.5	超差 1 处扣 0.5 分		
配合	17	配合间隙≤0.08（7 处）	28	超差 1 处扣 4 分		
	18	错位量≤0.08	4	超差全扣		
其他	19	安全文明生产	违者酌情扣 1~10 分			
总分						

项目十四 V 形样板副

一、教学目的

（1）熟练掌握 V 形的划线方法和尺寸计算方法；

（2）掌握 V 形的测量和锉配的方法。

二、工、量、刃具清单

名称	规格	精度	数量	名称	规格	精度	数量	名称	规格	精度	数量
高度游标卡尺	（0～300）mm	0.02 mm	1	测量棒/mm	$\phi10\times15$		1	样冲			1
游标卡尺	（0～150）mm	0.02 mm	1	麻花钻/mm	$\phi3$，$\phi7.8$，$\phi12$		各 1	划针			1
外径千分尺	（0～25）mm	0.01 mm	1	直铰刀/mm	$\phi8$	H8	1	钢直尺	150 mm		1
	（25～50）mm	0.01 mm	1	铰杠			1	粗扁锉	250 mm		1
	（50～75）mm	0.01 mm	1	锯弓			1	中扁锉	200 mm，150 mm		各 1
游标万能角度尺	$0^\circ\sim320^\circ$	$2'$	1	锯条			自定	细扁锉	150 mm		1
90°角尺	（100×63）mm	0 级	1	锤子			1	量块	自选		1 盒
刀口形直尺	100 mm		1	狭錾子			1	软钳口			1 副
锉刀刷			1	毛刷			1	塞尺	（0.02～1）mm		1
粗方锉	200 mm		1	塞规/mm	$\phi8$	H8	1	细方锉	150 mm		1

三、坯料图（见图 2-14-1）

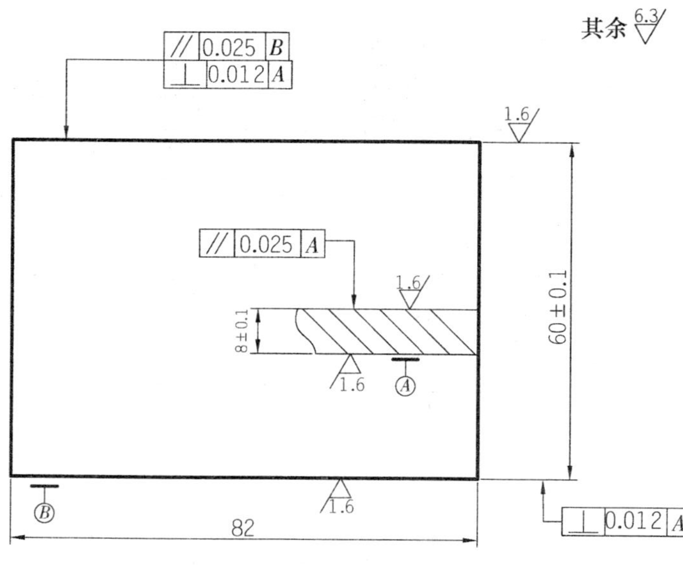

图 2-14-1　样板坯料

四、考核练习件图（见图 2-14-2）

技术要求： 以件 1 为基准，件 2 配作。配合间隙≤0.05 mm，两侧错位量≤0.08 mm。

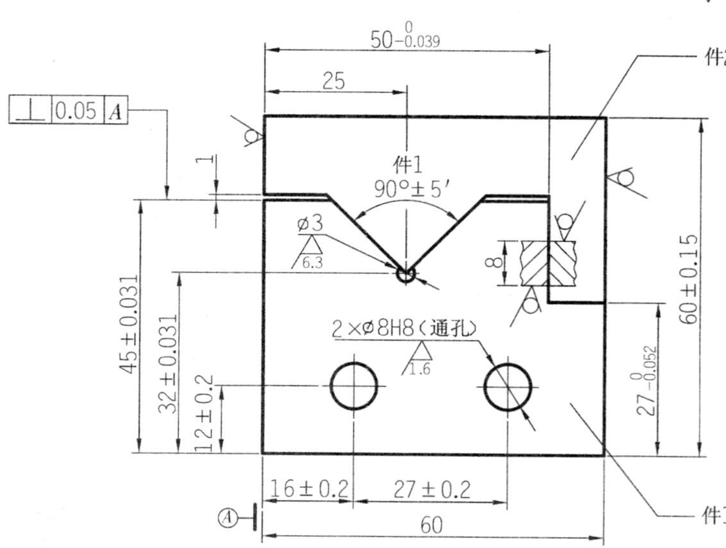

图 2-14-2　V 形样板副

五、检测评分表（V 形板样副）

项目	序号	考核要求	配分	评分标准	检测结果	得分
件 1	1	45±0.031	7	超差全扣		
	2	32±0.031	8	超差全扣		
	3	$50_{-0.039}^{0}$	6	超差全扣		
	4	$27_{-0.052}^{0}$	6	超差全扣		
	5	90°±5′	5	超差全扣		
	6	⊥ 0.05 A	5	超差全扣		
	7	Ra≤3.2μm（6 处）	6	超差 1 处扣 1 分		
	8	φ8H8（2 处）	3	超差 1 处扣 1.5 分		
	9	12±0.2（2 处）	3	超差 1 处扣 1.5 分		
	10	16±0.2	2	超差全扣		
	11	27±0.2	6	超差全扣		
	12	Ra≤1.6μm（2 处）	3	超差 1 处扣 1.5 分		
件 2	13	Ra≤3.2μm（7 处）	7	超差 1 处扣 1 分		
配合	14	配合间隙≤0.05（4 处）	18	超差 1 处扣 4.5 分		
	15	错位量≤0.06（2 处）	8	超差 1 处扣 4 分		
	16	60±0.15	7	超差全扣		
其他	17	安全文明生产	违者酌情扣 1~10 分			
总分						

项目十五 角度镶配

一、教学目的

（1）掌握对称角度锉配技能；

（2）提高钻孔技能和精度。

二、工、量、刃具清单

名称	规格	精度	数量	名称	规格	精度	数量	名称	规格	精度	数量
高度游标卡尺	（0～300）mm	0.02 mm	1	测量棒/mm	$\phi10\times15$		1	样冲			1
游标卡尺	（0～150）mm	0.02 mm	1	麻花钻/mm	$\phi4$，$\phi6$，$\phi9.8$，$\phi12$		各1	划针			1
外径千分尺	（0～25）mm	0.01 mm	1	直铰刀/mm	$\phi10$	H8	1	钢直尺	150 mm		1
	（25～50）mm	0.01 mm	1	铰杠			1	粗扁锉	250 mm		1
	（50～75）mm	0.01 mm	1	锯弓			1	中扁锉	200 mm，150 mm		各1
游标万能角度尺	0°～320°	2′	1	锯条			自定	细扁锉	150 mm		1
90°角尺	（100×63）mm	0级	1	锤子			1	细方锉	150 mm		1
刀口形直尺	100 mm		1	狭錾子			1	软钳口			1副
锉刀刷			1	毛刷			1	V形铁			1
粗方锉	200 mm		1	塞规/mm	$\phi10$	H8	1				

三、坯料图（见图 2－15－1）

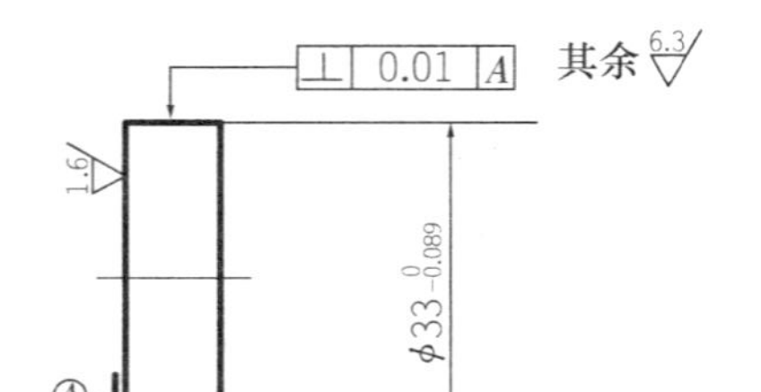

图 2－15－1　样板坯料

四、考核练习件图（见图 2－15－2）

技术要求：1. 以件 1 为基准，件 2 配作，互换配合间隙≤0.05 mm；

2. 件 1 中 ϕ10H8 孔对件 2 两孔距的一致性误差换位前后均≤0.25mm。

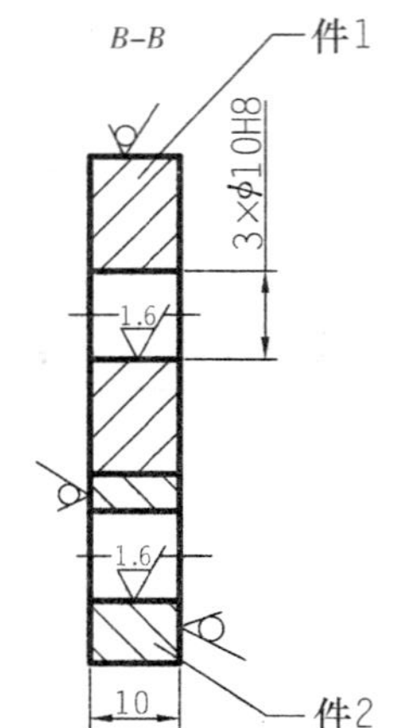

图 2－15－2　角度镶配

五、检测评分表（角度镶配）

项目	序号	考核要求	配分	评分标准	检测结果	得分
件 1	1	$30.2_{-0.062}^{0}$（2 处）	6	超差 1 处扣 3 分		
	2	$28_{-0.052}^{0}$	4	超差全扣		
	3	120°±6′（3 处）	9	超差 1 处扣 3 分		
	4	Ra≤3.2μm（4 处）	4	超差 1 处扣 1 分		
	5	φ10H8	2	超差全扣		
	6	Ra≤1.6μm	2	超差全扣		
件 2	7	50±0.02	4	超差全扣		
	8	⌯ 0.05 A	4	超差全扣		
	9	Ra≤3.2μm（6 处）	6	超差 1 处扣 1 分		
	10	φ10H8（2 处）	4	超差 1 处扣 2 分		
	11	36±0.2	4	超差全扣		
	12	⌯ 0.2 A	4	超差全扣		
	13	12±0.2（2 处）	3	超差 1 处扣 1.5 分		
	14	Ra≤1.6μm（2 处）	6	超差 1 处扣 3 分		
配合	15	配合间隙≤0.05（8 处）	20	超差 1 处扣 2.5 分		
	16	58±0.15（2 处）	8	超差 1 处扣 4 分		
	17	孔距误差≤0.25（2 处）	10	超差 1 处扣 5 分		
其他	18	安全文明生产	违者酌情扣 1～10 分			
总分						

项目十六 变角板

一、教学目的

掌握要求较高的转角锉配方法，提高锉配技能。

二、工、量、刃具清单

名称	规格	精度	数量	名称	规格	精度	数量	名称	规格	精度	数量
高度游标卡尺	(0～300) mm	0.02 mm	1	杠杆百分表	(0～0.8) mm	0.01	1	样冲			1
游标卡尺	(0～150) mm	0.02 mm	1	麻花钻/mm	ϕ3，ϕ7.8，ϕ12		各1	划针			1
外径千分尺	(25～50) mm	0.01 mm	1	直铰刀/mm	ϕ8	H7	1	钢直尺	150 mm		1
	(50～75) mm	0.01 mm	1	铰杠			1	粗扁锉	250 mm		1
游标万能角度尺	0°～320°	2′	1	锯弓			1	中扁锉	200 mm，150 mm		各1
90°角尺	(100×63) mm	0级	1	锯条			自定	细扁锉	150 mm		1
刀口形直尺	100 mm		1	锤子			1	测量棒/mm	ϕ10×20	H6	2
塞规/mm	ϕ8	H7	1	狭錾子			1	软钳口			1副
锉刀刷			1	毛刷			1	塞尺	(0.02～1) mm		1
细三角锉	150 mm		1								

三、坯料图（见图 2－16－1）

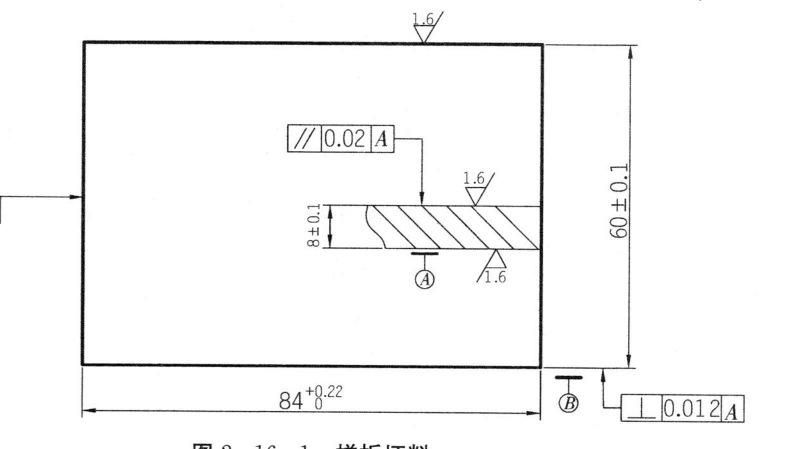

图 2－16－1　样板坯料

四、考核练习件图（见图 2－16－2）

技术要求： 1. 以凸件（右）为基准，凹件（左）作配件；

2. 在图示情况下，配合两侧错位量≤0. 06 mm。配合间隙（包括凸件翻转 180°，图中细双点画线）检测 2 次，间隙≤0. 04 mm，换位前后孔尺寸一致性误差≤0. 15 mm。

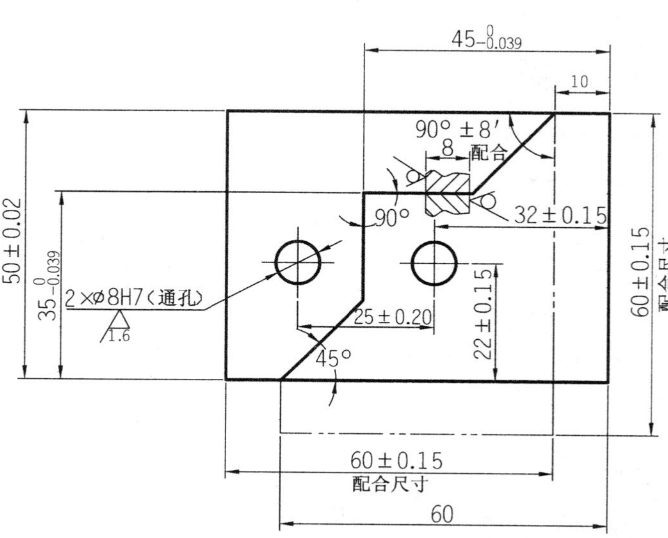

图 2－16－2　变角板

五、检测评分表（变角板）

项目	序号	考核要求	配分	评分标准	检测结果	得分
凸件	1	50±0.02	4	超差全扣		
	2	$45_{-0.039}^{0}$	6	超差全扣		
	3	$35_{-0.039}^{0}$	6	超差全扣		
	4	Ra≤3.2μm（7 处）	7	超差 1 处扣 1 分		
	5	ϕ8H7	1.5	超差全扣		
	6	32±0.15	2	超差全扣		
	7	22±0.15	2	超差全扣		
	8	Ra≤1.6μm	1.5	超差全扣		
凹件	9	50±0.02	4	超差全扣		
	10	Ra≤3.2μm（6 处）	6	超差 1 处扣 1 分		
	11	ϕ8H7	1.5	超差全扣		
	12	Ra≤1.6μm	1.5	超差全扣		
配合	13	配合间隙≤0.04(8 处)	20	超差 1 处扣 2.5 分		
	14	错位量≤0.06	5	超差全扣		
	15	60±0.15（2 处）	16	超差 1 处扣 8 分		
	16	$90°\pm8'$	6	超差全扣		
	17	25±0.20	5	超差全扣		
	18	孔距一致性误差≤0.15	5	超差全扣		
其他	19	安全文明生产	违者酌情扣 1~10 分			
总分						

项目十七 开式镶配

一、教学目的

（1）提高锉配技能和熟练程度；

（2）提高锯割操作技能。

二、工、量、刃具清单

名称	规格	精度	数量	名称	规格	精度	数量	名称	规格	精度	数量
高度游标卡尺	（0～300）mm	0.02 mm	1	锉刀刷			1	样冲			1
游标卡尺	（0～150）mm	0.02 mm	1	麻花钻/mm	ϕ4，ϕ6，ϕ9.8，ϕ12		各1	划针			1
外径千分尺	（0～25）mm	0.01 mm	1	直铰刀/mm	ϕ10	H7	1	钢直尺	150 mm		1
	（25～50）mm	0.01 mm	1	铰杠			1	粗扁锉	250 mm		1
游标万能角度尺	0°～320°	2′	1	锯弓			1	中扁锉	200 mm，150 mm		各1
90°角尺	（100×63）mm	0级	1	锯条			自定	细扁锉	150 mm		1
刀口形直尺	100 mm		1	锤子			1	测量棒/mm	ϕ10×20	H6	2
塞规/mm	ϕ8	H7	1	狭錾子			1	软钳口			1副
杠杆百分表	（0～0.8）mm	0.01 mm	1	毛刷			1	塞尺	（0.02～1）mm		1
细三角锉	150 mm		1	粗方锉	250 mm		1	细方锉	250 mm		1
深度千分尺	（0～25）mm	0.01 mm	1								

三、坯料图（见图 2-17-1）

四、考核练习件图（见图 2-17-2）

技术要求：1. 以件 1 为基准，件 2 配作，互换配合间隙≤0.05 mm，两侧错位量≤0.06 mm；

2. 锯割一次完成，不得接锯、修锯。

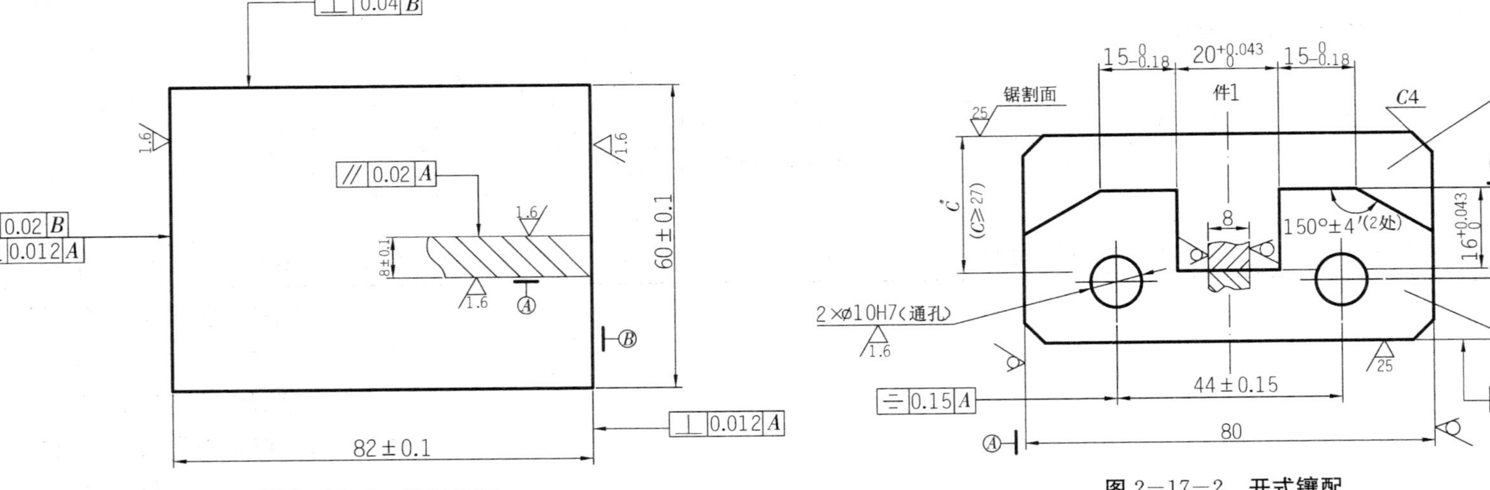

图 2-17-1　样板坯料

图 2-17-2　开式镶配

五、检测评分表（开式镶配）

项目	序号	考核要求	配分	评分标准	检测结果	得分
件 1	1	$20^{+0.043}_{0}$	6	超差全扣		
	2	$15^{0}_{-0.18}$（2 处）	6	超差 1 处扣 3 分		
	3	$150°±4'$（2 处）	8	超差 1 处扣 4 分		
	4	$16^{+0.043}_{0}$	6	超差全扣		
	5	Ra≤3.2μm（7 处）	3.5	超差 1 处扣 0.5 分		
	6	30±0.3	8	超差全扣		
	7	// 0.25 B	3	超差全扣		
	8	ϕ10H7（2 处）	3	超差 1 处扣 1.5 分		
	9	18±0.15（2 处）	3	超差 1 处扣 1.5 分		
	10	44±0.15	5	超差全扣		
	11	⌯ 0.15 A	5	超差全扣		
	12	Ra≤3.2μm（2 处）	2	超差 1 处扣 1 分		
件 2	13	$C≥27$	2	超差全扣		
	14	Ra≤3.2μm（7 处）	3.5	超差 1 处扣 0.5 分		
配合	15	配合间隙≤0.05（14 处）	28	超差 1 处扣 2 分		
	16	错位量≤0.06（2 处）	8	超差 1 处扣 4 分		
其他	17	安全文明生产	违者酌情扣 1～10 分			
总分						

项目十八 凸燕尾镶配

一、教学目的

巩固和提高燕尾和凸台锉配技能。

二、工、量、刃具清单

名称	规格	精度	数量	名称	规格	精度	数量	名称	规格	精度	数量
高度游标卡尺	(0～300) mm	0.02 mm	1	测量棒/mm	ϕ10×15		1	样冲			1
游标卡尺	(0～150) mm	0.02 mm	1	麻花钻/mm	ϕ3，ϕ9.8，ϕ12		各1	划针			1
外径千分尺	(0～25) mm	0.01 mm	1	直铰刀/mm	ϕ10	H7	1	钢直尺	150 mm		1
	(25～50) mm	0.01 mm	1	铰杠			1	粗扁锉	250 mm		1
	(50～75) mm	0.01 mm	1	锯弓			1	中扁锉	200 mm，150 mm		各1
游标万能角度尺	0°～320°	2′	1	锯条			自定	细扁锉	150 mm		1
杠杆百分表	(0～0.8) mm	0.01 mm	1	锤子			1	塞尺	(0.02～1) mm		1
刀口形直尺	100 mm		1	狭錾子			1	软钳口			1副
深度千分尺	(0～25) mm	0.01 mm	1	90°角尺	(100×63) mm	0级	1	磁性表座			1
粗三角锉	150 mm		1	细三角锉	250 mm		1	中方锉	250 mm		1

三、坯料图（见图 2－18－1）

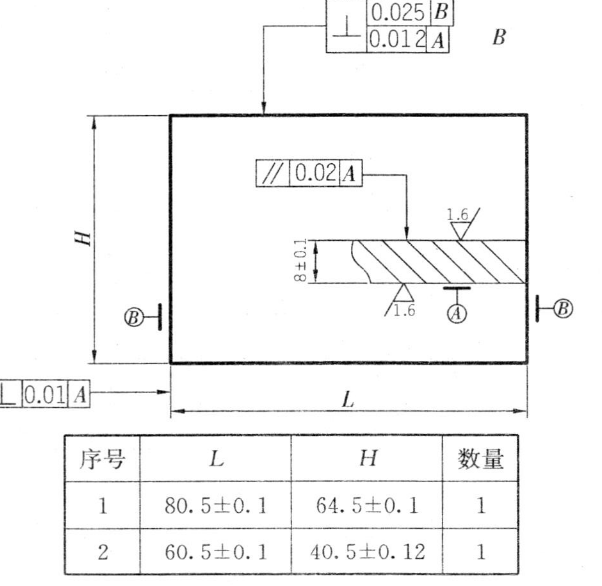

序号	L	H	数量
1	80.5±0.1	64.5±0.1	1
2	60.5±0.1	40.5±0.12	1

图 2－18－1　样板坯料

四、考核练习件图（见图 2－18－2）

技术要求： 1. 以凸件（下）为基准，凹件（上）配作，配合互换间隙≤0.04 mm，下侧错位量≤0.05 mm；

2. 凸件上 ϕ10H7 孔对凹件上两孔距离，换位后变化量均≤0.1 mm。

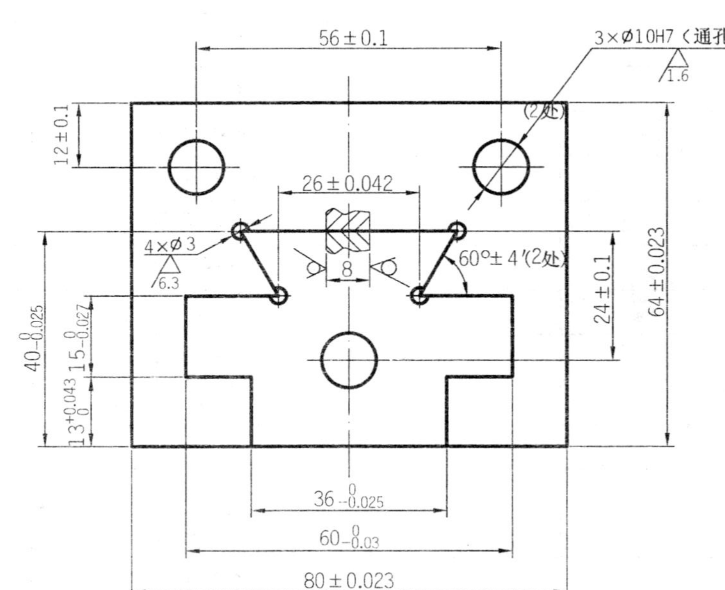

图 2－18－2　凸燕尾镶配

五、检测评分表（凸燕尾镶配）

项目	序号	考核要求	配分	评分标准	检测结果	得分
凸件	1	$60_{-0.03}^{0}$	3	超差全扣		
	2	$40_{-0.025}^{0}$	3	超差全扣		
	3	$36_{-0.025}^{0}$	4	超差全扣		
	4	$13_{0}^{+0.043}$（2处）	6	超差1处扣3分		
	5	$15_{-0.027}^{0}$（2处）	6	超差1处扣3分		
	6	26±0.042	5	超差全扣		
	7	60°±4′（2处）	6	超差1处扣3分		
	8	Ra≤3.2μm面（14处）	3.5	超差1处扣0.25分		
	9	ϕ10H7	1.5	超差全扣		
	10	24±0.1	4	超差全扣		
	11	Ra≤1.6μm	1	超差全扣		
	12	80±0.023	2	超差全扣		
	13	64±0.023	2	超差全扣		
凹件	14	Ra≤3.2μm（18处）	4.5	超差1处扣0.25分		
	15	ϕ10H7（2处）	3	超差1处扣1.5分		
	16	56±0.1	4	超差全扣		
	17	12±0.1（2处）	3	超差1处扣1.5分		
	18	Ra≤1.6μm（2处）	2	超差1处扣1分		
配合	19	配合间隙≤0.04（11处）	27.5	超差1处扣2.5分		
	20	错位量≤0.05	5	超差全扣		
	21	孔距变化量≤0.1	4	超差全扣		
其他	22	安全文明生产	违者酌情扣1~10分			
总分						

高级工考核练习件

项目十九 角 架

一、教学目的

（1）掌握组合件的装配、调整方法；（2）明确影响锉配精度的因素，掌握误差修整方法。

二、工、量、刃具清单

名称	规格	精度	数量	名称	规格	精度	数量	名称	规格	精度	数量
高度游标卡尺	（0~300）mm	0.02 mm	1	杠杆百分表	（0~0.8）mm	0.1 mm	1	样冲			1
游标卡尺	（0~150）mm	0.02 mm	1	麻花钻/mm	ϕ4.2，ϕ5.5，ϕ9，ϕ9.8，ϕ12		各 1	芯棒/mm	ϕ10×50	H6	1
外径千分尺	（0~25）mm	0.01 mm	1	直铰刀/mm	ϕ10	H7	1	钢直尺	150 mm		1
	（25~50）mm	0.01 mm	1	铰杠			1	粗扁锉	250 mm		1
	（50~75）mm	0.1 mm	1	锯弓			1	中扁锉	200 mm，150 mm		各 1
游标万能角度尺	0°~320°	2′	1	锯条			自定	细扁锉	150 mm		1
90°角尺	（100×63）mm	0 级	1	锤子			1	细三角锉	150 mm		1
刀口形直尺	100 mm		1	狭錾子			1	软钳口			1 副
锉刀刷			1	毛刷			1	塞尺	（0.02~1）mm		1
磁性表座			1	塞规/mm	ϕ10	H7	1	划针			
备注	自带：1. M5×20 内六角螺钉 1 只；2. M5×10 内六角螺钉 2 只；3. 4mm 内六角扳手 1 把。										

三、坯料图（见图 2－19－1 和图 2－19－2）

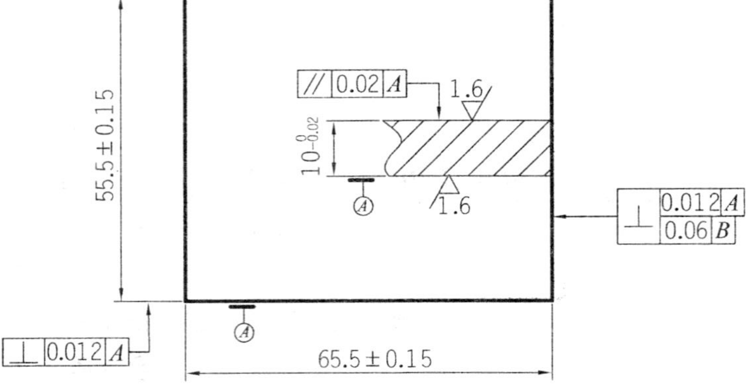

图 2－19－1　样板坯料 1

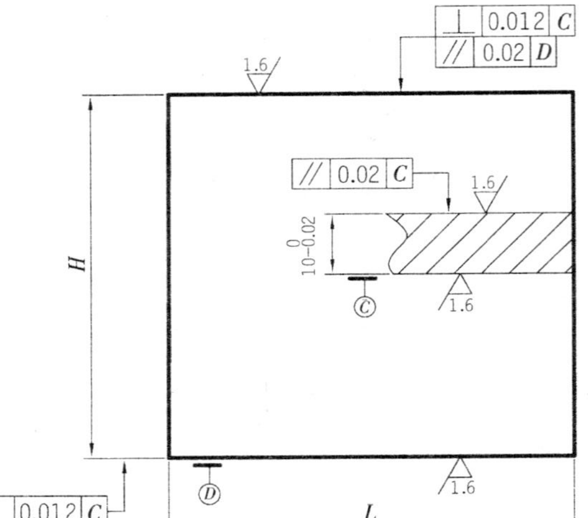

序号	L	H	数量
1	55.5±0.15	60±0.023	1
2	65.5±0.12	60±0.023	1

图 2－19－2　样板坯料 2

四、考核练习件图（见图 2－19－3、图 2－19－4 和图 2－19－5）

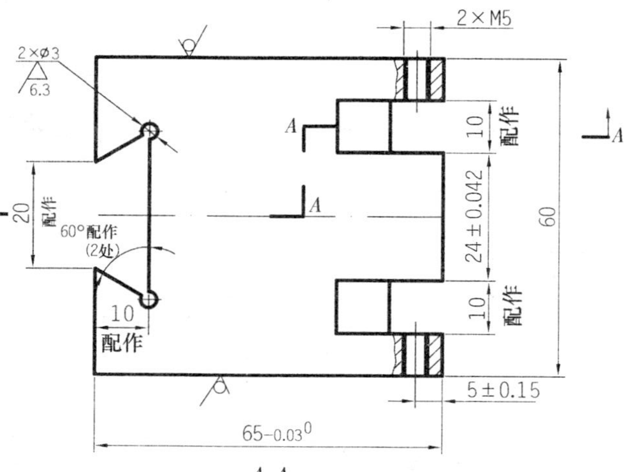

图 2－19－3　角架（底板）

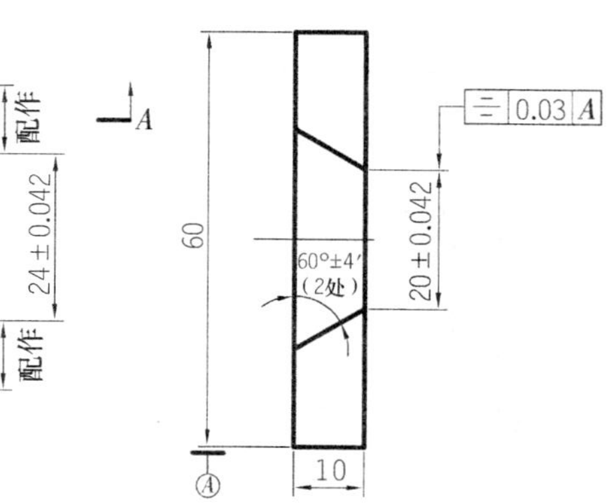

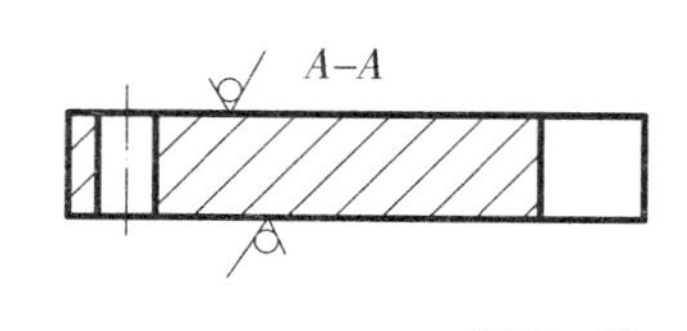

图 2－19－4　角架（立板）

技术要求： 1. 底板、立板、角板各配合面，配合间隙≤0.04 mm；

2. 装配调整后，底板、立板、角板之间错位量≤0.04 mm；

3. 装配调整后，ϕ16H6 芯轴与底板面的平行度误差≤0.05 mm。

其余 $\sqrt[1.6]{}$

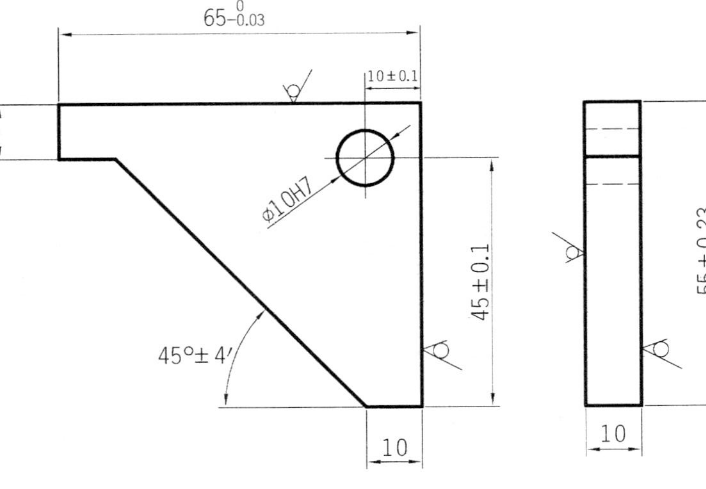

图 2—19—5 **角架（角板，2 块）**

五、检测评分表（角架）

项目	序号	考核要求	配分	评分标准	检测结果	得分
件 1	1	$65_{-0.03}^{0}$	3	超差全扣		
	2	24±0.042	2	超差全扣		
	3	Ra≤1.6μm（11 处）	2.75	超差 1 处扣 0.25 分		
	4	5±0.15（2 处）	2	超差 1 处扣 1 分		
件 2	5	55±0.023	3	超差全扣		
	6	24±0.042	3	超差全扣		
	7	20±0.042	3	超差全扣		
	8	$10_{0}^{+0.036}$（2 处）	6	超差 1 处扣 3 分		
	9	60°±4′（2 处）	6	超差 1 处扣 3 分		
	10	⌯ 0.03 A	6	超差 1 处扣 3 分		
	11	Ra≤1.6μm（12 处）	3	超差 1 处扣 0.25 分		
件 3（2 件）	12	$65_{-0.03}^{0}$（2 处）	6	超差 1 处扣 3 分		
	13	$10_{-0.036}^{0}$（2 处）	6	超差 1 处扣 3 分		
	14	55±0.023（2 处）	6	超差 1 处扣 3 分		
	15	45°±4′（2 处）	6	超差 1 处扣 3 分		
	16	45±0.1（2 处）	2	超差 1 处扣 1 分		
	17	10±0.1（2 处）	2	超差 1 处扣 1 分		
	18	Ra≤1.6μm 面（8 处）	3	超差 1 处扣 0.25 分		
	19	ϕ10H7（2 处）	2	超差 1 处扣 1 分		
	20	Ra≤1.6μm 孔（2 处）	2	超差 1 处扣 1 分		
装配	21	配合间隙≤0.04（15 处）	15	超差 1 处扣 1 分		
	22	错位量≤0.04（5 处）	7.5	超差 1 处扣 1.5 分		
	23	平行度误差≤0.05	2.75	超差全扣		
其他	24	安全文明生产	违者酌情扣 1~10 分			
总分						

项目二十 圆弧模板

一、教学目的

1. 掌握相交孔和斜孔的加工方法，提高钻孔技能；
2. 熟练圆盘类工件的加工测量方法。

二、工、量、刃具清单

名称	规格	精度	数量	名称	规格	精度	数量	名称	规格	精度	数量
高度游标卡尺	(0～300) mm	0.02 mm	1	杠杆百分表	(0～0.8) mm	0.1 mm	1	样冲			1
游标卡尺	(0～150) mm	0.02 mm	1	麻花钻/mm	ϕ5，ϕ6.2，ϕ7.8，ϕ12		各1	芯棒/mm	ϕ8×80		1
外径千分尺	(25～50) mm	0.01 mm	1	直铰刀/mm	ϕ8	H7	1	钢直尺	150 mm		1
	(50～75) mm	0.01 mm	1	铰杠			1	粗扁锉	250 mm		1
半径样板	(7～14.5) mm		1	锯弓			1	中扁锉	200 mm，150 mm		各1
游标万能角度尺	0°～320°	2′	1	锯条			自定	细扁锉	150 mm		1
90°角尺	(100×63) mm	0级	1	锤子			1	细三角锉	150 mm		1
刀口形直尺	100 mm		1	狭錾子			1	划针			1
磁性表座			1	塞规/mm	ϕ10	H7	1	塞尺	(0.02～1) mm		1

三、坯料图(见图 2-20-1)

注：两件坯料尺寸 $\phi66$ 一致性≤0. 02mm；尺寸 10 mm 一致性≤0. 03 mm。

其余 $\sqrt{1.6}$

四、考核练习件图(见图 2-20-2)

技术要求：1. 件 1、件 2 配作后，互换配合间隙≤0. 03 mm，尺寸 10 mm 一致性≤0. 03 mm；

2. 件 2 正向和翻转 180°与件 1 配合，两相交孔用 $\phi6$ 圆柱销，其插入长度≥35 mm。

其余 $\sqrt{1.6}$

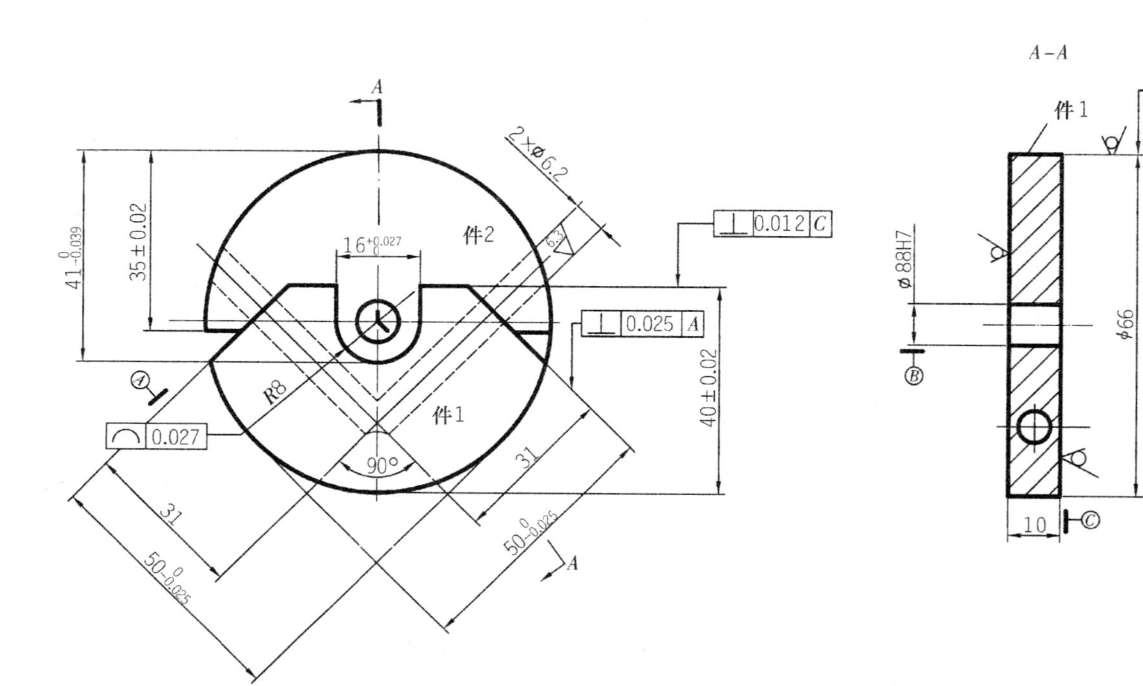

图 2-20-1　样板坯料

图 2-20-2　圆弧模板

五、检测评分表(圆弧模板)

项目	序号	考核要求	配分	评分标准	检测结果	得分
件 1	1	$50_{-0.025}^{0}$ (2 处)	8	超差 1 处扣 4 分		
	2	40±0.02	6	超差全扣		
	3	$16_{0}^{+0.027}$	5	超差全扣		
	4	⊥ 0.025 A	6	超差全扣		
	5	⊥ 0.012 C (6 处)	3	超差 1 处扣 0.5 分		
	6	Ra≤1.6μm (6 处)	3	超差 1 处扣 0.5 分		
	7	ϕ6.2 (2 处)	2	超差 1 处扣 1 分		
件 2	8	$41_{-0.039}^{0}$	4	超差全扣		
	9	35±0.02 (2 处)	6	超差 1 处扣 3 分		
	10	⌒ 0.027	6	超差全扣		
	11	⊥ 0.012 C (9 处)	4.5	超差 1 处扣 0.5 分		
	12	Ra≤1.6μm (9 处)	4.5	超差 1 处扣 0.5 分		
	13	ϕ8H7	2	超差全扣		
	14	Ra≤1.6μm 孔	1	超差全扣		
	15	ϕ6.2 (2 处)	2	超差 1 处扣 1 分		
配合	16	配合间隙≤0.03 (14 处)	21	超差 1 处扣 1.5 分		
	17	◎ ∅0.06 B (2 处)	8	超差 1 处扣 4 分		
	18	技术要求 2 (4 处)	8	超差 1 处扣 2 分		
其他	19	安全文明生产	违者酌情扣 1~10 分			
总分						

项目二十一 圆弧燕式配合

一、教学目的

（1）掌握较复杂对称形体的锉配方法；　（2）提高综合加工技能。

二、工、量、刃具清单

名称	规格	精度	数量	名称	规格	精度/mm	数量	名称	规格	精度	数量
高度游标卡尺	（0～300）mm	0.02 mm	1	杠杆百分表	（0～0.8）mm	0.01 mm	1	样冲			1
游标卡尺	（0～150）mm	0.02 mm	1	麻花钻/mm	ϕ4，ϕ6，ϕ9.8，ϕ12		各 1	划针			1
外径千分尺	（0～25）mm	0.01 mm	1	直铰刀	ϕ10	H7	1	钢直尺	150 mm		1
	（25～50）mm	0.01 mm	1	铰杠			1	粗扁锉	250 mm		1
	（50～75）mm	0.01 mm	1	锯弓			1	中扁锉	200 mm，150 mm		各 1
游标万能角度尺	0°～320°	2′	1	锯条			自定	细扁锉	150 mm		1
90°角尺	（100×63）mm	0 级	1	锤子			1	量块	自选		1 盒
刀口形直尺	100 mm		1	狭錾子			1	软钳口			1 副
锉刀刷			1	毛刷			1	塞尺	（0.02～1）mm		1
磁性表座			1	塞规/mm	ϕ10	H7	1	测量棒/mm	ϕ10×20	H6	2
深度千分尺	（0～25）mm	0.01 mm	1	正弦规			1	量块	自选		1 盒
半径样板	（7～14.5）mm		1	粗方锉	200 mm		1	细方锉	200 mm		1
中半圆锉	150 mm		1	细半圆锉	150 mm		1				

三、坯料图(见图 2-21-1)

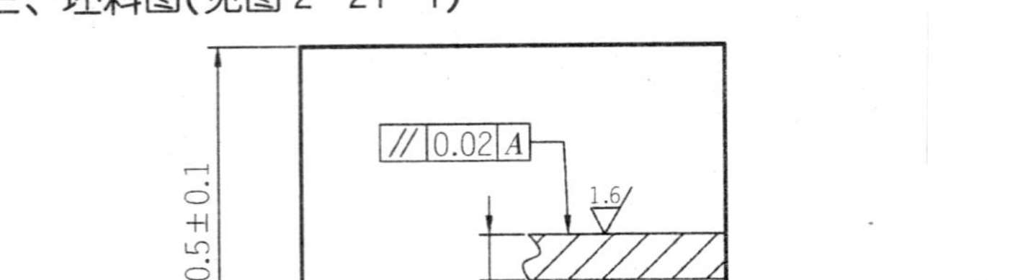

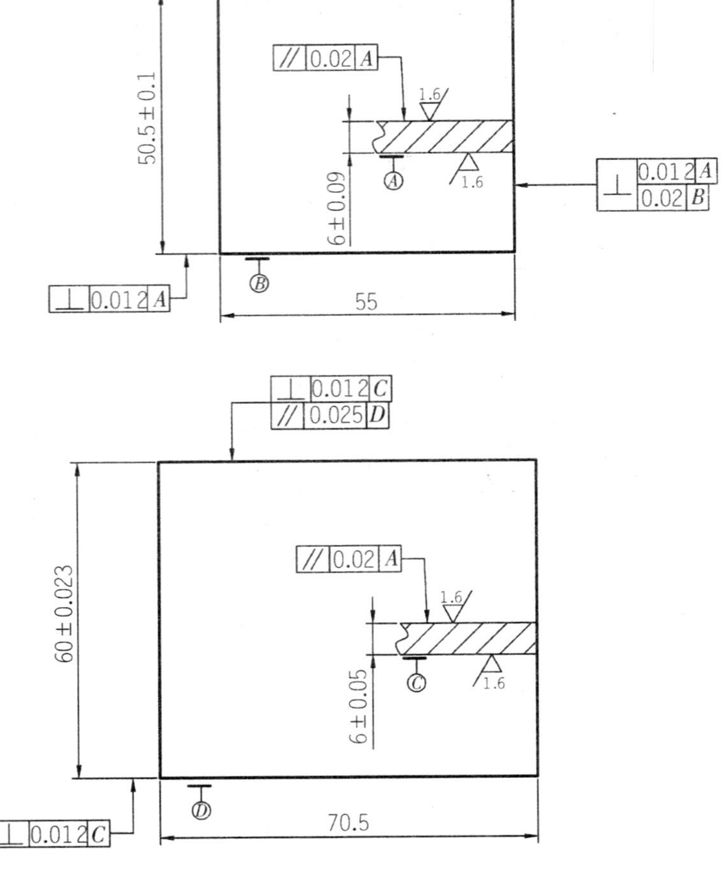

图 2-21-1　样板坯料

四、考核练习件图(见图 2-21-2)

技术要求：1. 以凸件为基准，凹件配作，互换配合间隙≤0.04 mm；

2. 互换配合后，凸件上孔对凹件两孔的距离一致性误差均≤0.08 mm。

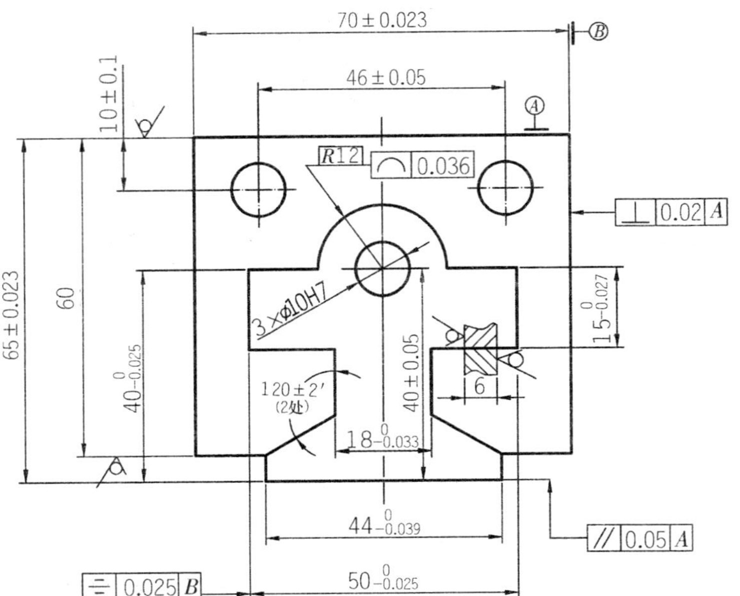

图 2-21-2　圆弧燕式配合

五、检测评分表(圆弧燕式配合)

项目	序号	考核要求	配分	评分标准	检测结果	得分
凸件	1	$50_{-0.025}^{0}$	3	超差全扣		
	2	$44_{-0.039}^{0}$	2	超差全扣		
	3	$18_{-0.033}^{0}$	3	超差全扣		
	4	$40_{-0.025}^{0}$（2 处）	6	超差 1 处扣 3 分		
	5	$15_{-0.027}^{0}$（2 处）	6	超差 1 处扣 3 分		
	6	$120°\pm2'$（2 处）	6	超差 1 处扣 3 分		
	7	⌒ 0.036	4	超差全扣		
	8	Ra≤1.6μm 面（14 处）	7	超差 1 处扣 0. 5 分		
	9	40±0.05	3	超差全扣		
	10	ϕ10H7	1	超差全扣		
	11	Ra≤1.6μm 孔	1	超差全扣		
	12	70±0.023	3	超差全扣		
	13	⊥ 0.02 A	2.5	超差全扣		
	14	⌯ 0.025 B	2	超差全扣		
凹件	15	Ra≤1.6μm 面（11 处）	5.5	超差 1 处扣 0.5 分		
	16	46±0.05	3	超差全扣		
	17	10±0.1（2 处）	2	超差 1 处扣 1 分		
	18	ϕ10H7（2 处）	2	超差 1 处扣 1 分		
	19	Ra≤1.6μm 孔（2 处）	2	超差 1 处扣 1 分		
配合	20	间隙≤0.04（22 处）	22	超差 1 处扣 1 分		
	21	65±0.023（2 处）	5	超差 1 处扣 2.5 分		
	22	// 0.05 A（2 处）	5	超差 1 处扣 2.5 分		
	23	孔距一致性误差≤0.08（2 处）	4	超差 1 处扣 2 分		
其他	24	安全文明生产	违者酌情扣 1~10 分			
总分						

项目二十二 五方组合

一、教学目的

（1）掌握较高精度对称件的加工锉配方法；（2）熟练正弦规的使用。

二、工、量、刃具清单

名称	规格	精度	数量	名称	规格	精度	数量	名称	规格	精度	数量
高度游标卡尺	（0～300）mm	0.02 mm	1	杠杆百分表	（0～0.8）mm	0.01 mm	1	样冲			1
游标卡尺	（0～150）mm	0.02 mm	1	麻花钻/mm	ϕ4，ϕ6，ϕ9.8，ϕ12		各 1	划针			1
外径千分尺	（0～25）mm	0.01 mm	1	直铰刀/mm	ϕ10	H7	1	钢直尺	150 mm		1
	（25～50）mm	0.01 mm	1	铰杠			1	粗扁锉	250 mm		1
	（50～75）mm	0.01 mm	1	锯弓			1	中扁锉	200 mm，150 mm		各 1
游标万能角度尺	0°～320°	2′	1	锯条			自定	细扁锉	150 mm		1
90°角尺	（100×63）mm	0 级	1	锤子			1	软钳口			1 副
刀口形直尺	100 mm		1	狭錾子			1	塞规/mm	ϕ10	H7	1
正弦规			1	量块	自选		1 盒	塞尺	（0.02～1）mm		1

三、坯料图(见图 2-22-1)

其余 3.2

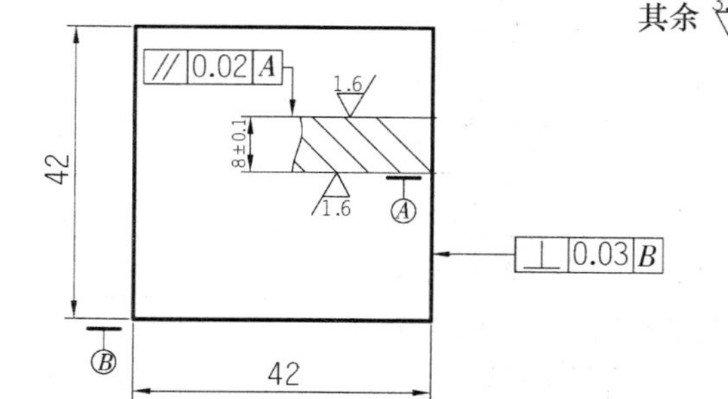

⊥ 0.012 C
// 0.02 D
1.6
// 0.025 C
1.6
8±0.1
1.6
C
45±0.02
⊥ 0.012 C
D
1.6
70.5±0.1

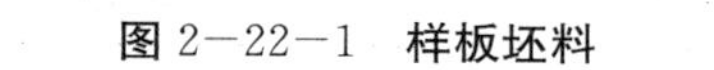

图 2-22-1　**样板坯料**

四、考核练习件图(见图 2-22-2)

技术要求： 1. 以凸件（五方）为基准，凹件配作，凸件按 180°顺时针转位配合 5 次，配合互换间隙≤0.04 mm；

2. 孔距 33.17 mm±0.15 mm 按凸件转位检测 5 次。

其余 1.6

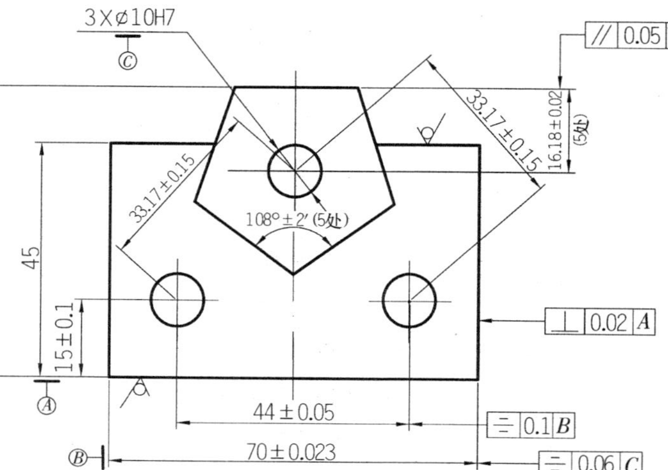

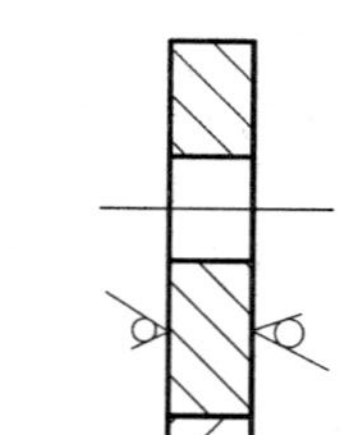

图 2-22-2　**五方组合**

五、检测评分表(五方组合)

项目	序号	考核要求	配分	评分标准	检测结果	得分
凸件	1	16.18±0.02（5 处）	15	超差 1 处扣 3 分		
	2	108°±2′（5 处）	15	超差 1 处扣 3 分		
	3	Ra≤1.6μm 面（5 处）	2.5	超差 1 处扣 0.5 分		
	4	ϕ10H7	1	超差全扣		
	5	Ra≤1.6μm 孔	1	超差全扣		
凹件	6	70±0.023	4	超差全扣		
	7	⊥ 0.02 A	3.5	超差全扣		
	8	Ra≤1.6μm 面（6 处）	3	超差 1 处扣 0.5 分		
	9	ϕ10H7（2 处）	2	超差 1 处扣 1 分		
	10	15±0.1（2 处）	4	超差 1 处扣 2 分		
	11	44±0.05	4	超差全扣		
	12	⌯ 0.1 B	3	超差全扣		
	13	Ra≤1.6μm 孔（2 处）	2	超差 1 处扣 1 分		
配合	14	配合间隙≤0.04（20 处）	20	超差 1 处扣 1 分		
	15	// 0.05 A（5 处）	7.5	超差 1 处扣 1.5 分		
	16	⌯ 0.06 C（5 处）	7.5	超差 1 处扣 1.5 分		
	17	33.17±0.15（10 处）	5	超差 1 处扣 0.5 分		
其他	18	安全文明生产	违者酌情扣 1～10 分			
总分						

项目二十三 梯形双头配

一、教学目的

（1）掌握深孔和配钻加工方法；（2）提高综合操作技能。

二、工、量、刃具清单

名称	规格	精度	数量	名称	规格	精度	数量	名称	规格	精度	数量
高度游标卡尺	(0～300) mm	0.02 mm	1	芯棒/mm	ϕ7.8×100		1	样冲			1
游标卡尺	(0～150) mm	0.02 mm	1	麻花钻/mm	ϕ5，ϕ7.8，ϕ9，ϕ12		各1	划针			1
外径千分尺	(0～25) mm	0.01 mm	1	直铰刀/mm	ϕ8	H7	1	钢直尺	150 mm		1
	(25～50) mm	0.01 mm	1	铰杠			1	粗扁锉	250 mm		1
	(50～75) mm	0.01 mm	1	锯弓			1	中扁锉	200 mm，150 mm		各1
游标万能角度尺	0°～320°	2′	1	锯条			自定	细扁锉	150 mm		1
90°角尺	(100×63) mm	0级	1	锤子			1	中半圆锉	150 mm		1
刀口形直尺	100 mm		1	狭錾子			1	软钳口			1副
锉刀刷			1	毛刷			1	V形铁			1
磁性表座			1	塞规/mm	ϕ8	H7	1	半径样板	(1～6.5) mm		1
细圆锉	200 mm		1	中三角锉	150 mm		1	细三角锉	150 mm		1
杠杆百分表	(0～0.8) mm	0.01 mm	1								

三、坯料图(见图 2-23-1)

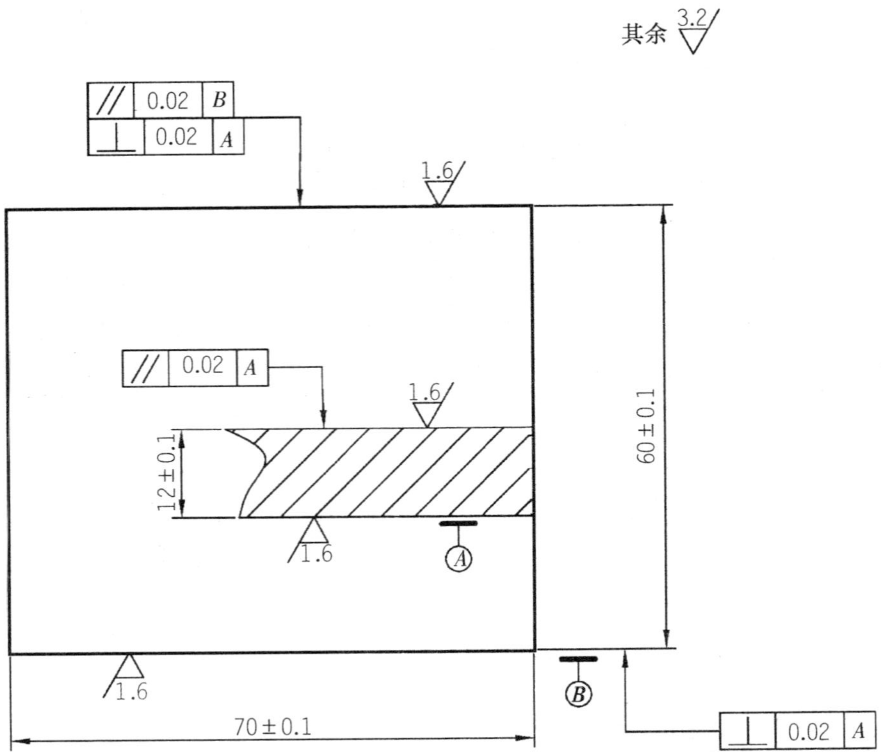

图 2-23-1　样板坯料

四、考核练习图(见图 2-23-2、图 2-23-3 和图 2-23-4)

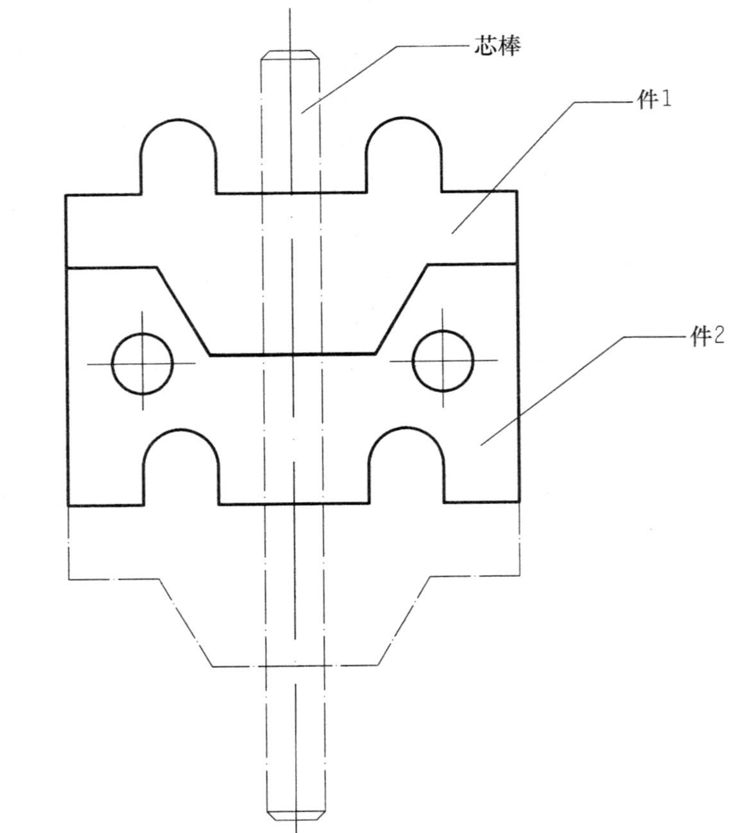

图 2-23-2　梯形双头配

其余 $\sqrt{3.2}$

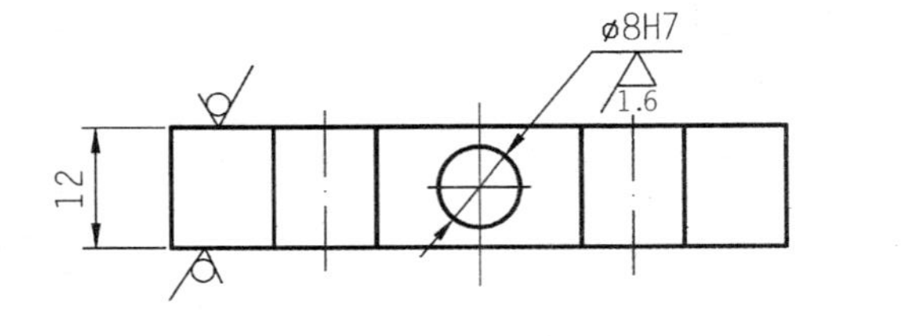

图 2—23—3　梯形双头配（件 1）

技术要求： 1. 件 2 按件 1 及配合要求操作；

2. 根据图 23—2 所示，将 ϕ7.8 的芯棒分两次插入件 1 和件 2 中，保证配合互换要求；配合间隙：平面部分≤0.03 mm，曲面部分≤0.04 mm，外侧错位量≤0.05 mm。

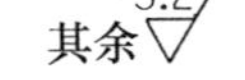

其余 $\sqrt{3.2}$

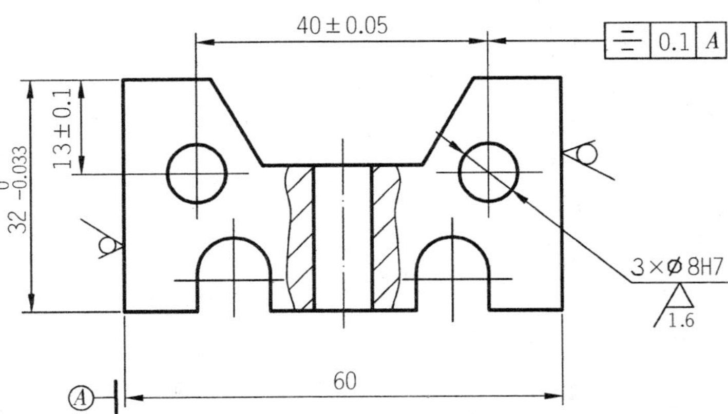

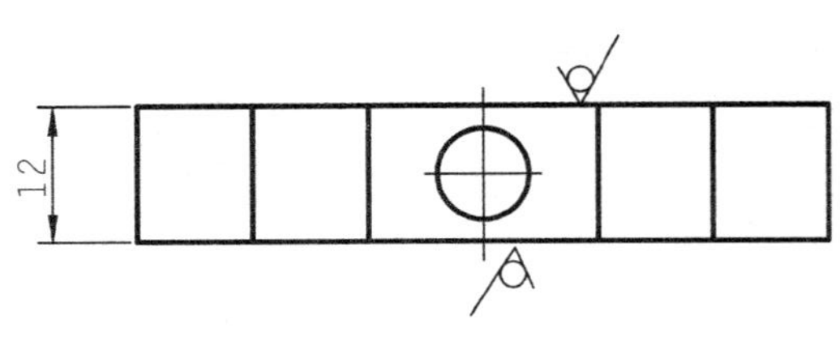

图 2—23—4　梯形双头配（件 2）

五、检测评分表（梯形双头配）

项目	序号	考核要求	配分	评分标准	检测结果	得分
件 1	1	$22_{-0.033}^{0}$（3 处）	3	超差 1 处扣 1 分		
	2	$10_{-0.022}^{0}$（2 处）	4	超差 1 处扣 2 分		
	3	$32_{-0.039}^{0}$（2 处）	4	超差 1 处扣 2 分		
	4	$10_{-0.022}^{0}$圆弧凸台（2 处）	5	超差 1 处扣 2.5 分		
	5	⌒ 0.045（2 处）	8	超差 1 处扣 4 分		
	6	120°±4′（2 处）	5	超差 1 处扣 2.5 分		
	7	Ra≤3.2μm（12 处）	6	超差 1 处扣 0.5 分		
	8	ϕ8H7	1	超差全扣		
	9	Ra≤1.6μm	1	超差全扣		
件 2	10	$32_{-0.033}^{0}$（2 处）	3	超差 1 处扣 1.5 分		
	11	Ra≤3.2μm（10 处）	5	超差 1 处扣 0.5 分		
	12	ϕ8H7（3 处）	3	超差 1 处扣 1 分		
	13	13±0.1（2 处）	4	超差 1 处扣 2 分		
	14	40±0.05	5	超差全扣		
	15	⌯ 0.1 A	4	超差全扣		
	16	Ra≤1.6μm（3 处）	3	超差 1 处扣 1 分		
配合	17	平面间隙≤0.03（24 处）	24	超差 1 处扣 1 分		
	18	曲面间隙≤0.04（2 处）	4	超差 1 处扣 2 分		
	19	错位量≤0.05（4 处）	8	超差 1 处扣 2 分		
其他	20	安全文明生产	违者酌情扣 1~10 分			
总分						

项目二十四 蝶形嵌配

一、教学目的

（1）掌握圆弧锉削、锉配技能；　（2）提高工艺分析能力。

二、工、量、刃具清单

名称	规格	精度	数量	名称	规格	精度	数量	名称	规格	精度	数量
高度游标卡尺	（0～300）mm	0.02 mm	1	测量棒/mm	ϕ10×15		1	样冲			1
游标卡尺	（0～150）mm	0.02 mm	1	麻花钻/mm	ϕ4，ϕ6，ϕ7.8，ϕ12		各1	划针			1
外径千分尺	（0～25）mm	0.01 mm	1	直铰刀/mm	ϕ8	H7	1	钢直尺/mm	150 mm		1
	（25～50）mm	0.01 mm	1	铰杠			1	粗扁锉	250 mm		1
	（50～75）mm	0.01 mm	1	锯弓			1	中扁锉	200 mm，150 mm		各1
游标万能角度尺	0°～320°	2′	1	锯条			自定	细扁锉	150 mm		1
90°角尺	（100×63）mm	0级	1	锤子			1	中半圆锉	150 mm		1
刀口形直尺	100 mm		1	狭錾子			1	软钳口			1副
锉刀刷			1	毛刷			1	V形铁			1
磁性表座			1	塞规/mm	ϕ8	H7	1	半径样板	（7～14.5）mm		1
细圆锉	200 mm		1	中三角锉	150 mm		1	细三角锉	150 mm		1
杠杆百分表	（0～0.8）mm	0.01 mm	1								

三、坯料图(见图 2-24-1)

其余 3.2

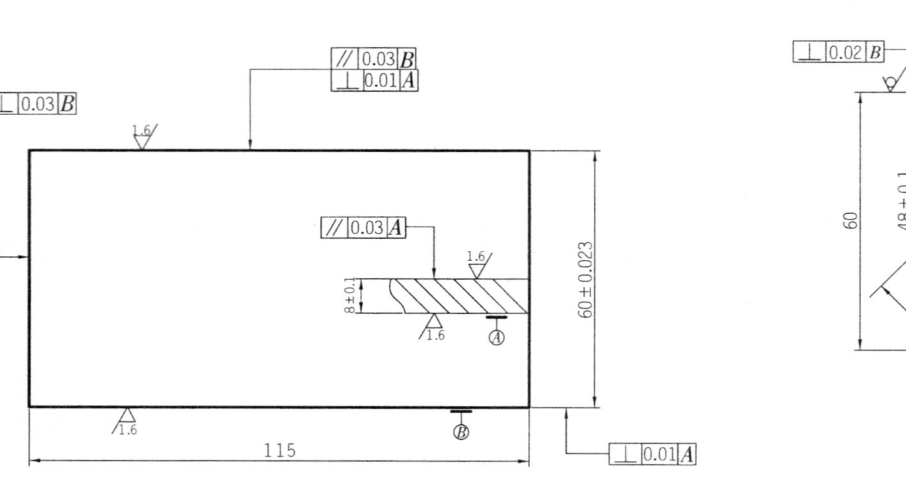

图 2-24-1　样板坯料

四、考核练习件图(见图 2-24-2)

技术要求：1. 以凸件为基准，凹件配作，互换配合间隙≤0.04 mm；

2. 凹件孔距 2 处 a 一致性误差≤0.1 mm。

其余 1.6

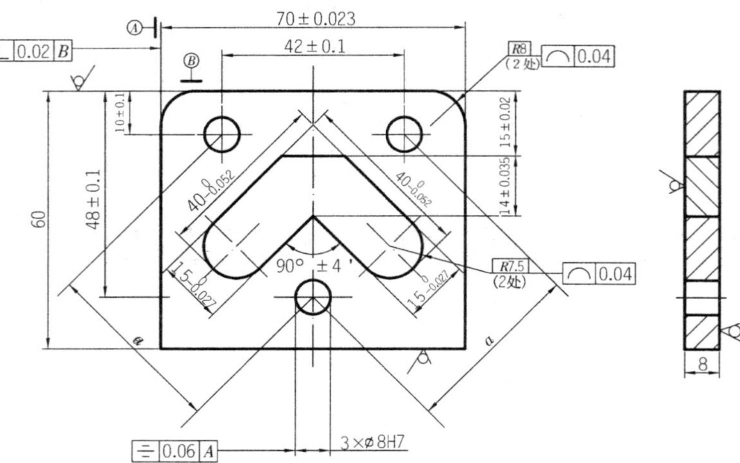

图 2-24-2　蝶形嵌配

五、检测评分表（蝶形嵌配）

项目	序号	考核要求	配分	评分标准	检测结果	得分
凸件	1	$15_{-0.027}^{\ 0}$（2 处）	8	超差 1 处扣 4 分		
	2	14±0.035	4.5	超差全扣		
	3	$40_{-0.052}^{\ 0}$（2 处）	6	超差 1 处扣 3 分		
	4	90°±4′	4	超差全扣		
	5	⌒ 0.04（2 处）	8	超差 1 处扣 4 分		
	6	Ra≤1.6μm 面（7 处）	3.5	超差 1 处扣 0.5 分		
凹件	7	70±0.023	3	超差全扣		
	8	⌒ 0.04（2 处）	6	超差 1 处扣 3 分		
	9	⊥ 0.02 *B*	2	超差全扣		
	10	15±0.02	4	超差全扣		
	11	Ra≤1.6μm 面（4 处）	2	超差 1 处扣 0.5 分		
	12	48±0.1	3	超差全扣		
	13	⌯ 0.06 *A*	4	超差全扣		
	14	42±0.1	3	超差全扣		
	15	10±0.1（2 处）	2	超差 1 处扣 1 分		
	16	ϕ8H7（3 处）	3	超差 1 处扣 1 分		
	17	Ra≤1.6μm 孔（3 处）	3	超差 1 处扣 1 分		
	18	孔距一致性误差≤0.1	3	超差全扣		
配合	19	配合间隙≤0.04（14 处）	28	超差 1 处扣 2 分		
其他	20	安全文明生产	违者酌情扣 1～10 分			
总分						

项目二十五　三槽对嵌

一、教学目的

（1）掌握槽的锉削、锉配技能；　　（2）提高工艺分析能力。

二、工、量、刃具清单

名称	规格	精度	数量	名称	规格	精度	数量	名称	规格	精度	数量
高度游标卡尺	（0～300）mm	0.02 mm	1	杠杆百分表	（0～0.8）mm	0.01 mm	1	样冲			1
游标卡尺	（0～150）mm	0.02 mm	1	麻花钻/mm	ϕ4，ϕ6，ϕ9.8，ϕ12		各 1	划针			1
外径千分尺	（0～25）mm	0.01 mm	1	直铰刀/mm	ϕ10	H7	1	钢直尺	150 mm		1
	（25～50）mm	0.01 mm	1	铰杠			1	粗扁锉	250 mm		1
	（50～75）mm	0.01 mm	1	锯弓			1	中扁锉	200 mm，150 mm		各 1
游标万能角度尺	0°～320°	2′	1	锯条			自定	细扁锉	150 mm		1
90°角尺	（100×63）mm	0 级	1	锤子			1	软钳口			1 副
刀口形直尺	100 mm		1	狭錾子			1	塞规/mm	ϕ10	H7	1
正弦规			1	量块	自选		1 盒	塞尺	（0.02～1）mm		1

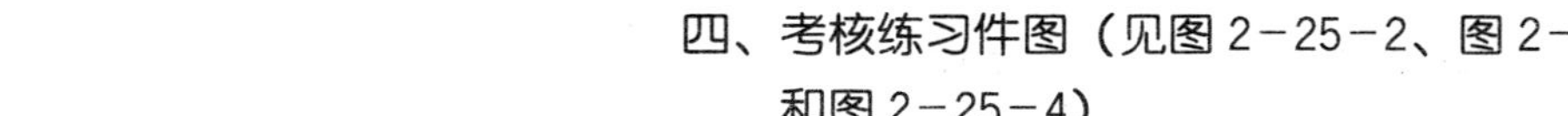

三、坯料图样（见图 2-25-1）

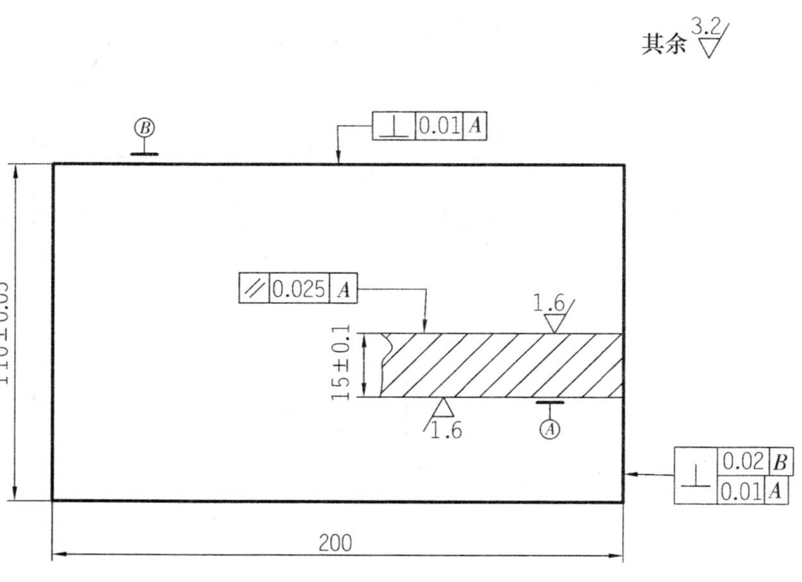

图 2-25-1 样板坯料

四、考核练习件图（见图 2-25-2、图 2-25-3 和图 2-25-4）

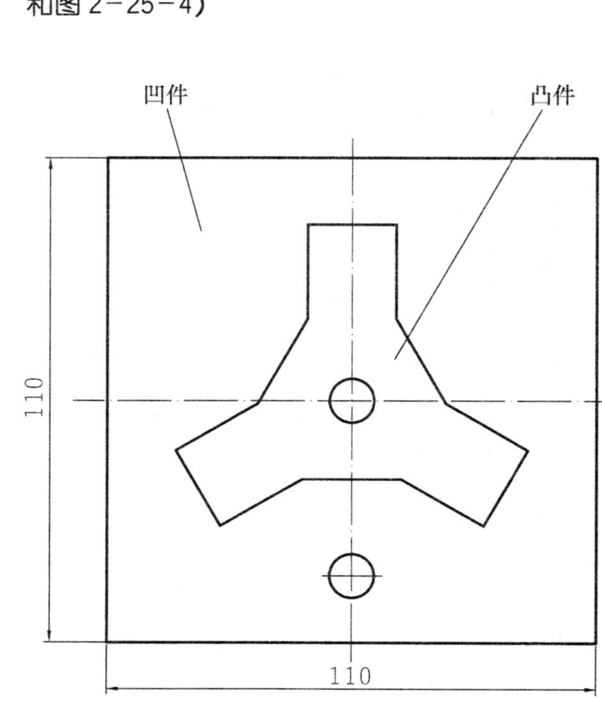

图 2-25-2 三槽对嵌（装配图）

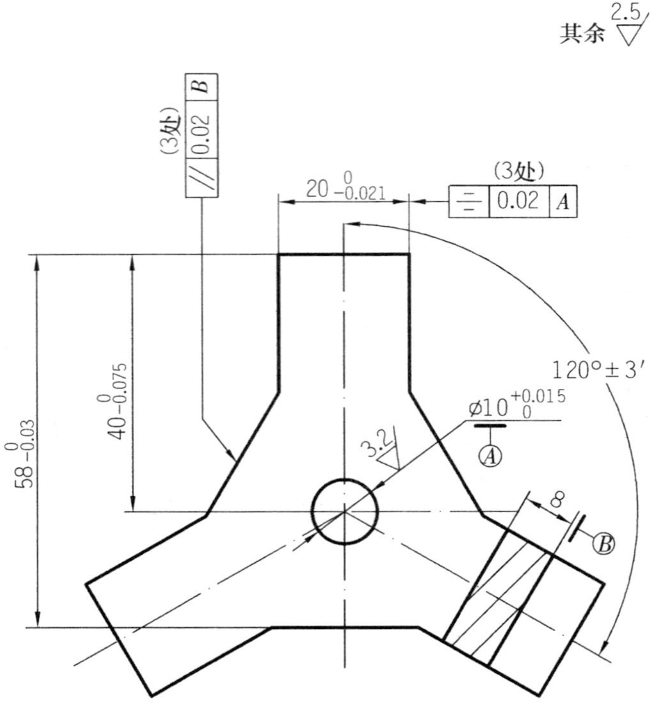

图 2—25—3　三槽对嵌（凸件）

技术要求：

1. 不准使用定心、定边划线工具和铸模板；
2. 不准使用模板锉削、定心冷冲；
3. 不准使用卡规及样板；
4. D 面须刮研，要求刮点为 16 点/（25 mm×25 mm）；
5. 修光锐角毛刺。

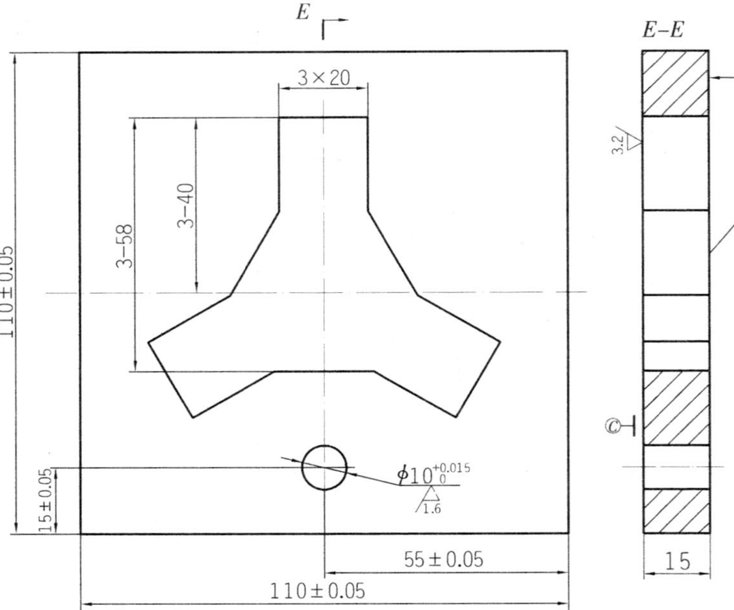

图 2—25—4　三槽对嵌（凹件）

五、检测评分表（三槽对嵌）

项目	序号	考核要求	配分	评分标准	检测结果	得分
凸件	1	$20_{-0.021}^{0}$（3 处）	4.5	超差 1 处扣 1.5 分		
	2	$40_{-0.075}^{0}$（3 处）	4.5	超差 1 处扣 1.5 分		
	3	$58_{-0.03}^{0}$（3 处）	3	超差 1 处扣 1 分		
	4	$120°\pm3'$（3 处）	3	超差 1 处扣 1 分		
	5	$\phi10_{0}^{+0.015}$	1.5	超差全扣		
	6	[⌯ | 0.02 | A]（3 处）	6	超差 1 处扣 2 分		
	7	[// | 0.02 | B]（4 处）	8	超差 1 处扣 2 分		
凹件	8	110±0.05（2 处）	4	超差 1 处扣 2 分		
	9	15±0.05	2	超差全扣		
	10	55±0.05	2	超差全扣		
	11	$\phi10_{0}^{+0.015}$	1.5	超差全扣		
	12	显点 16 点/（25 mm×25 mm）	8	面积大于 65%～80%扣 4 分，面积大于 40%～65%扣 6 分，面积小于 40%不得分		
配合	13	配合间隙≤0.05（72 处）	36	超差 1 处扣 0.5 分		
	14	Ra≤2.5μm（32 处）	16	超差 1 处扣 0.5 分		
其他	15	安全文明生产		违者酌情扣 1～10 分		
总分						

技师考核练习件

项目二十六 扇形镶配

一、教学目的

（1）掌握圆弧锉削、锉配技能；　（2）提高工艺分析能力；　（3）掌握组合件之间的装配。

二、工、量、刃具清单

名称	规格	精度	数量	名称	规格	精度	数量	名称	规格	精度	数量
高度游标卡尺	（0～300）mm	0.02 mm	1	测量棒/mm	ϕ10×15		1	样冲			1
游标卡尺	（0～150）mm	0.02 mm	1	麻花钻/mm	ϕ4，ϕ6，ϕ7.8，ϕ12		各1	划针			1
外径千分尺	（0～25）mm	0.01 mm	1	直铰刀/mm	ϕ8	H7	1	钢直尺	150 mm		1
	（25～50）mm	0.01 mm	1	铰杠			1	粗扁锉	250 mm		1
	（50～75）mm	0.01 mm	1	锯弓			1	中扁锉	200 mm，150 mm		各1
游标万能角度尺	0°～320°	2′	1	锯条			自定	细扁锉	150 mm		1
90°角尺	（100×63）mm	0级	1	锤子			1	中半圆锉	150 mm		1
刀口形直尺	100 mm		1	狭錾子			1	软钳口			1副
锉刀刷			1	毛刷			1	V形铁			1
磁性表座			1	塞规/mm	ϕ8	H7	1	半径样板	（7～14.5）mm		1
细圆锉	200 mm		1	中三角锉	150 mm		1	细三角锉	150 mm		1
杠杆百分表	（0～0.8）mm	0.01 mm	1								

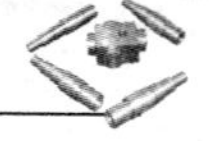

三、坯料图（见图 2－26－1）

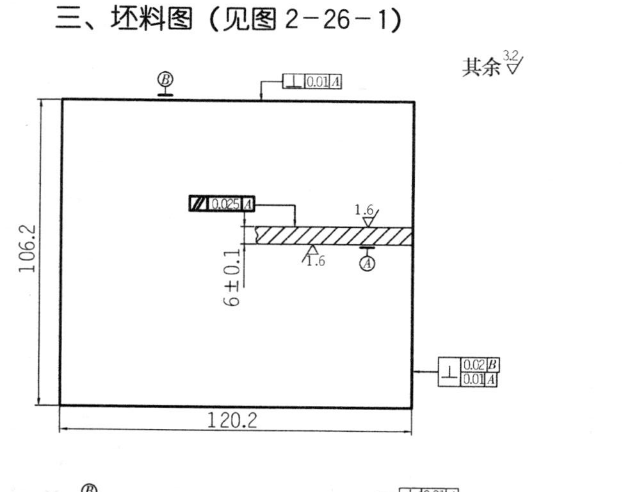

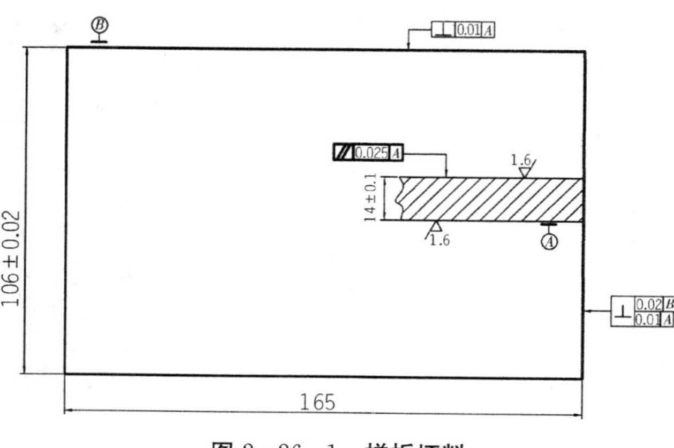

图 2－26－1　样板坯料

四、考核练习件图(见图 2－26－2、图 2－26－3、图 2－26－4 和图 2－26－5)

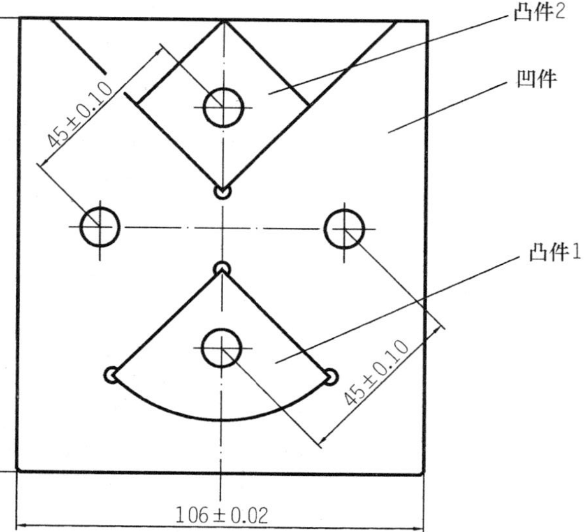

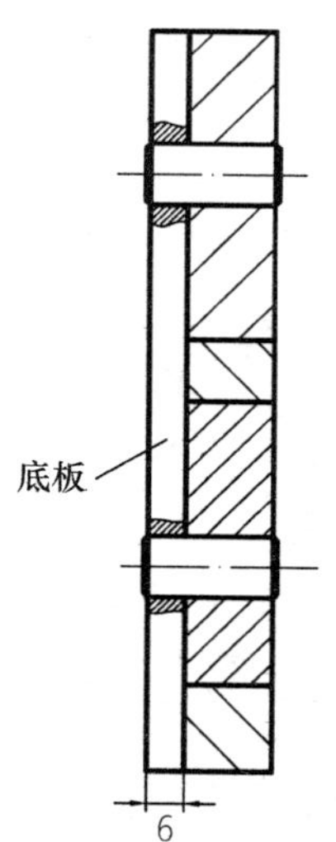

图 2－26－2　扇形镶配（装配图）

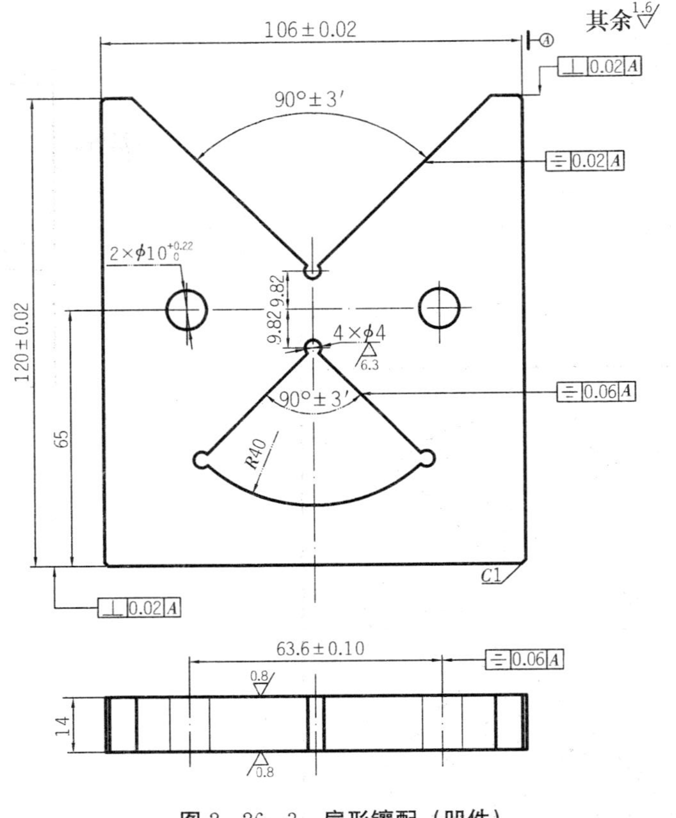

图 2—26—3　扇形镶配（凹件）

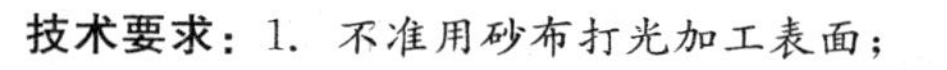

技术要求：1. 不准用砂布打光加工表面；

2. 配合间隙不大于 0.06 mm。

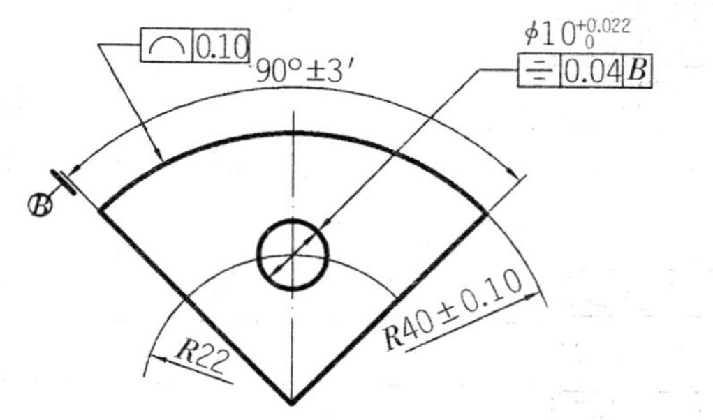

凸件 1

图 2—26—4　**扇形镶配（凸件 1）**

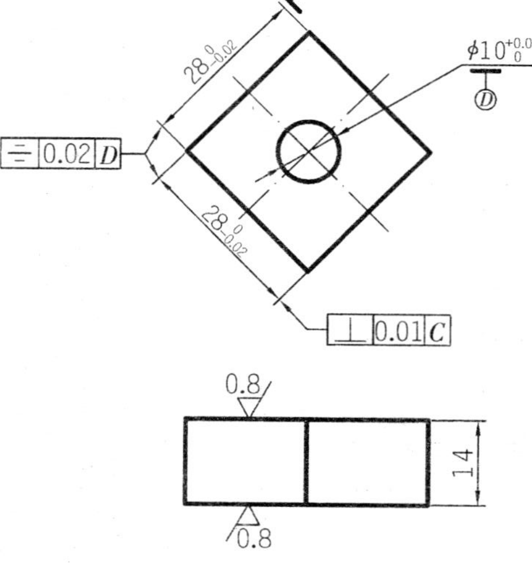

图 2—26—5　**扇形镶配（凸件 2）**

五、检测评分表（扇形镶配）

项目	序号	考核要求	配分	评分标准	检测结果	得分
凹件	1	120±0.02	3	超差全扣		
	2	106±0.02	4	超差全扣		
	3	90°±3′（2处）	4	超差1处扣2分		
	4	63.6±0.10	4	超差全扣		
	5	⌯ 0.06 A	3	超差全扣		
	6	⊥ 0.02 A （2处）	4	超差1处扣2分		
	7	⌯ 0.02 A	2	超差全扣		
	8	⌯ 0.04 A	2	超差全扣		
凸件	9	$R40\pm0.10$	3	超差全扣		
	10	⌒ 0.10	3	超差全扣		
	11	$\phi10^{+0.022}_{0}$（4处）	8	超差1处扣2分		
	12	$28^{0}_{-0.02}$（2处）	4	超差1处扣2分		
	13	⊥ 0.01 C （4处）	8	超差1处扣2分		
	14	⌯ 0.04 B	2	超差全扣		
	15	⌯ 0.04 D	2	超差全扣		
	16	90°±3′	2	超差全扣		
配合	17	配合间隙≤0.06（14处）	14	超差1处扣1分		
	18	Ra≤1.6μm（16处）	16	超差1处扣1分		
	19	45±0.10（4处）	8	超差1处扣2分		
	20	Ra≤1.6μm孔（4处）	4	超差1处扣1分		
其他	21	安全文明生产	违者酌情扣1～10分			
总分						

项目二十七 三角圆弧板

一、教学目的

（1）掌握圆弧锉削、锉配技能；（2）提高工艺分析能力；（3）掌握组合件之间的装配。

二、工、量、刃具清单

名称	规格	精度	数量	名称	规格	精度	数量	名称	规格	精度	数量
高度游标卡尺	（0~300）mm	0.02 mm	1	测量棒/mm	ϕ10×15		1	样冲			1
游标卡尺	（0~150）mm	0.02 mm	1	麻花钻/mm	ϕ4，ϕ6，ϕ7.8，ϕ12		各 1	划针			1
外径千分尺	（0~25）mm	0.01 mm	1	直铰刀/mm	ϕ8	H7	1	钢直尺	150 mm		1
	（25~50）mm	0.01 mm	1	铰杠			1	粗扁锉	250 mm		1
	（50~75）mm	0.01 mm	1	锯弓			1	中扁锉	200 mm，150 mm		各 1
游标万能角度尺	0°~320°	2′	1	锯条			自定	细扁锉	150 mm		1
90°角尺	（100×63）mm	0 级	1	锤子			1	中半圆锉	150 mm		1
刀口形直尺	100 mm		1	狭錾子			1	软钳口			1 副
锉刀刷			1	毛刷			1	V 形铁			1
磁性表座			1	塞规/mm	ϕ8	H7	1	半径样板	（7~15）mm		1
细圆锉	200 mm		1	中三角锉	150 mm		1	细三角锉	150 mm		1
杠杆百分表	（0~0.8）mm	0.01 mm	1								

三、坯料图（见图 2－27－1）

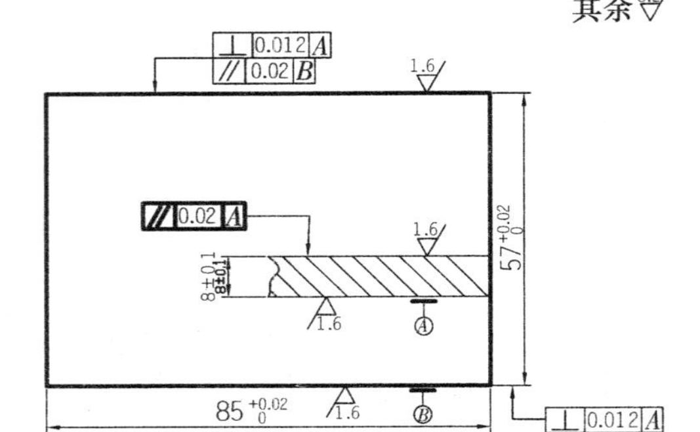

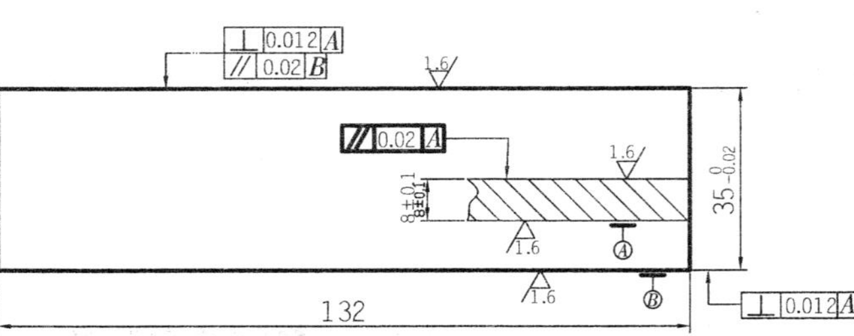

图 2－27－1　样板坯料

四、考核练习件图（见图 2-27-2、图 2-27-3、图 2-27-4 和图 2-27-5）

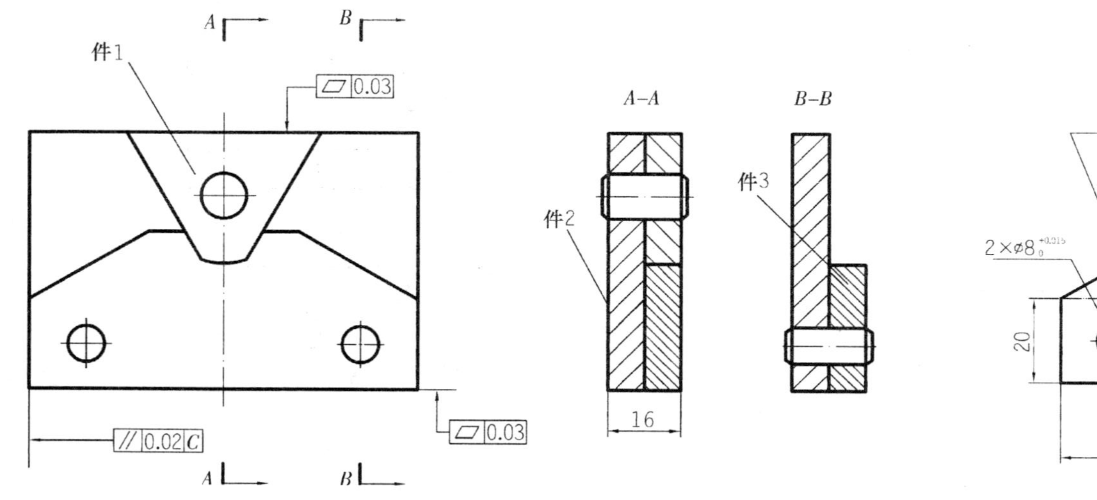

图 2—27—2　三角圆弧板（装配图）

全部 1.6

图 2—27—3　三角圆弧板（件 3）

图 2—27—4　三角圆弧板（件 1）

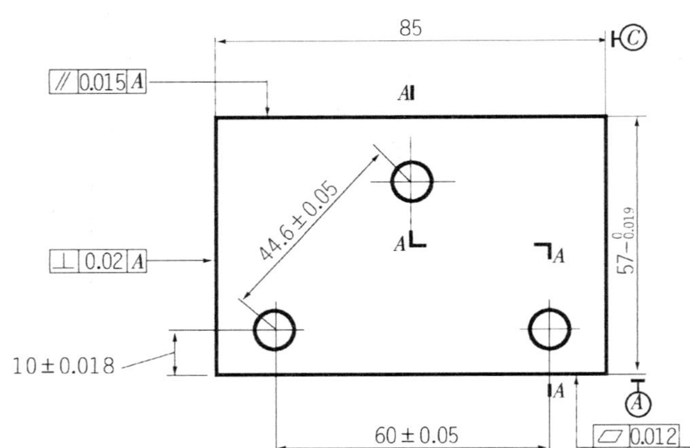

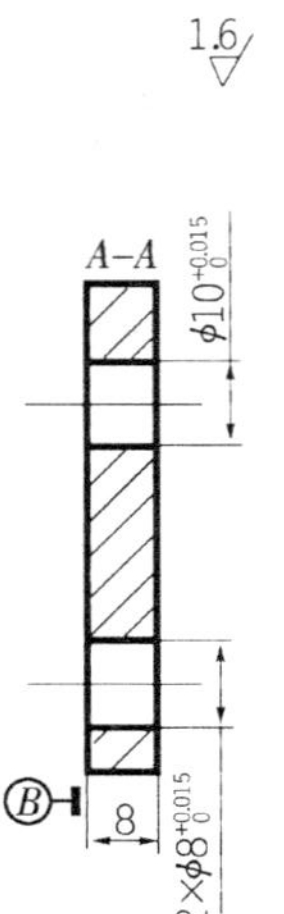

图 2—27—5　三角圆弧板（件 2）

五、检测评分表（三角圆弧板）

项目	序号	考核要求	配分	评分标准	检测结果	得分
件 1	1	14±0.03	3	超差全扣		
	2	$\phi10^{+0.015}_{0}$	5	超差全扣		
	3	60°±2′	3	超差全扣		
件 2	4	$57^{0}_{-0.019}$	5	超差全扣		
	5	60±0.05	3	超差全扣		
	6	44.6±0.05（2 处）	6	超差 1 处扣 3 分		
	7	10±0.018（2 处）	6	超差 1 处扣 3 分		
	8	$\phi8^{+0.015}_{0}$（2 处）	6	超差 1 处扣 3 分		
	9	$\phi10^{+0.015}_{0}$	4	超差全扣		
	10	∥ 0.015 A	2	超差全扣		
	11	⊥ 0.02 A	2	超差全扣		
	12	⊥ 0.015 B	2	超差全扣		
	13	▱ 0.012	2	超差全扣		
件 3	14	$35^{0}_{-0.025}$	3	超差全扣		
	15	60±0.05	3	超差全扣		
	16	10±0.018	4	超差全扣		
	17	$\phi8^{+0.015}_{0}$（2 处）	5	超差 1 处扣 2.5 分		
	18	60°±2′	3	超差全扣		
	19	30°±1′（4 处）	4	超差 1 处扣 1 分		
	20	⊥ 0.012 A	2	超差全扣		
	21	▱ 0.01	2	超差全扣		
配合	22	Ra≤1.6μm（8 处）	8	超差 1 处扣 1 分		
	23	Ra≤1.6μm（12 处）	12	超差 1 处扣 1 分		
	24	配合间隙≤0.03	5	超差 1 处扣 1 分		
其他	25	安全文明生产	违者酌情扣 1~10 分			
总分						

项目二十八 圆弧角度四组合

一、教学目的

（1）掌握圆弧锉削、锉配技能；（2）提高工艺分析能力；（3）掌握组合件之间的装配。

二、工、量、刃具清单

名称	规格	精度	数量	名称	规格	精度	数量	名称	规格	精度	数量
高度游标卡尺	（0～300）mm	0.02 mm	1	测量棒/mm	$\phi10\times15$		1	样冲			1
游标卡尺	（0～150）mm	0.02 mm	1	麻花钻/mm	$\phi4$，$\phi6$，$\phi7.8$，$\phi12$		各 1	划针			1
外径千分尺	（0～25）mm	0.01 mm	1	直铰刀/mm	$\phi8$	H7	1	钢直尺	150 mm		1
	（25～50）mm	0.01 mm	1	铰杠			1	粗扁锉	250 mm		1
	（50～75）mm	0.01 mm	1	锯弓			1	中扁锉	200 mm，150 mm		各 1
游标万能角度尺	0°～320°	2′	1	锯条			自定	细扁锉	150 mm		1
90°角尺	（100×63）mm	0 级	1	锤子			1	中半圆锉	150 mm		1
刀口形直尺	100 mm		1	狭錾子			1	软钳口			1 副
锉刀刷			1	毛刷			1	V 形铁			1
磁性表座			1	塞规/mm	$\phi8$	H7	1	半径样板	（7～14.5）mm		1
细圆锉	200 mm		1	中三角锉	150 mm		1	细三角锉	150 mm		1
杠杆百分表	（0～0.8）mm	0.01 mm	1								

三、坯料图（见图 2-28-1）

其余 3.2

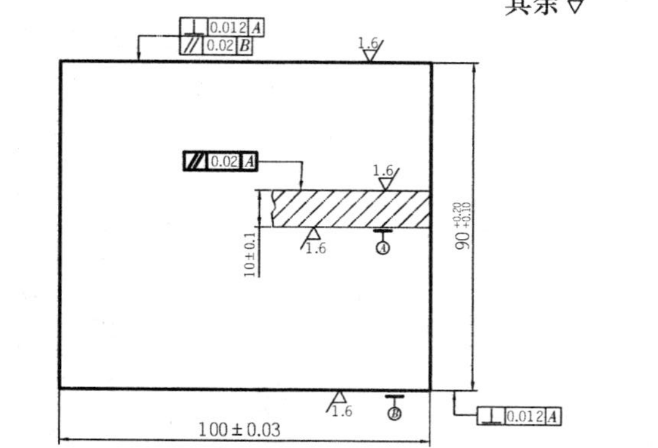

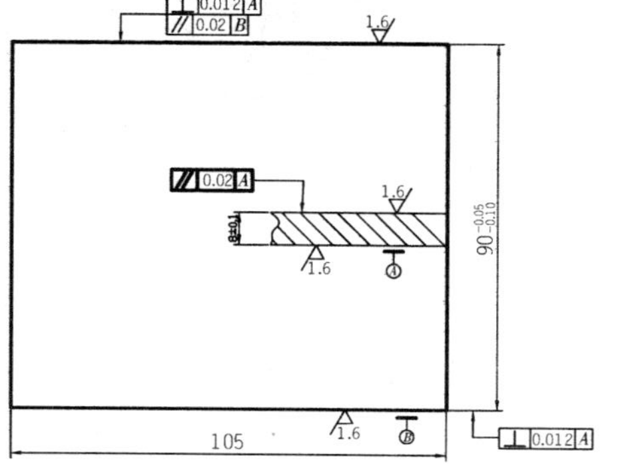

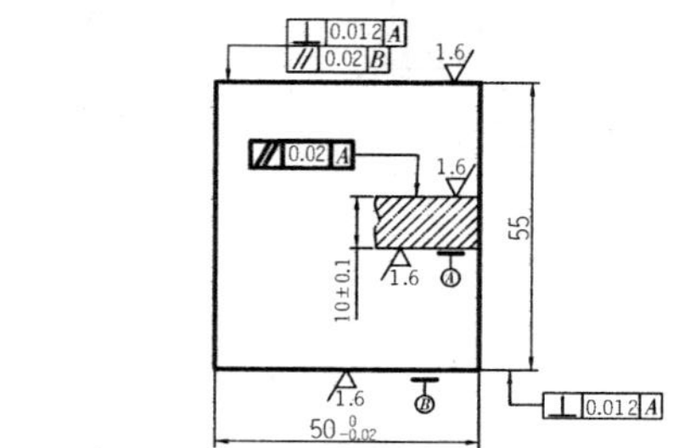

图 2—28—1　样板坯料

四、考核练习件图（见图 2−28−2、图 2−28−3、图 2−28−4 和图 2−28−5）

技术要求：

1. 第一次将件 5 插入 A 孔，配合间隙不大于 0.05 mm；
2. 第二次将件 3 翻转 180°，配合间隙不大于 0.05 mm；
3. 第三次将件 2、3、4 翻转 180°，将件 6 插入 B 孔，配合间隙不大于 0.05 mm；
4. 第四次将件 3 翻转 180°，配合间隙不大于 0.05 mm。

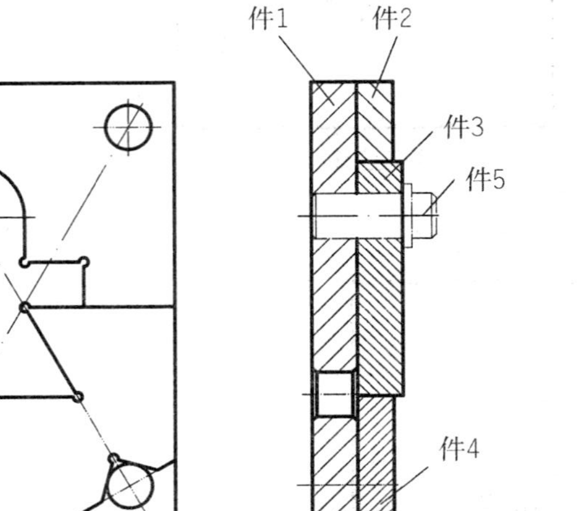

图 2−28−2　圆弧角度四组合（装配图）

技术要求：

1. 孔口倒角 0.5×60°；2. 锐边倒圆 R0.3（件 3）

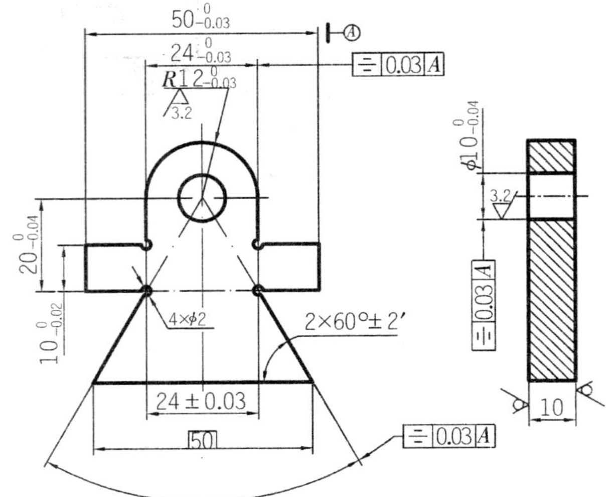

图 2−28−3　圆弧角度四组合（件 3）

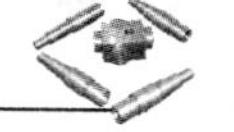

技术要求：

1. 孔口倒角 0.5×60°，锐边倒圆 R0.3；
2. 所有孔位与外形对称，保证装配要求。

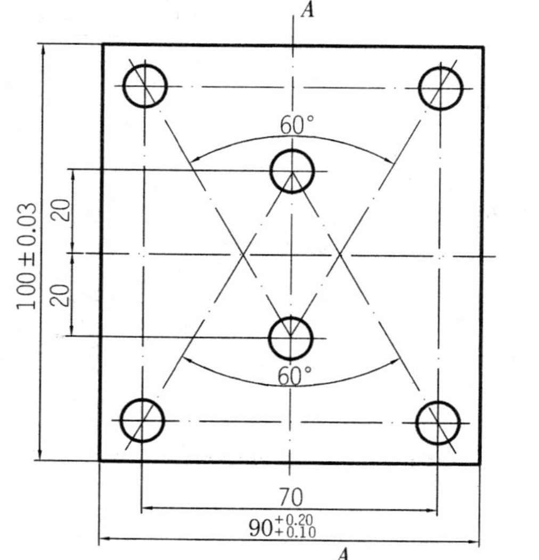

图 2—28—4　圆弧角度四组合（件 1）

技术要求：

1. 孔口倒角 0.5×60°，锐边倒圆 R0.3；
2. 所有型腔位置按件 3 配作，保证装配要求。

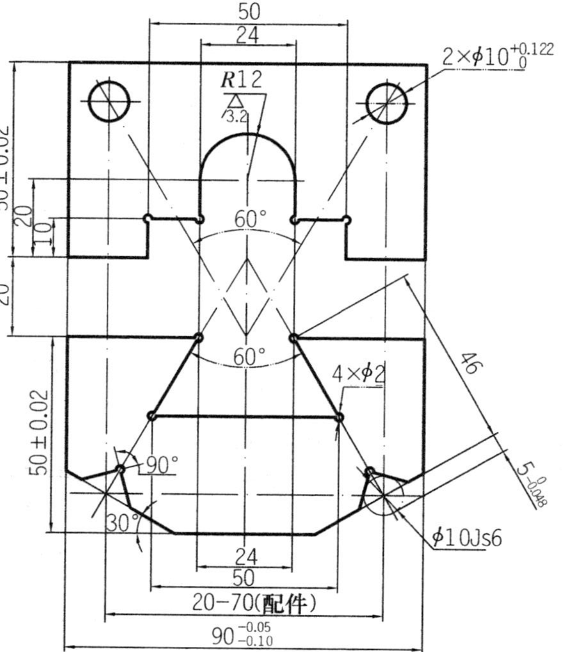

图 2—28—5　圆弧角度四组合（件 2、件 4）

五、检测评分表（圆弧角度四组合）

项目	序号	考核要求	配分	评分标准	检测结果	得分
件 3	1	$50_{-0.03}^{0}$	5	超差全扣		
	2	$24_{-0.03}^{0}$	2	超差全扣		
	3	24±0.03	3	超差全扣		
	4	$10_{-0.02}^{0}$	3	超差全扣		
	5	60°±2′（2 处）	4	超差 1 处扣 2 分		
	6	$R12_{-0.03}^{0}$	3	超差全扣		
	7	$\phi10_{-0.04}^{0}$	3	超差全扣		
	8	⌯ 0.03 A（3 处）	9	超差 1 处扣 3 分		
件 2	9	50±0.02（2 处）	4	超差 1 处扣 2 分		
	10	$90_{-0.10}^{-0.05}$（2 处）	4	超差 1 处扣 2 分		
件 4	11	$\phi10_{0}^{+0.122}$（2 处）	4	超差全扣		
件 1	12	100±0.03	2	超差全扣		
	13	$90_{+0.10}^{+0.20}$	2	超差全扣		
	14	$\phi10_{0}^{+0.022}$（6 处）	6	超差 1 处扣 1 分		
配合	15	配合间隙≤0.05（36 处）	36	超差 1 处扣 1 分		
	16	Ra≤1.6μm（14 处）	14	超差 1 处扣 1 分		
其他	17	安全文明生产	违者酌情扣 1~10 分			
总分						

项目二十九 梅花合套

一、教学目的

（1）掌握圆弧锉削、锉配技能；　（2）提高工艺分析能力；　（3）掌握组合件之间的装配。

二、工、量、刃具清单

名称	规格	精度	数量	名称	规格	精度	数量	名称	规格	精度	数量
高度游标卡尺	（0～300）mm	0.02 mm	1	测量棒/mm	ϕ10×15		1	样冲			1
游标卡尺	（0～150）mm	0.02 mm	1	麻花钻/mm	ϕ4，ϕ6，ϕ11.8，ϕ12		各1	划针			1
外径千分尺	（0～25）mm	0.01 mm	1	直铰刀/mm	ϕ12	H7	1	钢直尺	150 mm		1
	（25～50）mm	0.01 mm	1	铰杠			1	粗扁锉	250 mm		1
	（50～75）mm	0.01 mm	1	锯弓			1	中扁锉	200 mm，150 mm		各1
游标万能角度尺	0°～320°	2′	1	锯条			自定	细扁锉	150 mm		1
90°角尺	（100×63）mm	0 级	1	锤子			1	中半圆锉	150 mm		1
刀口形直尺	100 mm		1	狭錾子			1	软钳口			1副
锉刀刷			1	毛刷			1	V形铁			1
磁性表座			1	塞规/mm	ϕ12	H7	1	半径样板	（1～6.5）mm		1
细圆锉	200 mm		1	中三角锉	150 mm		1	细三角锉	150 mm		1
杠杆百分表	（0～0.8）mm	0.01 mm	1								

三、坯料图（见图2-29-1）

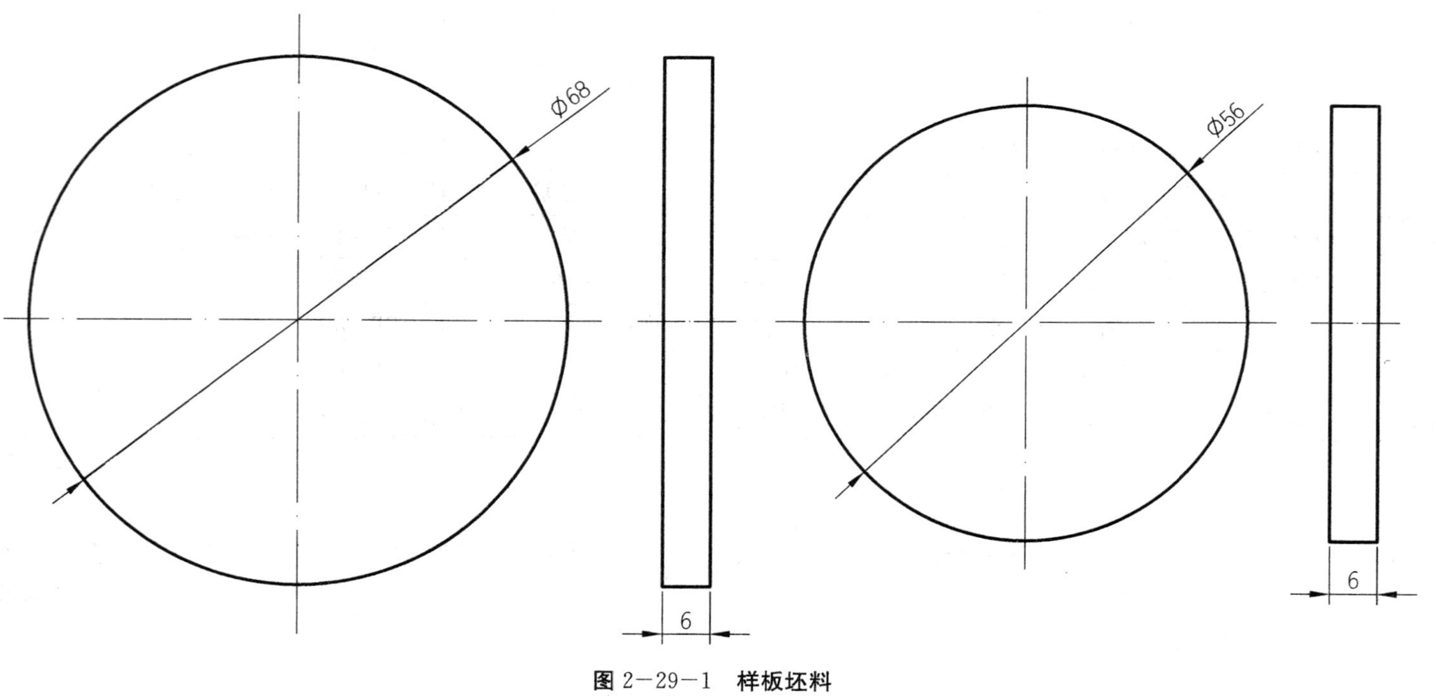

图2-29-1　样板坯料

四、考核练习件图（见图 2－29－2）

技术要求：件 2 按件 1 配作，配合互换间隙≤0.06 mm。

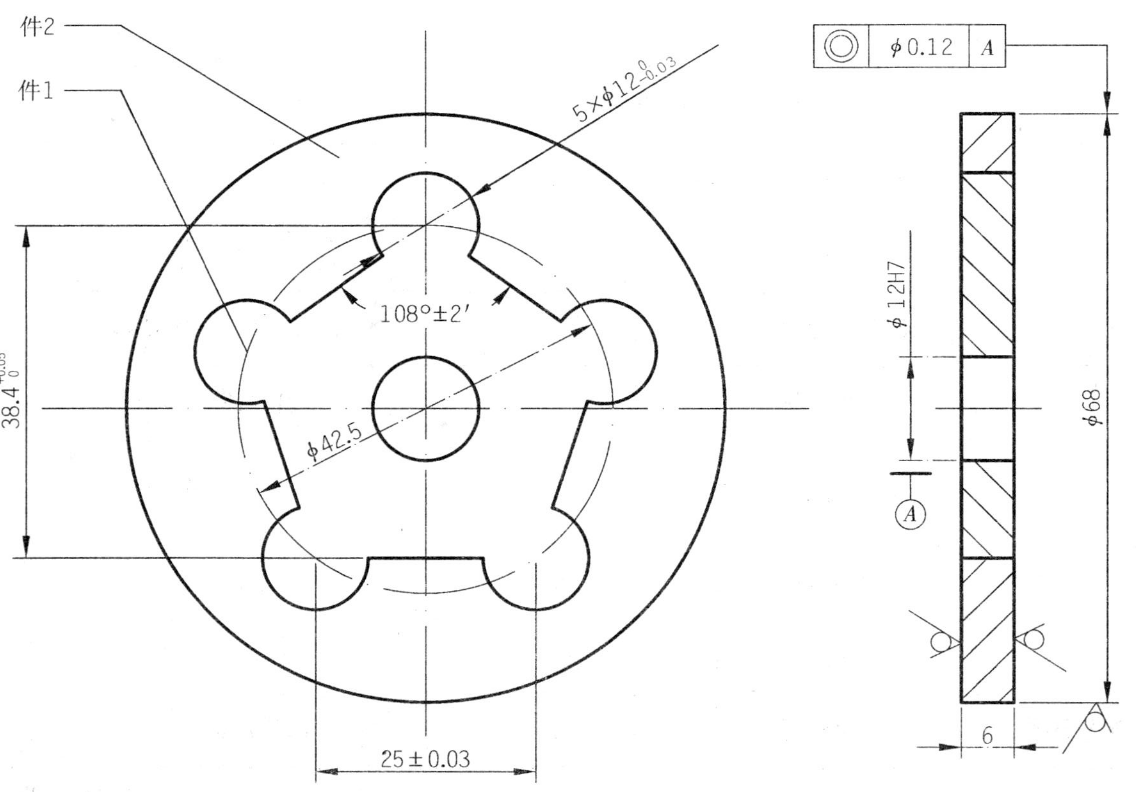

图 2－29－2 梅花合套

五、检测评分表（梅花合套）

项目	序号	考核要求	配分	评分标准	检测结果	得分
件 1	1	$38.4^{+0.05}_{0}$（5 处）	15	超差 1 处扣 3 分		
	2	25±0.03（5 处）	20	超差 1 处扣 4 分		
	3	$5\times\phi12^{0}_{-0.03}$（5 处）	10	超差 1 处扣 2 分		
	4	ϕ12H7	2	超差全扣		
配合	5	配合间隙≤0.06（10 处）	35	超差 1 处扣 3.5 分		
	6	◎ ϕ0.12 A	6	超差全扣		
	7	Ra≤1.6μm（24 处）	12	超差 1 处扣 0.5 分		
其他	8	安全文明生产	违者酌情扣 1~10 分			
总分						

附　录　钳工实训与技能考核件三维图

初级工考核件三维图	
项目一　样　板	项目二　底　板

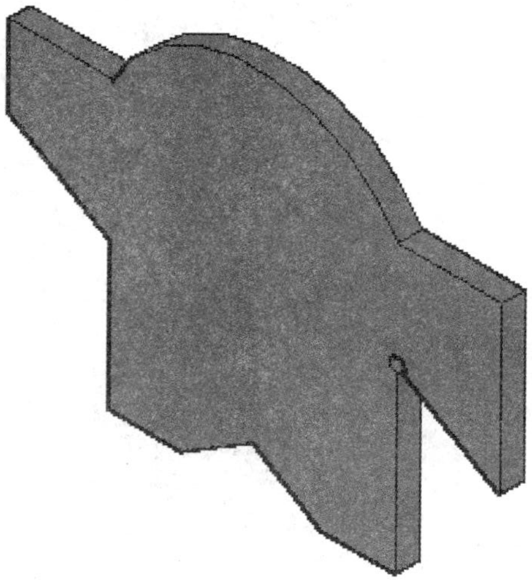

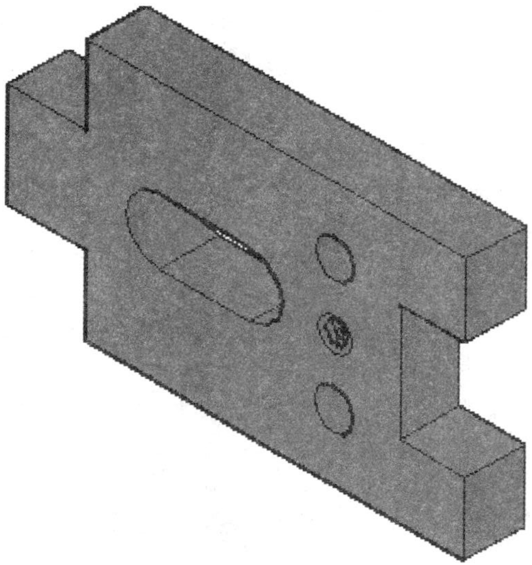

初级工考核件三维图	
项目三　单斜配合副	项目四　燕尾板
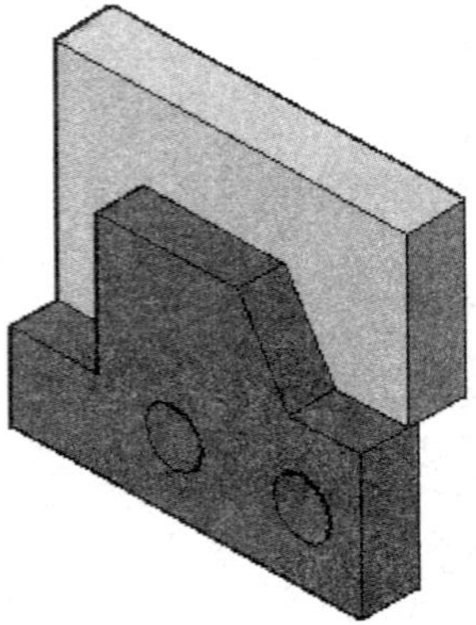	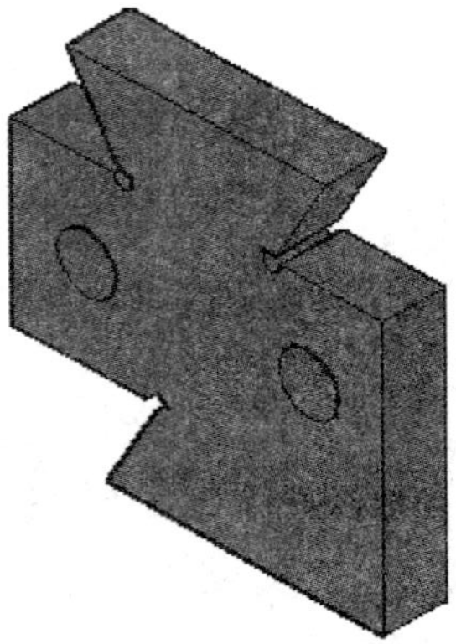
项目五　三角镶配	项目六　直角斜边配合副
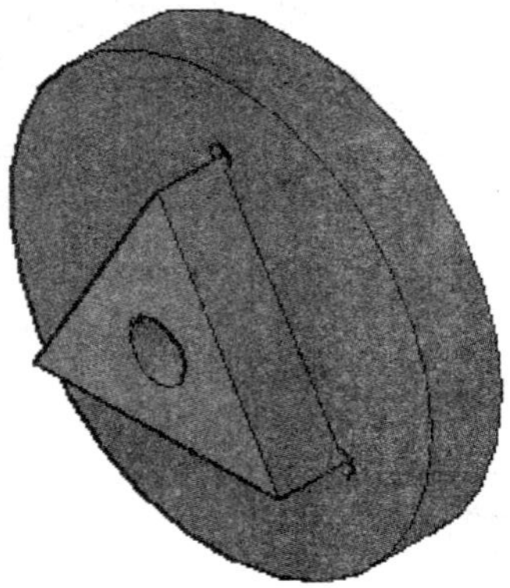	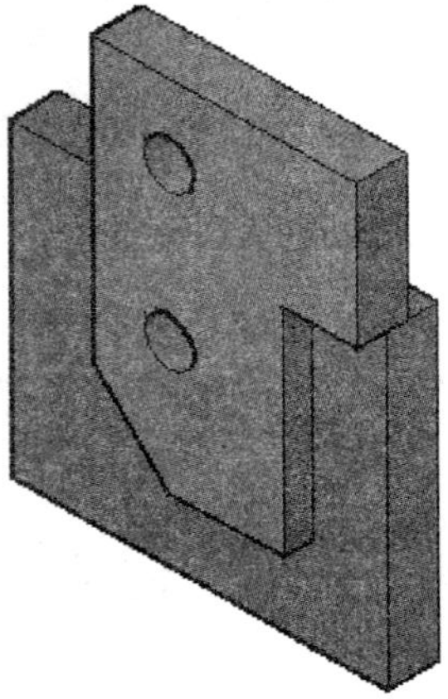

中级工考核件三维图	
项目七　单燕尾凸形镶配	项目八　三件镶配
项目九　V 形对配	项目十　梯形拼块

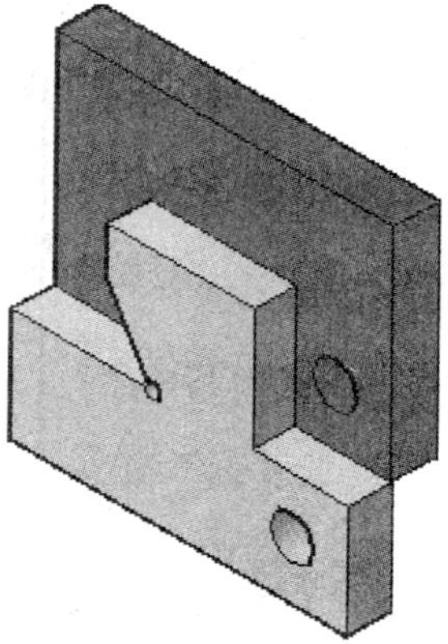

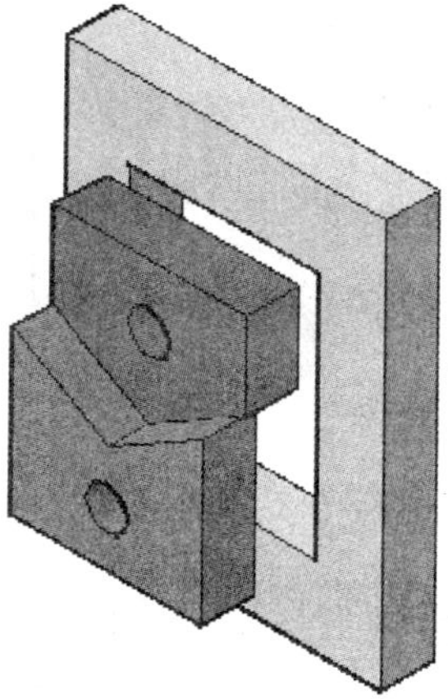

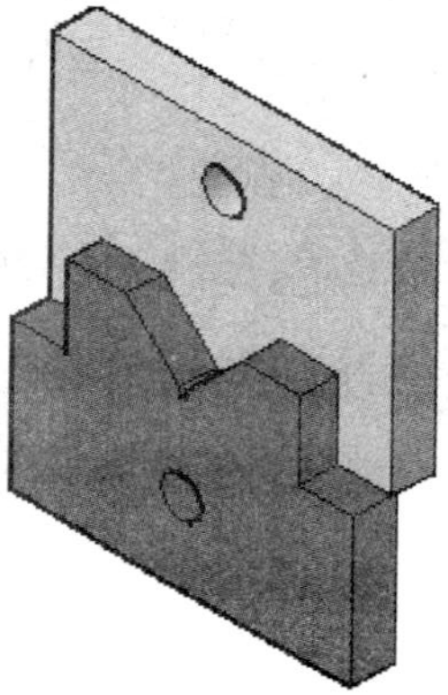

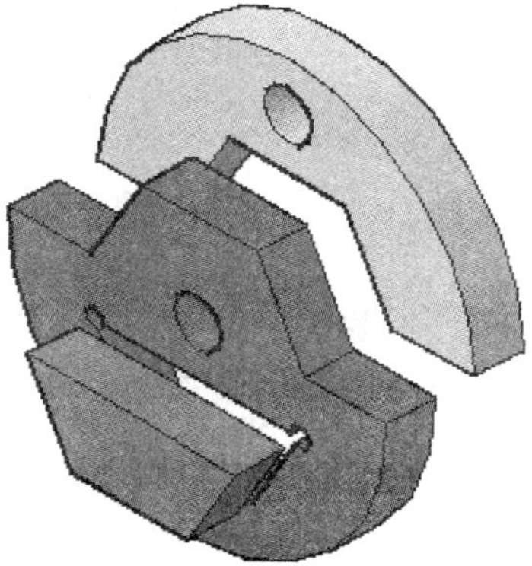

项目十一　燕尾对配	项目十二　R 对配
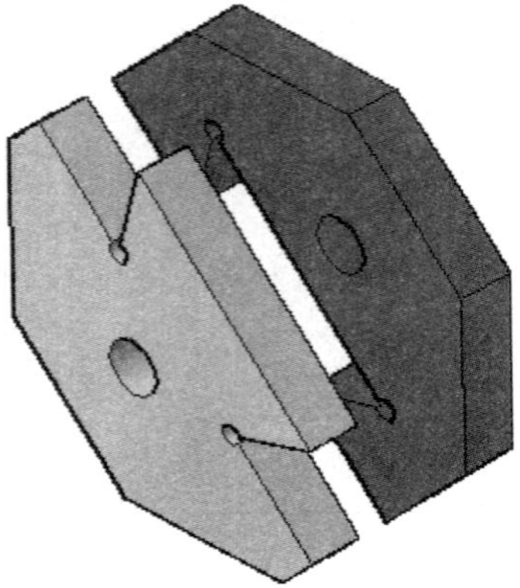	
项目十三　异形件	项目十四　V 形样板副
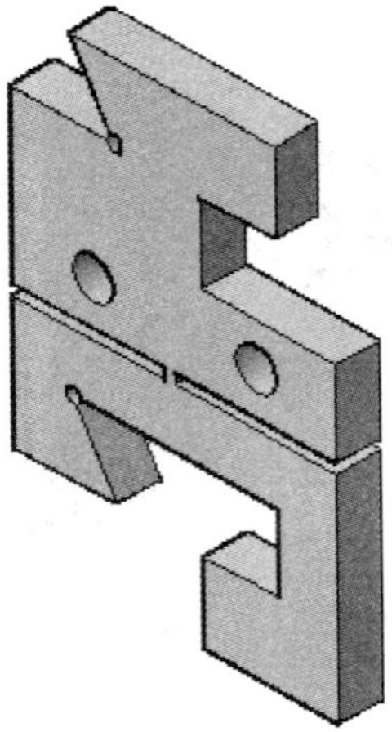	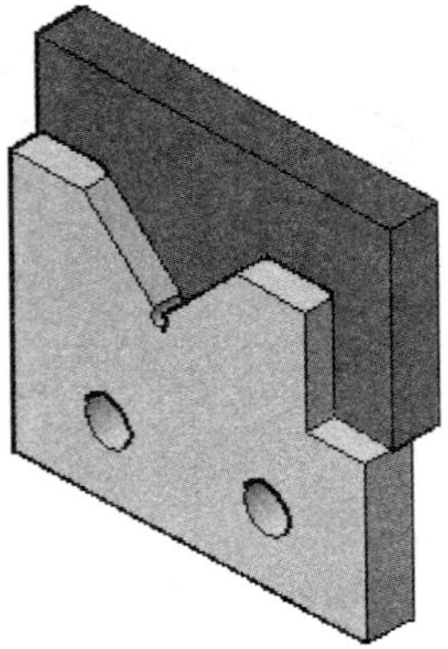

项目十五　角度镶配	项目十六　变角板
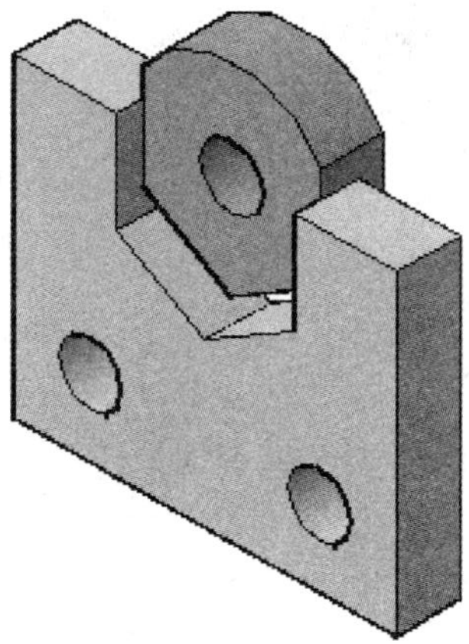	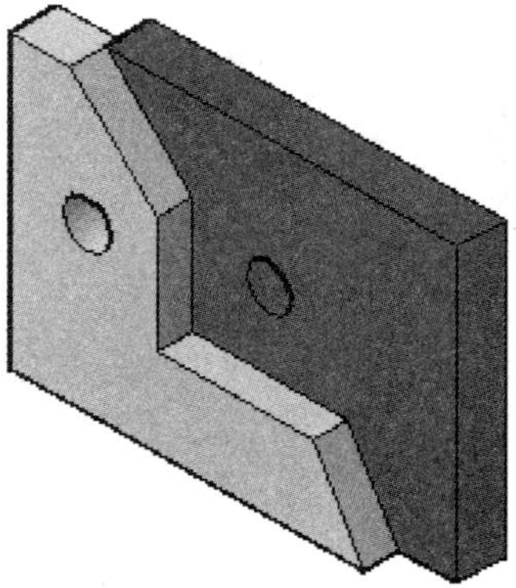
项目十七　开式镶配	项目十八　凸燕尾镶配
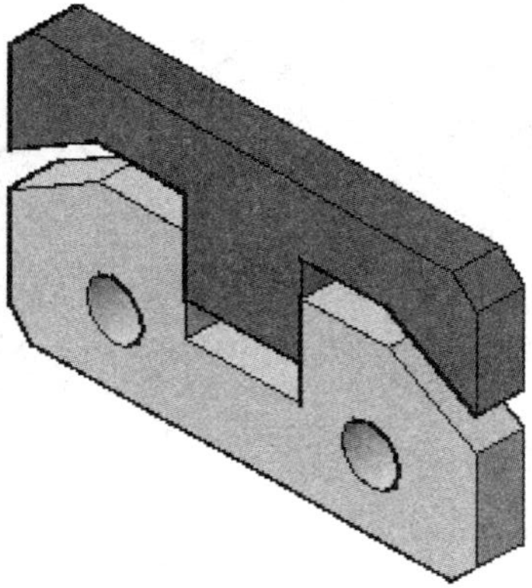	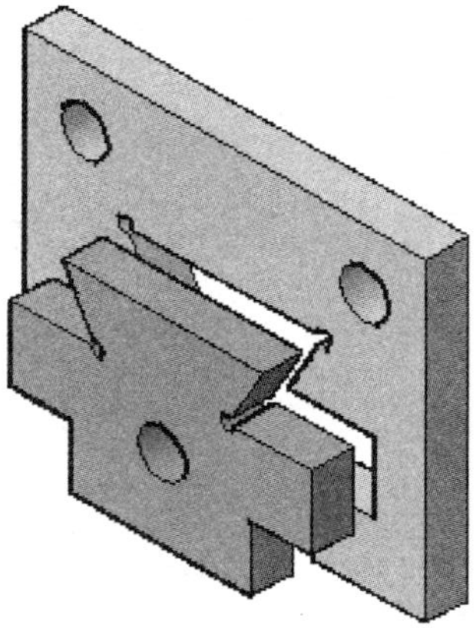

高级工考核件三维图	
项目十九　角　架	项目二十　圆弧模板
项目二十一　圆弧燕式配合	项目二十二　五方组合

项目二十三　梯形双头配	项目二十四　蝶形嵌配

项目二十五　三槽对嵌	
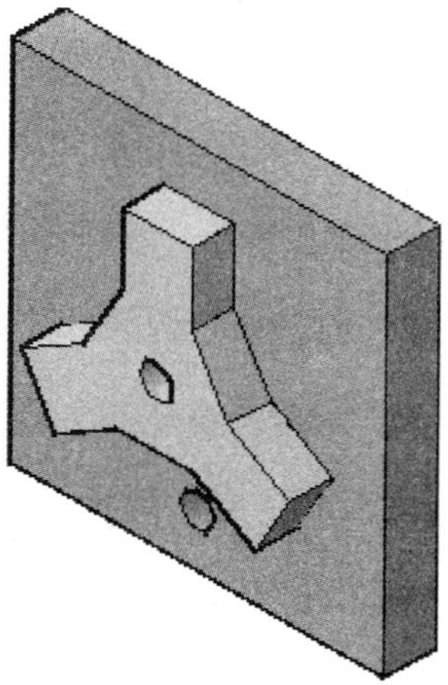	

技师考核件三维图	
项目二十七　三角圆弧板	项目二十六　扇形镶配
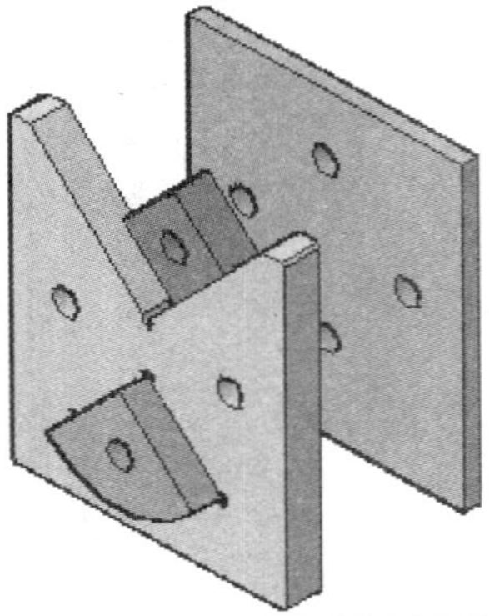	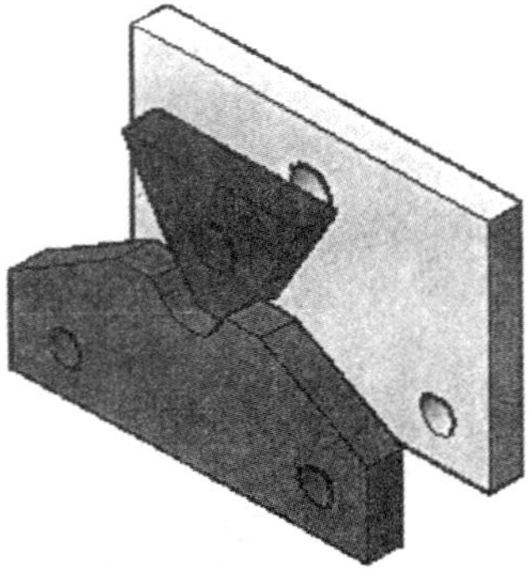
项目二十八　圆弧角度四组合	项目二十九　梅花合套
	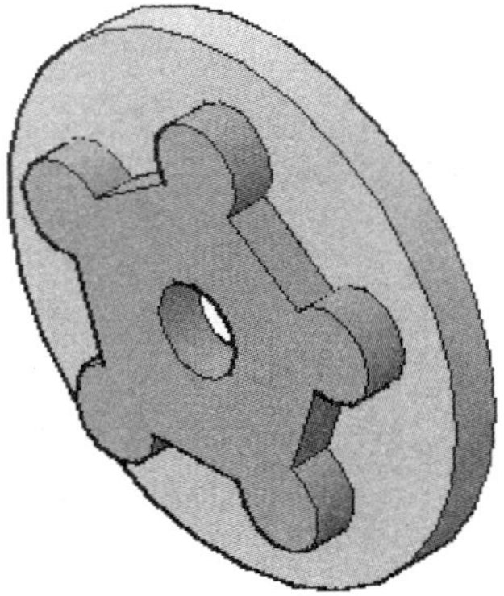